Konstruktionsbücher

Herausgeber Professor Dr.-Ing. K. Kollmann, Karlsruhe

Band 23

# Wälzlagerungen

## Berechnung und Gestaltung

Von

W. Hampp

Springer-Verlag Berlin Heidelberg GmbH

1968

Dr.-Ing. Wilhelm Hampp
SKF Kugellagerfabriken GmbH
Schweinfurt

Ursprünglich erschienen bei Springer-Verlag Berlin Heidelberg GmbH 1968

ISBN 978-3-540-04214-3        ISBN 978-3-642-95064-3 (eBook)
DOI 10.1007/978-3-642-95064-3

# Vorwort

Das Maschinenelement „Wälzlager" hat einen hohen Entwicklungsstand der Gestaltung wie auch der Herstellung erreicht. Auf zahlreichen Gebieten der modernen Technik gelangte es zu großer Bedeutung und Verbreitung.

Das vorliegende Buch soll vor allem dem Konstrukteur, aber auch anderen technischen Fachleuten, die in der Praxis mit Wälzlagern zu tun haben, in gedrängter Form die erforderlichen Kenntnisse über Eigenschaften der verschiedenen Wälzlagerbauarten, Leistungsgrenzen, zweckmäßige Auswahl, richtige Gestaltung von Wälzlagerungen, Einbau und Wartung vermitteln. Das Buch ist außerdem als Leitfaden für Studierende an technischen Lehranstalten zur Einführung in die moderne Wälzlagertechnik gedacht.

Der Inhalt des Buches beschränkt sich auf die allgemeine und angewandte Lagertechnik. Auf die Behandlung theoretischer Probleme und die mathematische Herleitung von Berechnungsformeln wurde bewußt verzichtet. Dagegen soll eine große Zahl von Abbildungen, insbesondere auch von ausgeführten Lagerungen aus verschiedenen Fachgebieten, die in den einzelnen Kapiteln behandelten speziellen Fragen an praktischen Beispielen erläutern und Anregungen für die konstruktive Gestaltung von Wälzlagerungen geben.

Dem Herausgeber, Herrn Professor Dr.-Ing. K. KOLLMANN, danke ich, mir die Gelegenheit, dieses Buch zu schreiben, sowie wertvolle Anregungen dazu gegeben zu haben.

Der Geschäftsführung der SKF Kugellagerfabriken GmbH danke ich dafür, daß ich Erfahrungen, Forschungsergebnisse, Bildmaterial und andere Unterlagen der SKF für dieses Buch verwenden durfte.

Schweinfurt, im Januar 1968

W. Hampp

# Inhaltsverzeichnis

# 1. Eigenschaften und Vorteile der Wälzlager

Wälzlager sind genormte, austauschbare Maschinenelemente. Ihre hohe Tragfähigkeit bei geringer Baubreite ermöglicht gedrängte und leichte Konstruktionen. Dabei erstreckt sich die hohe Tragfähigkeit über einen weiten Geschwindigkeits- und Temperaturbereich, da sie nicht primär, wie bei Gleitlagern, vom Aufbau eines hydrodynamischen Schmierfilms abhängt. Dieser Vorteil ist besonders dann bedeutsam, wenn Belastung und Drehzahl stark schwanken oder wenn häufig aus dem Stillstand unter Last angefahren werden muß.

Mit bestimmten Lagerbauarten können radiale und axiale Kräfte mit ein und demselben Lager aufgenommen werden.

Da die Last unter Abwälzen übertragen wird, ist die Reibung gering, insbesondere auch bei niedrigen Drehzahlen und beim Anfahren. Die geringe Anlaufreibung und der Umstand, daß kein Einlaufen notwendig ist, sind insbesondere bei Fahrzeugen wichtige Vorteile. Bei stationären Maschinen ermöglicht die geringe Reibung in vielen Fällen die Wahl eines kleineren und billigeren Antriebsmotors. Bei Kaltwalzstraßen für dünne Bleche hat die geringe Anlaufreibung z. B. noch den besonderen Vorteil, daß Schlupf zwischen Arbeitswalze und Stützwalze vermieden wird, wodurch die Gleichmäßigkeit des Erzeugnisses auch während des An- und Auslaufens gewährleistet ist.

Der geringen Reibung entsprechen nicht nur geringe Leistungsverluste, sondern auch niedrige Lagertemperaturen und eine geringe thermische Belastung des Schmiermittels mit langer Gebrauchsdauer und großen Wartungsintervallen.

Wälzlager sind unter normalen Betriebsbedingungen hinsichtlich der Schmierung anspruchslos, und der Schmiermittelverbrauch ist sehr gering. Meistens läßt sich eine ausreichende Schmierung schon mit einfachen Maßnahmen sicherstellen. In vielen Anwendungsfällen können Wälzlager mit Fett geschmiert werden, wodurch die Abdichtung erleichtert wird. Bei Ölschmierung genügt meistens eine Ölstandschmierung oder Spritzöl bzw. Öldunst.

Wälzlager haben bei einwandfreiem Einbau, richtiger Wartung und ausreichendem Schutz gegen Verunreinigungen praktisch keinen Verschleiß, auch nicht während des Anfahrens oder Auslaufs. Hierdurch wird in Verbindung mit dem engen Laufspiel der Wälzlager die genaue Führung und insbesondere ein guter Rundlauf der umlaufenden Teile über lange Gebrauchszeiten sichergestellt.

Wegen der geringen Erwärmung und des guten Rundlaufs der mit Wälzlagern gelagerten Wellen sind auch wesentliche Voraussetzungen für eine wirksame und dauerhafte Abdichtung erfüllt.

# 2. Bauformen der Wälzlager

## 2.1 Bezeichnung der gebräuchlichen Bauformen

| Bezeichnung der Bauform | Gebräuchliche Lagerreihen | DIN | Abbildung |
|---|---|---|---|
| Rillenkugellager | 618<br>160<br>60 } .. Z, .. 2 Z,<br>62 } .. RS, .. 2 RS,<br>63 } .. N, .. ZN<br>64 | 625 | normale Ausführung   Ausführung Z mit einer Deckscheibe   Ausführung ZZ mit zwei Deckscheiben<br><br>Ausführung RS mit einer Dichtscheibe   Ausführung 2RS mit zwei Dichtscheiben   Ausführung N mit Ringnut im Außenring |
| Pendelkugellager | 12, 12 K<br>13, 13 K<br>22, 22 K<br>23, 23 K | 630 | mit kegeliger Bohrung Kegel 1:12 |
| Schulter-kugellager | E<br>Bo<br>L<br>M | 615 | |
| Einreihige Schrägkugellager | 72 B<br>73 B | 628 | |
| Zweireihige Schrägkugellager | 32<br>33 | 628 | |

| Bezeichnung der Bauform | Gebräuchliche Lagerreihen | DIN | Abbildung |
|---|---|---|---|
| Einreihige Zylinderrollenlager | NU 10<br>NU 2, NJ 2, NUP 2, N 2<br>NU 22, NJ 22, NUP 22<br>NU 3, NJ 3, NUP 3, N 3<br>NU 23, NJ 23, NUP 23<br>NU 4, NJ 4, NUP 4<br>NU 49, RNU 49 | 5412 | |
| Zweireihige Zylinderrollenlager | NNU 49<br>NNU 49 K<br>NN 30 K | 5412 | |
| Nadellager | NA 48, RNA 48<br>NA 49, RNA 49 | 617 | |
| Nadelkranz KNA<br>Nadelhülse NH, RNH | | DIN-Entwurf | |
| Kegelrollenlager | 320, 330<br>302, 322, 332<br>303, 313, 323 | 720 | |
| Tonnenlager | 202, 202 K<br>203, 203 K<br>204 | 635 | |
| Zweireihige Pendelrollenlager | 213, 213 K<br>222, 222 K<br>223, 223 K<br>230, 230 K<br>231, 231 K<br>232, 232 K<br>240, 240 K 30<br>241, 241 K 30<br>Für die neuerdings verstärkte Ausführung dieser Lager werden von den Herstellern verschiedene Zusatzzeichen, z. B. C oder HL, verwendet. | 635 | |

| Bezeichnung der Bauform | Gebräuchliche Lagerreihen | DIN | Abbildung |
|---|---|---|---|
| Einseitig wirkende Axial-Rillenkugellager | 511, 512, 513, 514 | 711 | |
| | 532, 533, 534 | 711 | |
| | 532 U, 533 U, 534 U | 711 | |
| Zweiseitig wirkende Axial-Rillenkugellager | 522, 523, 524 | 715 | |
| | 542, 543, 544 | 715 | |
| | 542 U, 543 U, 544 U | 715 | |
| Axial-Pendelrollenlager | 292, 293, 294 | 728 | |
| Axial-Kegelrollenlager | Herstellerbezeichnungen | — | |
| Axial-Zylinderrollenlager | Herstellerbezeichnungen | DIN-Norm i.Vorb. | |

## 2.2 Benennung der Wälzlagerteile

### (s. a. DIN 612, Blatt 1)

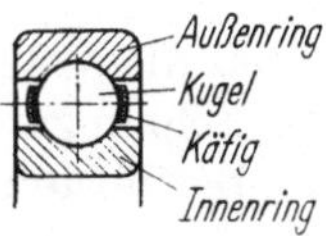

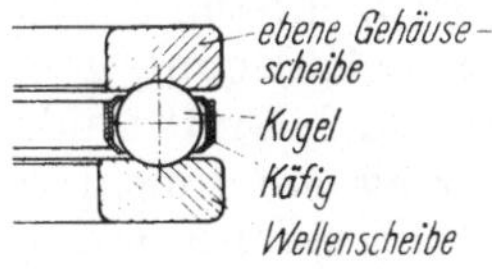


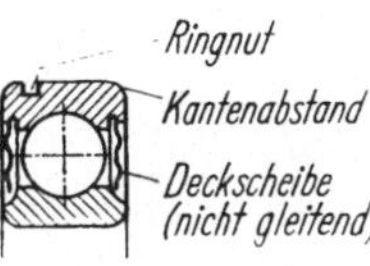


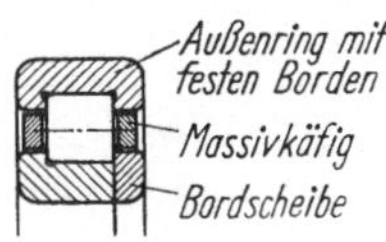


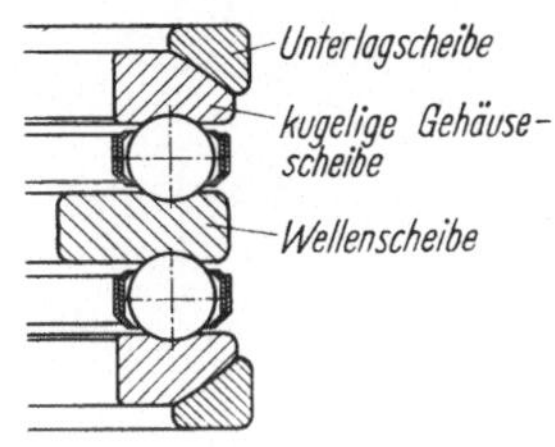


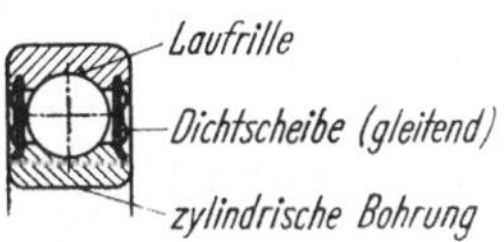


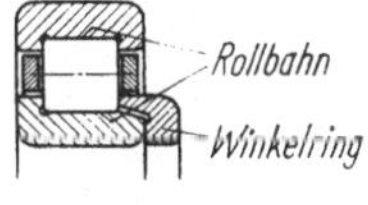


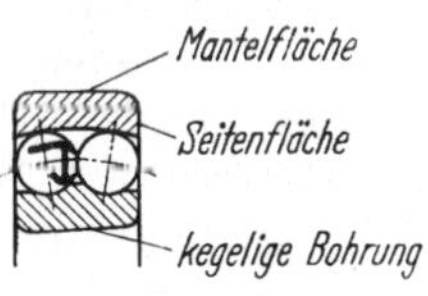


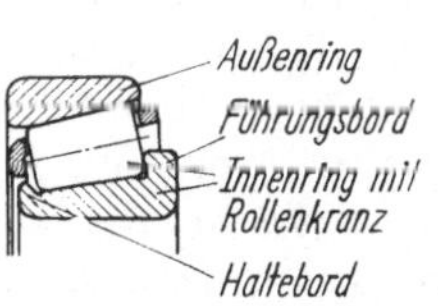


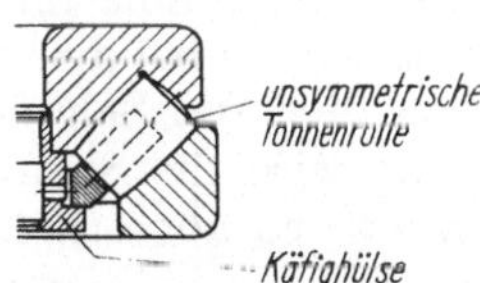


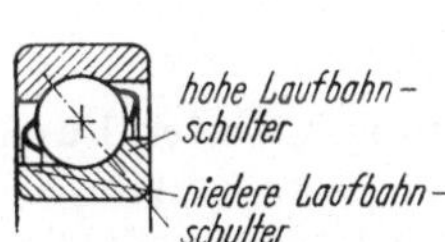


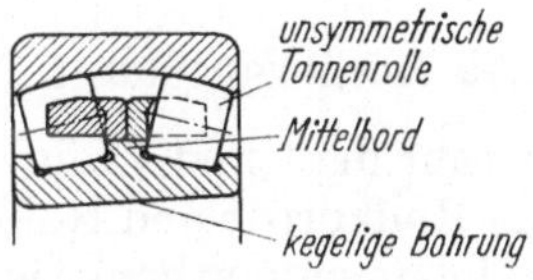


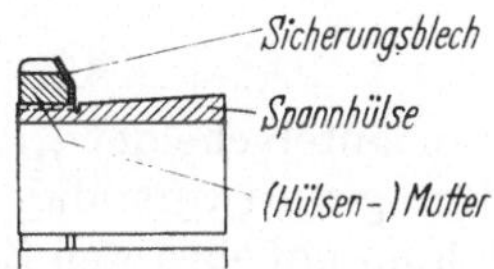

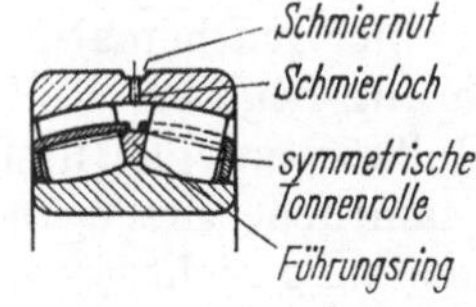


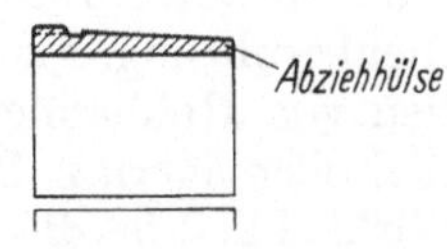


*Wälzkörper*

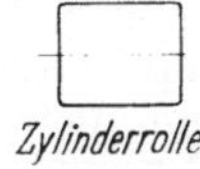


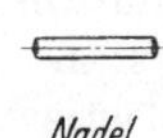

## 2.3 Merkmale der Konstruktion

### 2.31 Schmiegung

Das Verhältnis der Krümmung der Wälzkörper zur Krümmung der einen oder anderen Laufbahn der Laufringe wird „Schmiegung" genannt.

Die Schmiegung in einer Ebene senkrecht zur Lagerachse ist durch die Wälzkörper- und Laufbahndurchmesser bestimmt. Am Außenring ist die Schmiegung inniger als am Innenring, weil beide Krümmungsmittelpunkte vom Berührungspunkt aus gesehen auf derselben Seite liegen, Abb. 1.

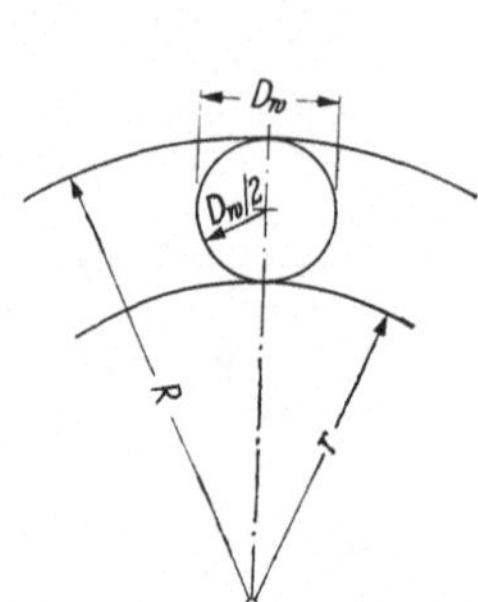

Abb. 1. Krümmungen in einer Ebene senkrecht zur Lagerachse

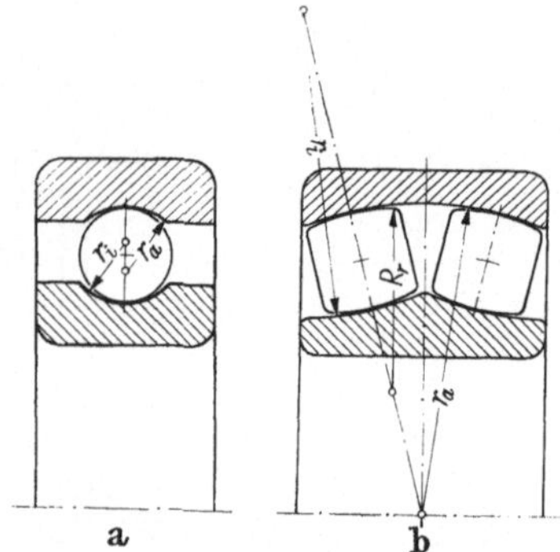

Abb. 2. Krümmungen und Schmiegungsverhältnisse in einer Ebene durch die Lagerachse
a) Rillenkugellager; b) Pendelrollenlager

Bei der Festlegung der Schmiegung in einer Ebene durch die Lagerachse, Abb. 2, wird angestrebt, eine möglichst hohe Tragfähigkeit mit guten Laufeigenschaften zu verbinden, wobei durchschnittliche Belastungsfälle zugrunde gelegt werden. Die Angaben über die Schmiegung beziehen sich auf den unbelasteten Zustand. Bei Belastung wird die Schmiegung enger. In Sonderfällen können die Schmiegungsverhältnisse so abgestimmt werden, daß eine bestimmte Eigenschaft des Lagers, z. B. höchste Tragfähigkeit oder in einem anderen Fall möglichst geringe Reibung, besonders ausgeprägt ist.

### 2.32 Berührungsform

Man unterscheidet „Punktberührung" und „Linienberührung". Unter Punktberührung wird verstanden, wenn Rollkörper und Rollbahnen so gestaltet sind, daß sie sich im unbelasteten Zustand in einem mathematischen Punkt berühren. Dieser Fall liegt bei allen Kugellagern vor.

Haben beide Rollkörper im Axialschnitt dieselbe Krümmung, so berühren sie sich im unbelasteten Zustand auf einer mathematischen Linie, und man spricht von Linienberührung. Linienberührung liegt bei Rollenlagern vor, sofern die Erzeugenden von Rollbahnen und Rollkörpern gleich sind, bei Zylinderrollenlagern und Kegelrollenlagern z. B., wenn sämtliche Erzeugenden Geraden sind.

In Wirklichkeit ist diese Voraussetzung nicht genau erfüllt, sondern trifft streng genommen nur für die geometrisch exakte Grundform der Rollenlager zu. Zur Vermeidung von Kantenbelastungen werden Rollenlager nämlich so ausgeführt, daß sich die Profile der Wälzkörper und der Laufbahnen etwas unterscheiden derart, daß an den Rollenenden im unbelasteten Zustand keine Berührung stattfindet. Erst im belasteten Zustand kommt infolge der elastischen Verformungen in der Druckfläche die gesamte Rollenlänge — mit Ausnahme der Kantenkürzungen — zum Tragen.

### 2.33 Berührungswinkel

Als Berührungswinkel oder Druckwinkel wird der Winkel zwischen den Wirkungslinien der Wälzkörperbelastungen (Drucklinien) und einer zur Lagerachse senkrechten Ebene bezeichnet, Abb. 3. Der Konstruktions- oder Nennwinkel $\alpha$ unterliegt gewissen Herstellungstoleranzen. Bei manchen Lagerbauarten verändert er sich unter Belastung. Zu den Lagern, bei denen sich der Berührungswinkel unter Belastung am meisten verändert, gehören Rillenkugellager und einreihige Tonnenlager.

Bei rein radial belasteten Rillenkugellagern und Zylinderrollenlagern ist der Berührungswinkel 0°, bei Axial-Rillenkugellagern und Axial-Zylinderrollenlagern 90°, Abb. 4.

Die Wirkungslinie der Wälzkörperbelastung (Drucklinie) steht im Berührungsmittelpunkt senkrecht auf der Rollbahn bzw. der Berührungstangente. Sie geht bei Kugellagern durch den Kugelmittelpunkt und verbindet die Berührungspunkte der Kugeln mit den Laufbahnen sowie die Profilmittelpunkte $M_i$ und $M_a$ der Innenring- und Außenringlaufbahn, Abb. 3.

Bei Kegelrollenlagern und bei Pendelrollenlagern mit unsymmetrischen Tonnenrollen steht die Wirkungslinie

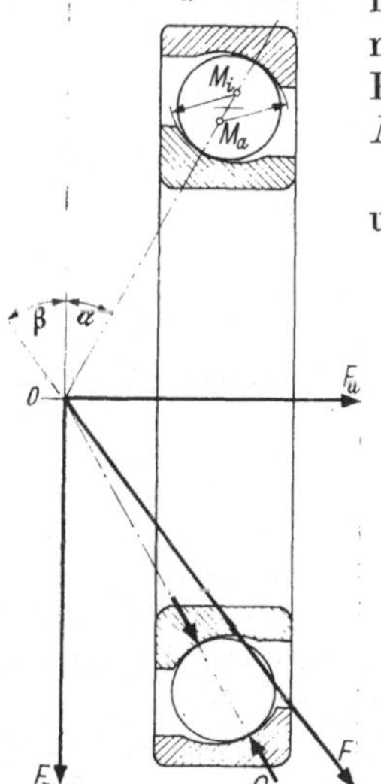

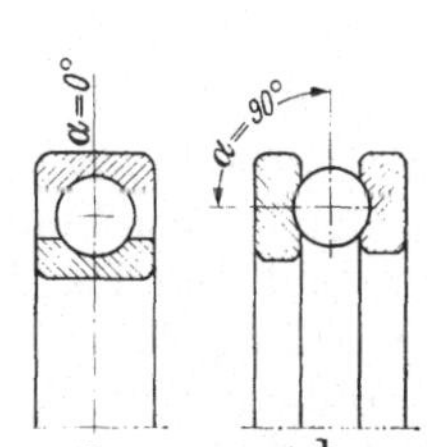

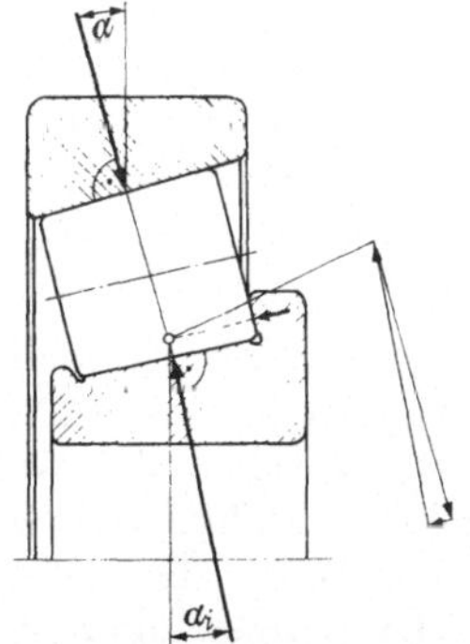

Abb. 3. Berührungswinkel $\alpha$, Druckmittelpunkt $O$ und Lastwinkel $\beta$ bei einreihigen Schrägkugellagern

Abb. 4. Berührungswinkel $\alpha$
a) Radial-Rillenkugellager;
b) Axial-Rillenkugellager

Abb. 5. Berührungswinkel und innere Kräfte bei einem Kegelrollenlager

der Rollenbelastung senkrecht auf derjenigen Laufbahn, die keinen Führungsbord hat. Da die Berührungsnormale auf der Rollbahn mit Führungsbord einen anderen Winkel hat, entsteht eine Kraftkomponente auf den Bord, Abb. 5.

Bei einreihigen Tonnenlagern und Pendelrollenlagern mit symmetrischen Tonnenrollen fällt die Richtung der Drucklinien von Innen- und Außenrollbahn zusammen.

Die Drucklinien schneiden sich in einem Punkt auf der Lagerachse, der als Druckkegelspitze bezeichnet wird. Bei der Berechnung der Lagerkräfte ist zu berücksichtigen, daß bei einreihigen Lagern sowie bei zweireihigen oder gepaarten Lagern, deren Druckkegelspitzen zusammenfallen, die Druckkegelspitze aus Gleichgewichtsgründen auch den Bezugspunkt für die äußere Kraft $F$ darstellt, Abb. 3. Zur Bestimmung der Lage der Druckkegelspitze $O$ ist in den Katalogen der Wälzlager-Hersteller das Abstandsmaß $a$ von der großen Stirnseite des Außenrings angegeben.

Die Lageranordnung nach Abb. 6 ist statisch unbestimmt. Der Bezugsmittelpunkt des Kraftangriffs für das zweireihige Schräglager (oder zwei gepaarte Schräglager, deren Druckkegelspitzen einen gewissen Abstand haben) liegt zwischen dem

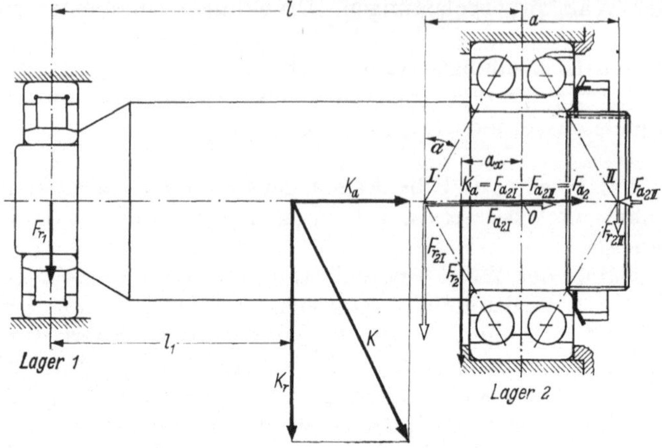

Abb. 6. Druckmittelpunkte und Kraftkomponenten
bei einer Lagerung mit einem zweireihigen Schrägkugellager als Festlager

Mittelpunkt $O$ des Lagers und dem Druckmittelpunkt derjenigen Rollkörperreihe, die durch die Axialkraft belastet ist. Seine Lage hängt von dem Verhältnis $F_{a2}/F_{r2}$ ab und kann unter bestimmten Annahmen näherungsweise berechnet werden, s. Abb. 70, Abschn. 12.22.

## 2.34 Winkelbeweglichkeit

Unter Winkelbeweglichkeit oder Einstellbarkeit eines Wälzlagers versteht man die Möglichkeit der Schiefstellung der beiden Laufringe zueinander, ohne daß ein Zwang zwischen den Wälzkörpern und den Laufbahnen auftritt. Die Lager mit kugeliger Außenringlaufbahn (Pendelkugellager, Tonnenlager und Pendelrollenlager) haben in diesem Sinne eine vollkommene Einstellbarkeit. Der Schwenk- oder Schiefstellungswinkel ist lediglich durch die Laufbahnbreite begrenzt, insofern als bei einem bestimmten Schwenkwinkel die Druckflächen den Laufbahnrand erreichen. Tab. 1 gibt Werte für die zulässige Schiefstellung von Pendelkugellagern und Pendelrollenlagern an.

Tabelle 1. *Zulässige Schiefstellung von Pendelkugellagern und Pendelrollenlagern*

| Lagerbauart | Größte zulässige Schiefstellung |
|---|---|
| Pendelkugellager | |
| 12, 22 | 2,5° |
| 13, 23 | 3° |
| Pendelrollenlager | 0,5° bis 1°[1] |
| Axial-Pendelrollenlager | |
| 293 | 2,5° |
| 294 | 3° |

[1] Die größeren Werte gelten für mäßige Belastung ($P \leq 0{,}1\ C$) und kleine Lagergrößen, die kleineren für hohe Belastung und große Lager.

Im Gegensatz zu den winkelbeweglichen Lagern versteht man unter starren Lagern solche Lagerbauarten, die keine oder nur eine sehr geringe Schiefstellung der Laufringe zueinander zulassen. Hierzu gehören vor allem Zylinderrollenlager, Kegelrollenlager und zweireihige Schrägkugellager.

Auch bei Rillenkugellagern soll eine Schiefstellung der Laufringe im Verhältnis zueinander vermieden werden. Eine geringe Winkelbeweglichkeit ist innerhalb der Lagerluft und der elastischen Verformungen vorhanden, wobei die Größe der Winkelbeweglichkeit auch von den Schmiegungsverhältnissen beeinflußt wird. Abb. 7 zeigt die ohne Zwang mögliche Schiefstellung in Abhängigkeit von der Radialluft bei drei Größen von Rillenkugellagern der Reihe 63. Maßgebend ist die Luft im eingebauten Zustand. Bei einem spielfreien Lager oder wenn die Schiefstellung größer als nach Abb. 7 ist, wird das Lager durch ein Moment belastet, und die Schiefstellung verursacht zusätzliche elastische Verformungen und erhöhte Kugeldrucke.

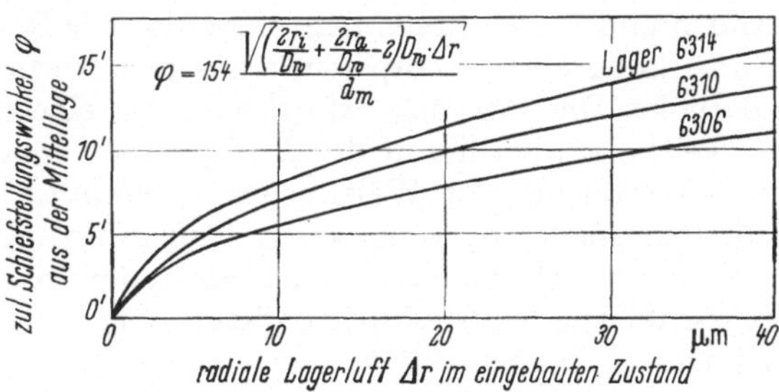


Abb. 7. Zulässige Schiefstellung zwischen Innenring und Außenring in Abhängigkeit von der Radialluft (Endluft) bei Rillenkugellagern

$r_i$, $r_a$ Radius des Rillenprofils am Innen- bzw. Außenring in mm; $D_w$ Kugeldurchmesser in mm; $d_m$ Kugelmittenkreisdurchmesser in mm

## 2.35 Führung der Wälzkörper

Im Gegensatz zur Kugel, die in jeder Lage dieselben Berührungs- und Abwälzverhältnisse hat, muß die parallele Lage der Drehachse einer Rolle zur Laufbahn im Betrieb zwangsläufig sichergestellt werden. Abweichungen führen zur Aufhebung der Linienberührung und damit zu wesentlich höheren spezifischen Beanspruchungen sowie zu einer Verschlechterung der Laufeigenschaften durch Schränken und Schieben der Rollen, womit höhere Reibung, Erwärmung und Verschleiß verbunden sind.

Im praktischen Betrieb sind bei Rollenlagern schiefstellende Kräfte nicht ganz zu vermeiden. Selbst wenn das Lager mathematisch genau hergestellt werden könnte, kann nach dem Einbau und unter der Betriebsbelastung infolge von Ungenauigkeiten und elastischen Verformungen der Gegenstücke eine unsymmetrische Belastungsverteilung über der Rollenlänge entstehen, die schiefstellende Kräfte auf die Rolle zur Folge hat. Die Rollen müssen daher achsparallel geführt werden. Bei den meisten Lagerbauarten dienen hierzu Führungsborde an den Laufringen. Hierbei ist zu unterscheiden zwischen der sog. Spielführung und der Spannführung. Spielführung setzt Lager mit *symmetrischen* Rollen voraus, wobei die Erzeugende des Rollenmantels eine Gerade oder ein Kreisbogen

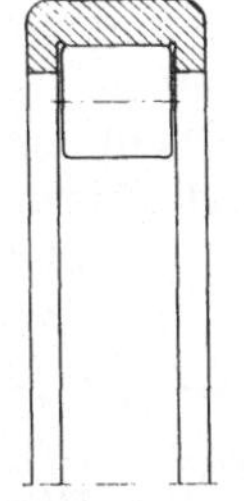

Abb. 8. Spielführung von Zylinderrollen zwischen zwei Borden

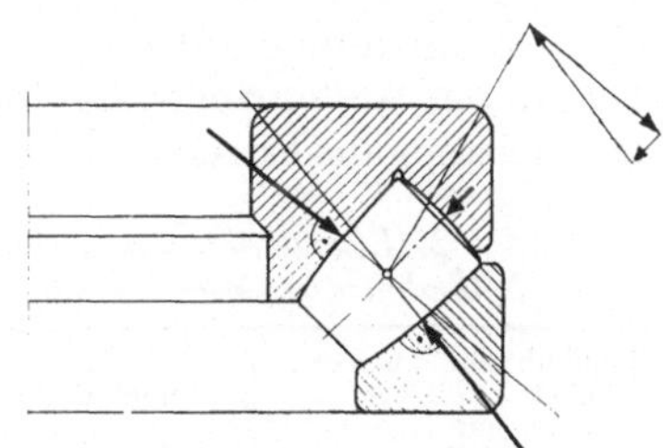

Abb. 9. Kraftkomponenten in einem Pendelrollenlager mit unsymmetrischen Tonnenrollen und sog. Spannführung der Rollen

sein kann. Die Rollenführung erfolgt in diesem Fall durch zwei Borde, zwischen denen die Rollen mit engem seitlichem Spiel geführt werden, Abb. 8. Spannführung liegt bei Lagern mit *unsymmetrischen* Rollen, also Kegelrollenlagern und Pendelrollenlagern, letztere soweit sie unsymmetrische Tonnenrollen haben, vor, Abb. 5 und 9. Bei diesen Lagern werden die Rollen in der belasteten Zone unter der Einwirkung einer Komponente aus den Normaldrücken gegen den Führungsbord gedrückt. Die Führung erfolgt somit an einem Bord allein.

Teilweise übernimmt der *Käfig*, dessen allgemeine Aufgaben sind, die unmittelbare Berührung der Wälzkörper zu verhindern, sie in Abstand und zusammenzuhalten, auch die Aufgabe der Rollenführung, vor allem bei Rollen, die im Verhältnis zum Durchmesser lang sind oder wenn die Anbringung von Borden aus konstruktiven, herstellungsmäßigen oder einbautechnischen Gründen nicht möglich ist.

### 2.36 Werkstoffe

Für die Rollkörper und Laufbahnringe normaler Lager wird vorwiegend ein als Wälzlagerstahl bekannter, direkt härtbarer chromlegierter Stahl verwendet. Im Stahl-Eisen-Werkstoffblatt 350-49 sind vier Wälzlagerstähle festgelegt, deren Chrom- und Mangangehalt so auf die unterschiedlichen Querschnitte der Rollkörper und Laufringe abgestimmt ist, daß sich das gewünschte Härtegefüge ergibt.

Für spezielle Zwecke werden Rollkörper und Laufringe aus legierten Einsatzstählen gefertigt. Einige Hersteller verwenden Einsatzstahl auch für normale Lager.

Für das Lebensdauerverhalten von Wälzlagern ist die Reinheit des Stahls von ausschlaggebender Bedeutung. Die Einführung des Messens in die Metallographie mit Hilfe von Gefüge-Richtreihen hat wesentlich dazu beigetragen, die Qualität des Wälzlagerstahls zu steigern und in der laufenden Produktion sicherzustellen.

Bei manchen Konstruktionen werden keine kompletten Lager verwendet, sondern eine oder beide Rollbahnen sind unmittelbar an einem Bauteil angebracht. So können z. B. die Rollen eines Zylinderrollenlagers ohne Innenring (Bauform RNU) unmittelbar auf der gehärteten und geschliffenen Welle laufen oder unter Wegfall des Außenrings (Bauform RN) in der Bohrung eines Zahnrads. Diese Teile sind meistens aus Einsatzstahl gefertigt. Damit die gleiche Tragfähigkeit wie mit kompletten Wälzlagern erreicht wird, muß der Werkstoff bestimmte Bedingungen erfüllen. Die Härte der Rollbahnen und die Oberflächengüte müssen den Anforderungen bei Wälzlagern entsprechen. Eine wichtige Rolle spielt die Einsatz- und Härtetiefe, die der typischen Beanspruchungsart bei Wälzlagern und den Abmessungen angepaßt sein muß. Richtwerte für die erforderliche Einsatztiefe sind in Tab. 2 angegeben.

Tabelle 2. *Einsatztiefe von Wälzlager-Rollbahnen an Maschinenteilen*

| Laufbahndurchmesser über      bis mm | Einsatztiefe nach dem Schleifen mm |
|---|---|
| —        20 | 0,6 bis 0,8 |
| 20        50 | 0,8 bis 1,0 |
| 50       100 | 1,2 bis 1,4 |
| 100      150 | 1,6 bis 2,0 |
| 150      200 | 2,0 bis 2,5 |

Für nichtrostende Lager werden Sonderstähle mit hohem Chromgehalt verwendet. Sonderstähle, und zwar Schnellarbeitsstähle, werden auch für Lager verwendet, die extrem hohen Temperaturen, wie z. B. in Flugzeug-Strahltriebwerken, ausgesetzt sind. Diese Stähle behalten die volle Härte und Tragfähigkeit bis zu Temperaturen von ca. 500 °C.

## 2.4 Käfige

Die Wälzlagerkäfige haben folgende Aufgaben:

a) Gleichmäßige Verteilung der Wälzkörper.

b) Verhinderung der unmittelbaren Berührung der Wälzkörper, deren einander zugewandte Mantelflächen sich relativ mit der doppelten Umfangsgeschwindigkeit bewegen, Abb. 10.

c) Verbindung aller Wälzkörper eines Lagers zu einer Einheit (Kugel- oder Rollenkranz) und mit einem der beiden Laufringe. Dadurch wird der Einbau erleichtert und ein Vertauschen der Wälzkörper verschiedener Lager sowie das Verlieren von Wälzkörpern verhindert.

d) Führung von Rollen oder Nadeln ergänzend zur Bordführung oder wenn keine anderen Führungsmittel vorhanden sind. An die Genauigkeit der Käfige für Rollen- und Nadellager sind besonders hohe Anforderungen zu stellen, insbesondere hinsichtlich der Achsparallelität der Käfigtaschen zur Lagerachse.

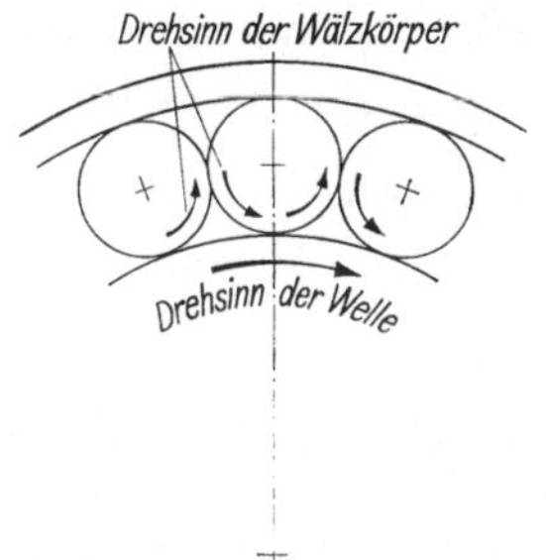


Abb. 10. Unmittelbare Berührung der Wälzkörper bei Lagern ohne Käfig

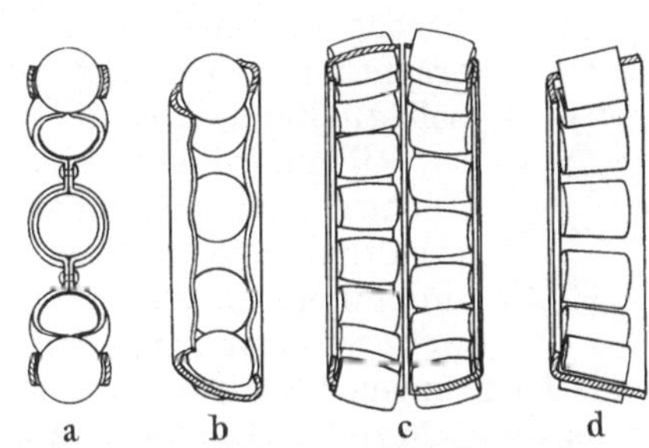


Abb. 11. Blechkäfige
a) für Rillenkugellager, genietet; b) für Schrägkugellager; c) für Pendelrollenlager; d) für Kegelrollenlager

Je nach Lagerart und Anforderungen im Betrieb werden verschiedene Käfigbauarten verwendet. Nach den Herstellungsverfahren unterscheidet man:

aus Blech gestanzte und gepreßte Käfige (Blechkäfige), Abb. 11,

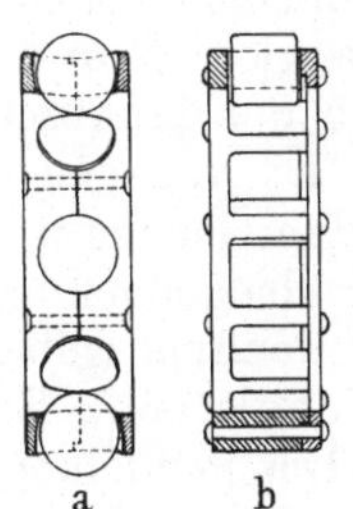


Abb. 12.
Zweiteilige Massivkäfige
a) für Rillenkugellager;
b) Kammdeckelkäfig
für Zylinderrollenlager

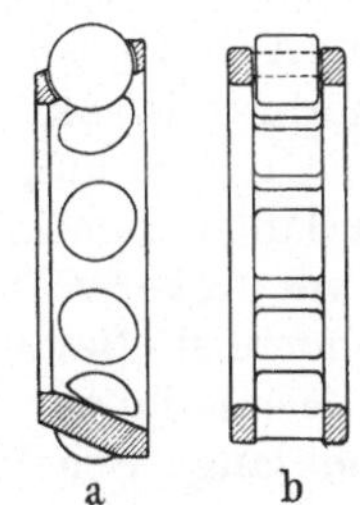


Abb. 13.
Einteilige Massivkäfige
a) für Schrägkugellager;
b) Fensterkäfig für Zylinderrollenlager

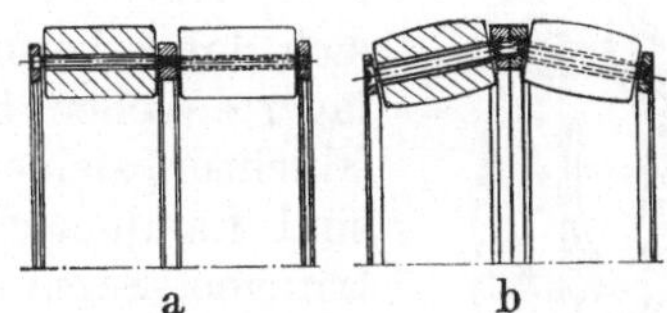


Abb. 14. Verschraubte Käfige
für große Lager mit durchbohrten Rollen
a) für Zylinderrollenlager;
b) für Pendelrollenlager

Massivkäfige aus mehreren durch Drehen, Bohren oder Fräsen hergestellten Teilen, die durch Vernieten, Verschrauben, Löten oder Schweißen miteinander verbunden werden, Abb. 12,

aus einem Stück durch Gießen, Spritzen, Pressen, Drehen, Bohren, Fräsen, Stoßen oder Räumen hergestellte Massivkäfige, Abb. 13,

aus Seitenscheiben und Verbindungsbolzen zusammengesetzte Käfige, Abb. 14.

Grundsätzliche Unterschiede bestehen außerdem in der radialen Käfigführung. Die Blechkäfige werden von den Wälzkörpern getragen (wälzkörpergeführte Käfige). Bei den Massivkäfigen gibt es zwei Ausführungen: die wälzkörpergeführte sowie eine Ausführung, die auf den geschliffenen Bord- oder Schulterflächen des Innen- oder Außenrings geführt wird (innen- oder außenbordgeführte Käfige).

## 2.5 Beschreibung der Bauformen

### 2.51 Radiallager

**2.511 Rillenkugellager.** Diese Lagerbauart ist vielseitig verwendbar. Sie ist einfach im Aufbau, unempfindlich in Betrieb und Wartung sowie billig. Die Laufrillen sind verhältnismäßig tief und schmiegen sich eng an die Kugeln an, d. h. der Rillenradius ist nur um einige Prozent größer als der Kugelradius. Die gebräuchlichste Bauform hat keine Einfüllöffnungen für die Kugeln, die Laufbahnen sind also an keiner Stelle unterbrochen. Deshalb kann das Lager außer Radialkräften auch beträchtliche Axialkräfte in beiden Richtungen aufnehmen. Es ist selbsthaltend, Abb. 15.

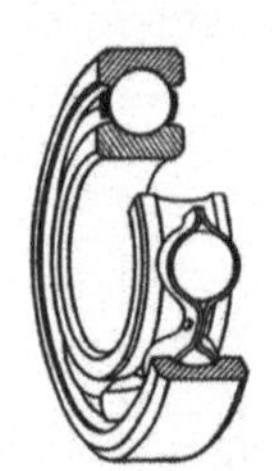

Abb. 15. Einreihiges Rillenkugellager

Rillenkugellager sind auch mit eingebauten nichtschleifenden Dichtungen, sogenannten Deckscheiben, (Ausführung Z und 2Z) erhältlich. Die Deckscheiben verhindern das Eindringen von Verunreinigungen und den Austritt des Schmierfetts. Diese und eine weitere Ausführung mit Dichtscheiben (RS und 2RS), worunter schleifende Dichtungen verstanden werden, eignet sich besonders für Lagerstellen, die wartungsfrei sein sollen. Die Lager sind für Temperaturen von −40 bis +120 °C verwendbar. Mit den abgedichteten Lagern werden gleichzeitig die Gefahren vermieden, die beim Nachschmieren durch ungeeignetes oder verschmutztes Schmiermittel und durch Überschmierung entstehen können.

Rillenkugellager mit Sprengringnut im Außenring ermöglichen in vielen Fällen eine einfache und raumsparende axiale Festlegung im Gehäuse.

**2.512 Pendelkugellager.** Die Lager haben zwei Kugelreihen mit einer gemeinsamen hohlkugeligen Außenringlaufbahn, Abb. 16, so daß zwanglose Schwenkbewegungen um den Lagermittelpunkt innerhalb der in Abschn. 2.34, Tab. 1, angegebenen Grenzen möglich sind. Die Lager eignen sich daher besonders für lange oder in getrennten Gehäusen gelagerte Wellen, bei denen mit größeren Wellendurchbiegungen bzw. Fluchtungsfehlern zu rechnen ist. Bevorzugte Anwendungsgebiete sind Landmaschinen, Transmissionen, kleine Ventilatoren, Zentrifugen, Separatoren und lange Schaltwellen. Die Pendelkugellager haben aber an Bedeutung verloren, seit die Genauigkeit der Gegenstücke besser geworden ist und geringere Anforderungen an die Winkelbeweglichkeit der Lager gestellt werden.

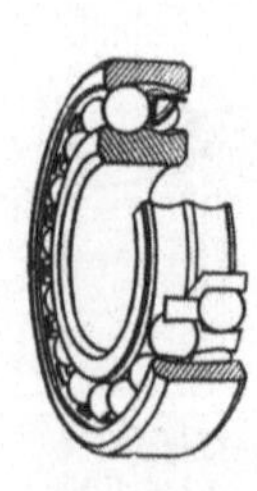

Abb. 16. Pendelkugellager

Die Lager sind selbsthaltend. Die meisten Größen sind auch mit kegeliger Bohrung (1 : 12) und mit Spannhülsen erhältlich.

**2.513 Schulterkugellager.** Der Innenring ist dem eines Rillenkugellagers ähnlich, die Rillentiefe ist jedoch geringer. Der Außenring hat nur auf einer Seite eine Schulter, auf der anderen Seite geht das kreisförmige Rillenprofil in eine kurze zylindrische Laufbahn über, Abb. 17. Das Lager kann außer Radialbelastungen auch Axialbelastungen in einer Richtung aufnehmen und ist zerlegbar, d. h. der

Außenring kann abgenommen werden, der Einbau des Innenrings mit Kugelsatz kann unabhängig von dem des Außenrings erfolgen, und falls erwünscht, können beide Laufringe mit einer festen Passung eingebaut werden. Die Lager werden paarweise mit entgegengesetzt angeordneten Schultern eingebaut. Je nach den Einbau- und Betriebsverhältnissen gibt man der Lagerung ein kleines Axialspiel zum Ausgleich von Wärmedehnungen.

Schulterkugellager haben eine sehr geringe Reibung, jedoch ist ihre Tragfähigkeit im Vergleich zu Rillenkugellagern infolge der ungünstigeren Schmiegungsverhältnisse an der Außenringlaufbahn verhältnismäßig gering. Die Herstellung beschränkt sich auf kleine Größen bis $d = 30$ mm, die hauptsächlich für Meßgeräte, kleine elektrische Maschinen und kleine Otto-Motoren verwendet werden.

**2.514 Schrägkugellager.** Bei der einreihigen Ausführung hat jeder der beiden Laufringe eine hohe und eine niedrige Schulter, Abb. 18. In beiden Ringen sind die Laufbahnen auf der Seite der hohen Schulter so ausgeführt, daß die Verbindungslinie der beiden Berührungspunkte der Kugel einen Winkel (Berührungswinkel, Druckwinkel) mit der Radialebene einschließt. Dieser Winkel beträgt bei den Reihen 72 B und 73 B $\alpha = 40°$. Die Lager können deshalb außer radialen Kräften auch große axiale Kräfte aufnehmen. Überhaupt ist die Tragfähigkeit infolge großer Kugelanzahl hoch.

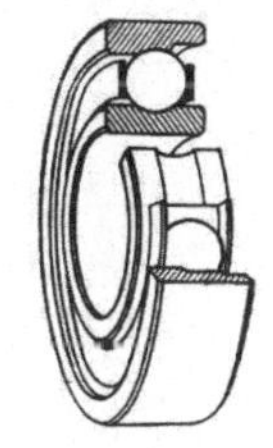

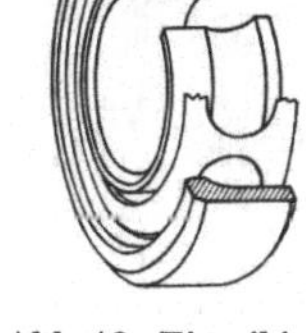

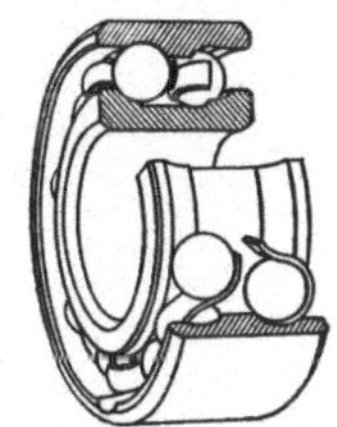

Abb. 17.
Schulterkugellager

Abb. 18. Einreihiges
Schrägkugellager

Abb. 19. Zweireihiges
Schrägkugellager
mit Einfüllnuten

Das Lager muß so eingebaut werden, daß die Axiallast auf die hohe Schulter wirkt. Die niedrige Schulter dient nur dazu, das Lager selbsthaltend zu machen. Sie darf im Betrieb axial nicht belastet werden.

Einreihige Schrägkugellager müssen im allgemeinen zusammen mit einem zweiten Lager eingebaut werden, das Axialkräfte in der entgegengesetzten Richtung aufnehmen kann. Eine Ausnahme bildet der Fall, daß eine ständige äußere Axialkraft von einer bestimmten Mindestgröße im Verhältnis zur Radialkraft gewährleistet ist.

Die zweireihige Ausführung vereinigt zwei einreihige Schrägkugellager in einer Einheit, Abb. 19. Die Reihen 32 und 33 haben einteilige Innen- und Außenringe und auf einer Seite Einfüllnuten am Innen- und Außenring. Die Lager sollen so eingebaut werden, daß die Axialkraft oder, wenn diese die Richtung wechselt, die größere Axialkraft an derjenigen Seite des Innenrings angreift, die keine Einfüllöffnung hat. Die Berührungslinien der Kugeln laufen bezüglich der Lagermitte auseinander, und die Druckkegelspitzen liegen weit auseinander. Dadurch kann das Lager Momente in der Längsebene aufnehmen. Da die Lagerluft herstellungsmäßig klein gehalten ist, eignen sich die Lager besonders gut für spielfreie und starre Lagerungen.

In einer anderen Ausführung werden zweireihige Schrägkugellager mit geteiltem Innenring, ohne Einfüllnuten, hergestellt und z. B. in Kegelradgetrieben und einzeln aufgehängten Rädern von Personenkraftwagen, u. a. solchen mit Vorderradantrieb, verwendet. Die Lager sind axial in *beiden* Richtungen hoch belastbar. Eingebaut müssen die Innenringhälften, z. B. durch eine Wellenmutter, zusammengespannt werden und ergeben dann ein bestimmtes Axialspiel, das lediglich noch durch die Passungen beeinflußt wird.

Die zweireihigen Schrägkugellager haben für den Verbraucher sowohl in der Ausführung mit ungeteiltem als auch mit geteiltem Innenring neben einer geringen Breite den Vorteil, daß beim Einbau im Gegensatz zu einreihigen Schräglagern kein Anstellen erforderlich ist.

**2.515 Zylinderrollenlager, Nadellager.** Bei der einreihigen Ausführung der Zylinderrollenlager hat einer der beiden Laufringe zwei feste Borde, zwischen denen die Rollen achsparallel geführt werden, Abb. 20. Bei den am häufigsten verwendeten Bauarten NU und N hat der andere „freie" Laufring keine Borde. Dadurch besitzt das Lager in gewissen Grenzen eine axiale Verschiebbarkeit, ohne daß sich ein Laufring auf seinem Sitz auf der Welle oder im Gehäuse zu verschieben braucht. Wenn das Lager umläuft, erfolgt diese „innere" Verschiebung praktisch ohne Widerstand. Die Wahl einer der beiden Bauformen NU oder N erfolgt vor allem nach konstruktiven Gesichtspunkten, u. a. nach den Ein- und Ausbaumöglichkeiten.

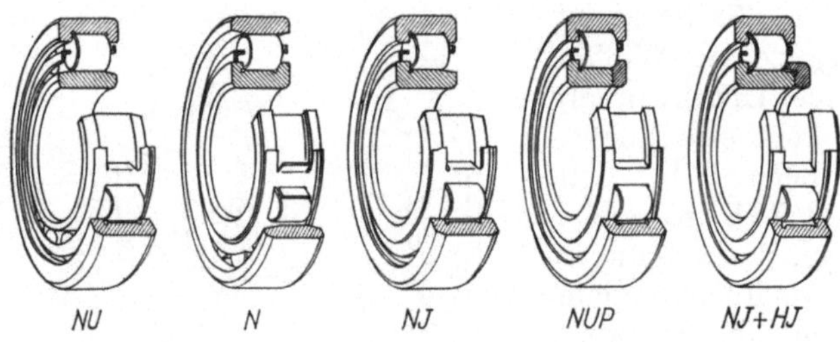


Abb. 20.  Einreihige Zylinderrollenlager

Zylinderrollenlager sind zerlegbar. Der Laufring mit den zwei festen Führungsborden bildet mit den Rollen und dem Käfig eine Einheit, die getrennt von dem anderen Laufring eingebaut werden kann. Dadurch wird der Ein- und Ausbau erleichtert, vor allem dann, wenn für beide Laufringe wegen der Belastungsverhältnisse feste Passungen notwendig sind.

Zylinderrollenlager werden auch ohne den freien Laufring verwendet (Kurzzeichen RNU bzw. RN), wobei die fehlende Rollbahn unmittelbar an einem Bauteil angebracht ist. Die Anforderungen an den Werkstoff und die Bearbeitung dieser Teile wurden in Abschn. 2.36 erwähnt.

Die Mantellinien der Rollen sind an den Enden oder über die ganze Länge schwach gekrümmt. Durch die damit erreichte „modifizierte" Linienberührung werden schädliche Kantenspannungen vermieden und ein Höchstmaß an Tragfähigkeit erzielt. Bei den neuesten Bauarten der Zylinderrollenlager wurden bei gleichen Außenabmessungen überdies die Rollensätze verstärkt, d. h. die Lager enthalten größere und mehr Rollen, so daß die Tragfähigkeit erheblich gestiegen ist.

Zylinderrollenlager der Bauformen NJ und NUP können unter gewissen Voraussetzungen auch mäßige axiale Belastungen aufnehmen.

Bei der Bauart NJ hat der Innenring auf einer Seite einen Bord, so daß das Lager die Welle nach dieser Seite axial führen kann. Zwei derartige Lager können eine Welle in beiden Richtungen axial führen. Die Bauart NUP hat außer dem festen Bord auf der einen Seite einen losen Bordring auf der anderen Seite des Innenrings und kann als Festlager die Führung einer Welle nach beiden Seiten allein übernehmen. Anstelle der Bordscheibe können auch Winkelringe in Verbindung mit NU- oder NJ-Lagern verwendet werden. Man wendet diese Anordnung u. a. dann an, wenn auf Grund hoher Belastung die Sitzfläche der verkürzten Innenringe von Lagern mit Bordscheibe nicht ausreichen würde. In anderen Fällen haben Winkelringe den Vorteil, daß der Ein- und Ausbau erleichtert wird.

Zylinderrollenlager sind auch für hohe Drehzahlen gut geeignet. Zweireihige Zylinderrollenlager der Reihen NN 30, Abb. 21, und NNU 49 werden speziell für die Lagerung von Arbeitsspindeln in Werkzeugmaschinen verwendet und ausschließlich mit der hierfür notwendigen höheren Genauigkeit gefertigt. Die Lager haben bei kleiner Querschnittshöhe eine hohe Tragfähigkeit und geringe Federung, ergeben also eine sehr starre Lagerung. Sie werden meistens mit kegeliger Bohrung ausgeführt. Dadurch kann die Lagerluft durch Aufdornen des Innenrings bei der Montage sehr fein eingestellt oder, falls erwünscht, ganz beseitigt werden.

Vierreihige Zylinderrollenlager werden in Walzgerüsten mit hoher Walzgeschwindigkeit verwendet, Abb. 22.

Abb. 21. Zweireihiges
Zylinderrollenlager

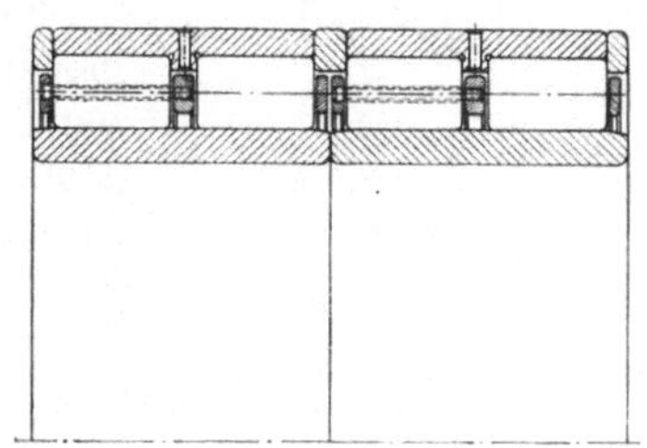

Abb. 22. Vierreihiges Zylinderrollenlager
mit verschraubten Massivkäfigen

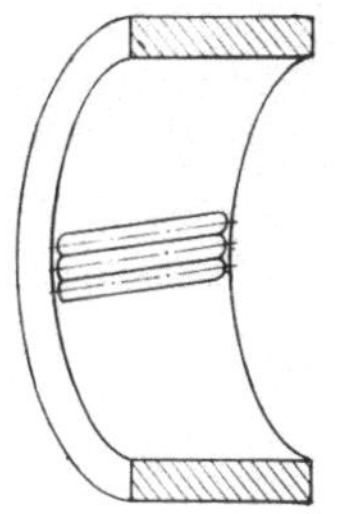

Abb. 23. Schränken
von Nadeln

Nadellager sind eine Variante der Zylinderrollenlager mit dünnen, im Verhältnis zum Durchmesser langen, zylindrischen Wälzkörpern, die als Nadeln bezeichnet werden, einen Durchmesser $D_w \leqq 5$ mm und eine Länge $l_w \geqq 2{,}5\,D_w$ haben. Die Enden der Nadeln können eben, gewölbt, kegelig, ausgekehlt oder abgesetzt sein.

Nadellager haben den Vorteil einer besonders kleinen Querschnittshöhe.

Die vollnadelige Ausführung ist statisch hoch belastbar, sie neigt aber zum Schränken[1], d. h. zu einer Schiefstellung der Nadeln bezüglich der Lagerachse, Abb. 23, hat eine große Reibung und ist daher mehr für langsame oder für hin- und hergehende Drehbewegungen geeignet. Dagegen ist die Ausführung mit einem Käfig, der die Nadeln nicht nur in Abstand hält, sondern auch achsparallel führt, auch für verhältnismäßig hohe Drehzahlen geeignet.

Häufig werden Nadelkäfige allein, d. h. ohne Innen- und Außenring, für solche Einbaustellen verwendet, bei denen es auf geringste Querschnittshöhe ankommt. Die Laufbahnen für die Nadeln werden dabei unmittelbar an den Gegenstücken angebracht. Härte, Genauigkeit und Oberflächengüte müssen dabei den Anforderungen an Wälzlagerlaufbahnen entsprechen. Bei höheren Drehzahlen empfiehlt es sich, auch die seitlichen Anlaufflächen zu härten und zu schleifen.

Radial-Nadellager können nur reine Radialbelastungen aufnehmen.

**2.516 Kegelrollenlager.** Die Lager haben kegelstumpfförmige Rollen, die auf kegeligen Innen- und Außenlaufbahnen abwälzen, Abb. 24, wobei sämtliche Kegel-

---

[1] Während bei Lagern das Schränken und „Schieben" absolut unerwünscht ist, wird dieser Effekt bei der Stieber-Rollkupplung bzw. dem Kegel-Freilauf ausgenützt. Die Rollen oder Nadeln werden absichtlich schräg zur Achse der Laufkegel geführt, so daß bei einem bestimmten Drehsinn eine Verspannung zwischen den Wälzkörpern und den beiden Kegelflächen entsteht.

flächen eine gemeinsame Kegelspitze auf der Drehachse des Lagers haben. Die große Stirnfläche der Rollen ist sphärisch ausgebildet und liegt gegen einen Bord (Führungsbord) des Innenrings an. Eine Kraftkomponente drückt die belastete Rolle gegen diesen Führungsbord (Spannführung), s. Abschn. 2.35 und Abb. 5.

Innenring, Rollen und Käfig bilden eine Einheit. Die gängigen Typen haben einen in einem Stück gepreßten Stahlblechkäfig. Der Bord am kleinen Durchmesser des Innenrings (Haltebord) dient nur dazu, die Teile im nicht eingebauten Zustand zusammenzuhalten, wird aber im Betrieb von den Rollen nicht berührt. Die Lager sind zerlegbar.

Im allgemeinen braucht man zur Lagerung einer Welle zwei Kegelrollenlager in entgegengesetzter Anordnung. Das Lagerspiel wird bei der Montage durch axiales Verschieben eines der Laufringe eingestellt.

Kegelrollenlager sind zugleich radial und axial belastbar. Einzelne Reihen haben größere Kegelwinkel und sind für Lagerstellen mit hoher oder überwiegender Axialbelastung besonders gut geeignet.

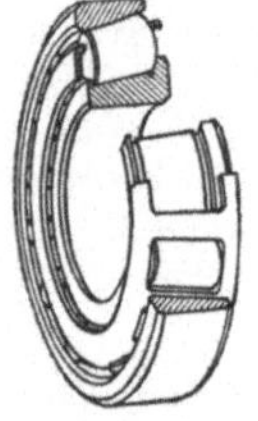

Abb. 24. Kegelrollenlager

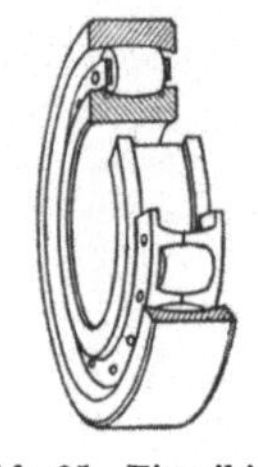

Abb. 25. Einreihiges Tonnenlager

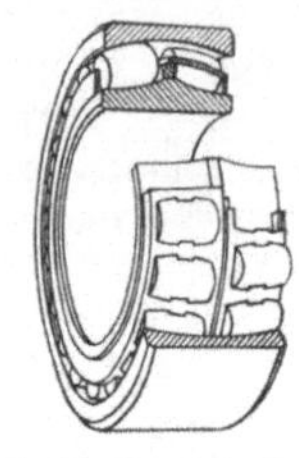

Abb. 26. Pendelrollenlager mit symmetrischen Rollen

**2.517 Tonnenlager, Pendelrollenlager.** Einreihige Tonnenlager haben symmetrische tonnenförmige Rollen, die durch einen Käfig in Abstand gehalten werden. Die Außenringlaufbahn ist hohlkugelig, die Innenringlaufbahn entsprechend dem Rollenprofil konkav gewölbt. Der Innenring hat feste Borde, zwischen denen die Rollen wie bei Zylinderrollenlagern geführt werden, **Abb. 25.**

Die Lager sind winkelbeweglich und deshalb unempfindlich gegen Schrägstellungen infolge von Fluchtungsfehlern oder Wellendurchbiegungen. Die axiale Tragfähigkeit ist jedoch gering.

Pendelrollenlager sind zweireihig und haben meistens symmetrische tonnenförmige Rollen. Beide Rollenreihen haben eine gemeinsame hohlkugelige Außenringlaufbahn. Der Innenring hat zwei konkave, zur Lagerachse geneigte Rollbahnen, zwischen denen sich entweder ein fester Bord oder ein loser Führungsring befindet, **Abb. 26.** Durch die äußere Belastung entstehen keine Kräfte auf den Bord und die Stirnflächen der Rollen; der Bord bzw. der Führungsring dienen zusammen mit dem Käfig dazu, die Rollen in der unbelasteten Zone zu führen.

Pendelrollenlager haben eine sehr hohe Tragfähigkeit. Sie können infolge der Neigung der beiden Rollenreihen außer Radialbelastungen auch beträchtliche Axialbelastungen in beiden Richtungen aufnehmen, sie eignen sich jedoch nicht als reine Axiallager.

Pendelrollenlager werden auch mit kegeliger Bohrung hergestellt, so daß sie auf zylindrischen Wellen mit Spann- oder Abziehhülsen oder unmittelbar auf kegeligen Wellensitzen befestigt werden können.

**2.518 Gepaarte Lager.** Einreihige Rillenkugellager und Schrägkugellager werden auch paarweise verwendet, wobei folgende Anordnungen gewählt werden können, Abb. 27:

a) Gleichgerichtete Anordnung (Tandem) für gemeinsame Axiallastaufnahme in gleicher Richtung,

b) X-Anordnung, wobei die Drucklinien bezüglich der Wellenachse zusammenlaufen,

c) O-Anordnung, wobei die Drucklinien bezüglich der Wellenachse auseinanderlaufen.

Insbesondere bei Kegelradgetrieben werden auch Kegelrollenlager in X- oder O-Anordnung in gepaarter Ausführung verwendet.

Die Tandem-Anordnung von Kugellagern kommt dann in Frage, wenn die Axiallast in einer Richtung so hoch ist, daß die Tragfähigkeit des Einzellagers nicht ausreicht. Rillenkugellager und zweiseitig wirkende Schrägkugellager in Tandem-Anordnung können auch wechselnde Axialkräfte aufnehmen. Schrägkugellager in Tandem-Anordnung müssen gegen ein drittes Lager angestellt werden.

Die O-Anordnung und die X-Anordnung ergeben eine Führung der Welle in beiden axialen Richtungen, d. h. Axiallasten können in beiden Richtungen aufgenommen

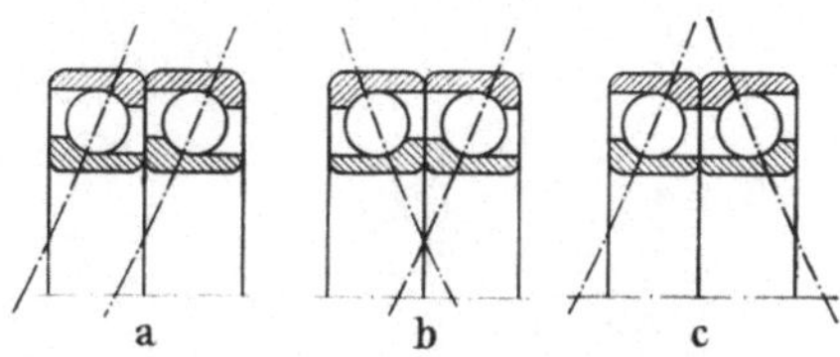

Abb. 27. Gepaarte Schrägkugellager
a) Tandem-Anordnung; b) X-Anordnung; c) O-Anordnung

werden. Je nach den Anforderungen wird das Lagerpaar mit einem kleinen Spiel, spielfrei oder mit Vorspannung zusammengepaßt.

Die O-Anordnung ergibt eine gegenüber Kippmomenten starre Lagerung. Die X-Anordnung ist in dieser Hinsicht weniger starr.

Ist im Betrieb die Welle mit dem Innenring wesentlich wärmer als der Außenring, so neigt die X-Anordnung mehr zum Verspannen als die O-Anordnung, was bei der Festlegung des Axialspiels berücksichtigt werden muß.

Das Zusammenpassen der gepaarten Lager wird von den Wälzlagerherstellern vorgenommen. Gepaarte Lager erleichtern den Einbau, weil das Aussuchen von Paßscheiben oder das Einpassen von Zwischenringen und -büchsen entfällt und hierauf beruhende Einbaufehler vermieden werden.

### 2.519 Stehlagergehäuse.

Für Pendelkugellager und Pendelrollenlager sind passende Stehlagergehäuse im Handel erhältlich. Geteilte Stehlagergehäuse für Fett-

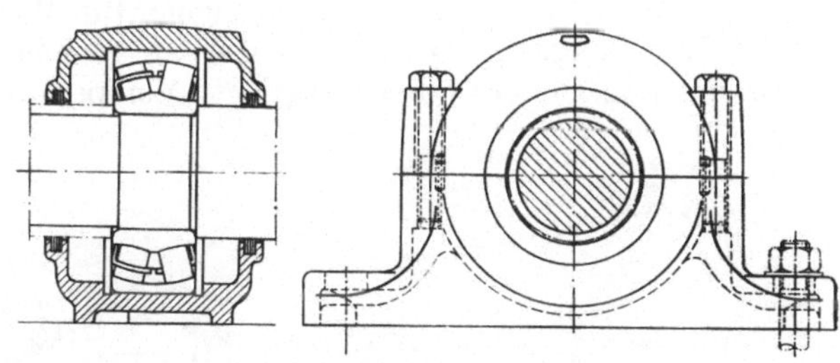

Abb. 28. Stehlagergehäuse

schmierung, Abb. 28, sind nach DIN 736, 737, 738 und 739 genormt. Der Gehäusewerkstoff ist im allgemeinen Grauguß; für höhere Belastungen wird Stahlguß oder Sphäroguß empfohlen. Die Gehäuse sind für Loslagerung, d. h. axiale Verschiebbarkeit der Lageraußenringe ausgebildet. Festlagerung erhält man durch Einlegen sog. Festringe. Für spezielle Zwecke wird von den Wälzlagerherstellern außerdem eine Vielzahl von standardisierten Gehäusen, auch ungeteilten und solchen für Ölschmierung, gefertigt.

## 2.52 Axiallager

**2.521 Einseitig wirkende Axial-Rillenkugellager.** Die Lager haben eine in einem Käfig zusammengehaltene Reihe von Kugeln, die zwischen zwei Scheiben laufen, von denen die eine als Wellenscheibe und die andere als Gehäusescheibe bezeichnet wird. Die Gehäusescheibe hat entweder eine ebene Anlagefläche, Abb. 29, oder ist kugelig ausgeführt, Abb. 30, und stützt sich über eine entsprechend kugelige Unterlagscheibe im Gehäuse ab. Die kugelige Auflage der stillstehenden Scheibe bietet jedoch nur einen Vorteil für den Fall, daß die Anlagefläche im Gehäuse nicht senkrecht zur Drehachse der Welle steht, dagegen nicht, wenn ständig Einstellbewegungen infolge von Taumelbewegungen der Welle stattfinden. Hierfür ist die Gleitreibung an der Einstellfläche zu groß.

Die Lager können nur Axialkräfte und keine Radialkräfte aufnehmen.

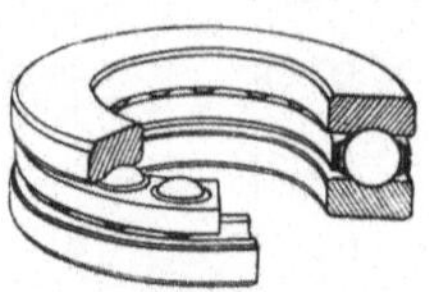

Abb. 29. Einseitig wirkendes Axial-Rillenkugellager

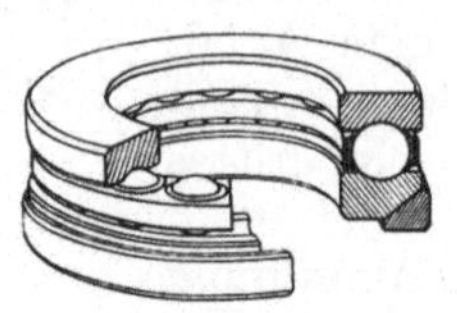

Abb. 30. Axial-Rillenkugellager mit kugeliger Gehäusescheibe und Unterlagscheibe

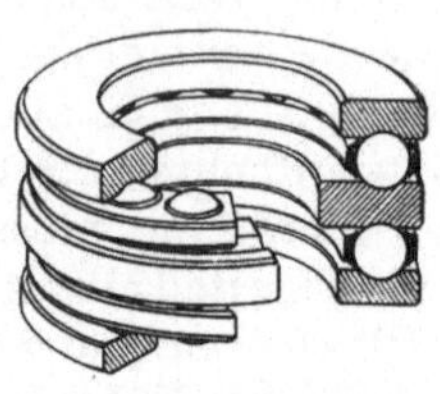

Abb. 31. Zweiseitig wirkendes Axial-Rillenkugellager

**2.522 Zweiseitig wirkende Axial-Rillenkugellager.** Die Lager haben zwei Kugelsätze und drei Scheiben, Abb. 31. Die Käfige mit den Kugeln und die zwei Gehäusescheiben sind die gleichen wie die der einseitig wirkenden Lager. Die Wellenscheibe hat dagegen auf beiden Seiten eine Laufrille.

Auch diese Lager können nur Axialkräfte, allerdings in beiden Richtungen, aufnehmen.

**2.523 Axial-Schrägkugellager.** Zweiseitig wirkende Axial-Schrägkugellager werden in einer Sonderbauart mit hoher Laufgenauigkeit und Zwischenhülse hergestellt, Abb. 32. Die Lager wurden eigens für Werkzeugmaschinenspindeln entwickelt. Die Länge der Zwischenhülse ist so abgestimmt, daß man nach dem Einbau der Lager eine vorher festgelegte Vorspannung erhält.

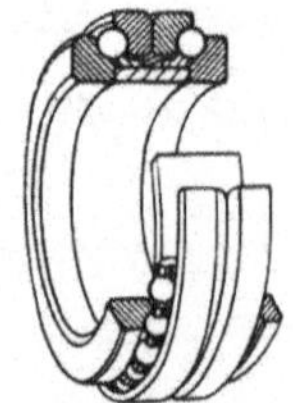

Abb. 32. Zweiseitig wirkendes Axial-Schrägkugellager

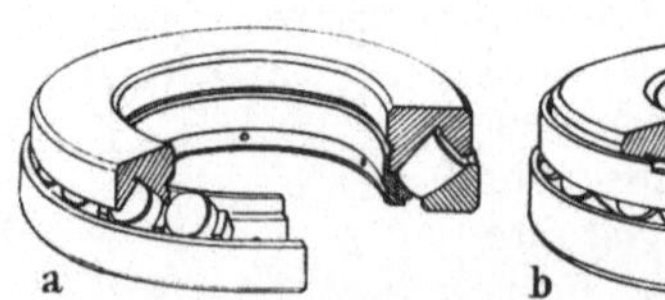
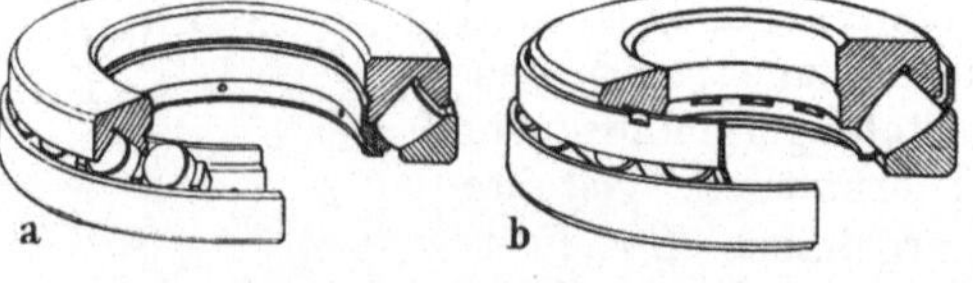


Abb. 33. Axial-Pendelrollenlager a) mit Massivkäfig und Käfigführungshülse; b) mit Blechkäfig

**2.524 Axial-Pendelrollenlager.** Das Lager hat eine Gehäusescheibe mit hohlkugeliger Laufbahn, Abb. 33. Die Rollen haben über einer kegeligen Grundform ein gewölbtes Profil und werden durch einen Käfig in Abstand gehalten. Die Schmiegung des Rollenmantelprofils mit den Laufbahnen der Wellen- und der Gehäusescheibe ist eng. Bei der einen Ausführung wird der Massivkäfig auf einer in die Bohrung der Wellenscheibe eingepreßten Hülse geführt, Abb. 33a. Der Rollensatz mit Käfig und die Wellenscheibe bilden mittels dieser Hülse eine Einheit. Eine andere Ausführung hat einen Blechkäfig, Abb. 33b. Rollen, Käfig und Wellenscheibe bilden auch bei diesem Lager eine Einheit. Hierzu ist die Wellenscheibe am Umfang abgesetzt und der die Wellenscheibe umfassende Käfig an einigen Stellen eingebogen. Im Betriebszustand findet keine Berührung zwischen Käfig und Wellenscheibe statt.

Das Lager ist um den Mittelpunkt der Laufbahn der Gehäusescheibe winkelbeweglich. Im Unterschied zu den meisten anderen Axiallagerarten kann das Lager auch Radialkräfte bis zu einem bestimmten Teil der Axialbelastung aufnehmen.

Infolge des verhältnismäßig großen Kegelwinkels der Rollen entsteht ein beträchtlicher Druck zwischen Rollenstirnfläche und Führungsbord an der Wellenscheibe. Deshalb ist die Ausführung dieser Führungsflächen von großer Bedeutung. Die Seitenflächen der Rollen und die Führungsflächen des Bords sind Kugelflächen mit etwas verschiedenen Halbmessern, damit sich in dem Spalt ein Ölfilm aufbauen kann, Abb. 34.

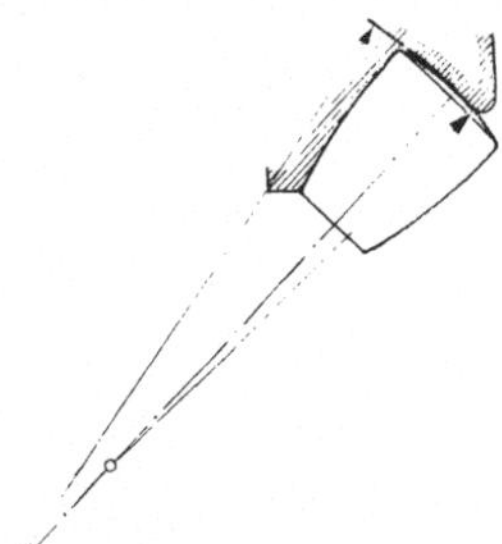

Abb. 34. Schmiegung zwischen Rollenstirnfläche und Führungsbord bei Axial-Pendelrollenlagern

**2.525 Axial-Kegelrollenlager.** Die Lager können konstruktiv verschieden gestaltet sein und werden mit oder ohne Käfig ausgeführt.

Bei der einen Ausführung haben beide Scheiben kegelige Laufbahnen, Abb. 35a. Bei der in Abb. 35b gezeigten Bauart ist die Gehäusescheibe eben und die Laufbahn der Wellenscheibe kegelig. Dadurch ist ein radialer Versatz der Wellenscheibe gegenüber der Gehäusescheibe möglich.

Axial-Kegelrollenlager besitzen keine Winkelbeweglichkeit.

**2.526 Axial-Zylinderrollenlager, Axial-Nadellager.** Zwischen ebenen Laufscheiben (Wellenscheibe und Gehäusescheibe) befinden sich eine, zwei oder mehr Rollenreihen, die in einem Käfig zusammengefaßt sind, Abb. 36. Um die Geschwindigkeitsdifferenzen zwischen dem äußeren und inneren Rollenende herabzusetzen, verwendet man häufig anstelle langer Rollen zwei oder mehr kurze Rollen, die in den radialen Käfigtaschen nebeneinander angeordnet sind.

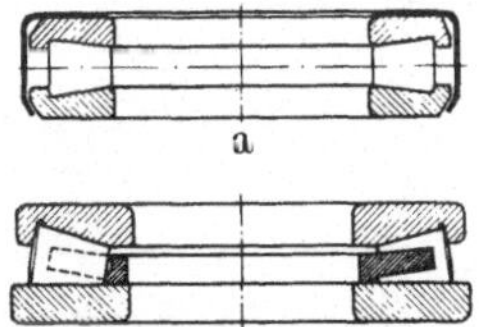

Abb. 35. Axial-Kegelrollenlager
a) symmetrische vollrollige Ausführung mit Blechkappe;
b) kegelige Wellenscheibe und ebene Gehäusescheibe, Rollen in Käfig gehalten

Axial-Nadellager besitzen anstelle von Zylinderrollen Nadeln, die ebenfalls in einem Käfig gehalten sind. Vielfach werden Nadelkränze ähnlich wie Radial-Nadelkränze ohne Laufscheiben verwendet, wobei die gehärteten und geschliffenen Laufbahnen unmittelbar an den Gegenstücken angebracht werden. Neben der hohen axialen Tragfähigkeit haben Axial-Zylinderrollenlager und Axial-Nadellager den Vorteil der radialen Einstellbarkeit, ohne daß sich eine der Laufscheiben unter Überwindung der wesentlich größeren Haftreibung an ihrer Anlagefläche zu verschieben braucht. Die Lager können keine Radialkräfte aufnehmen.

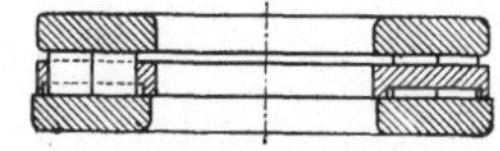

Abb. 36. Axial-Zylinderrollenlager

# 3. Baumaße

## 3.1 Hauptabmessungen

Die Hauptabmessungen der Wälzlager (Bohrungsdurchmesser $d$, Außendurchmesser $D$, Breite $B$ und Kantenabstand $r$) sind einschließlich der Toleranzen genormt. Die allgemeine Verwendung genormter Wälzlager ist die Voraussetzung für deren wirtschaftliche Herstellung bei hoher Güte.

Nach der gültigen internationalen Norm werden die Radiallager in mehreren „Durchmesserreihen" hergestellt. Danach sind jedem genormten Bohrungsdurchmesser bestimmte genormte Außendurchmesser zugeordnet. Innerhalb der Durchmesserreihen gibt es wiederum Lager mit verschiedener Breite. Zusammengefaßt ergeben sich „Maßreihen", Abb. 37, die mit zweiziffrigen Zahlen bezeichnet werden.

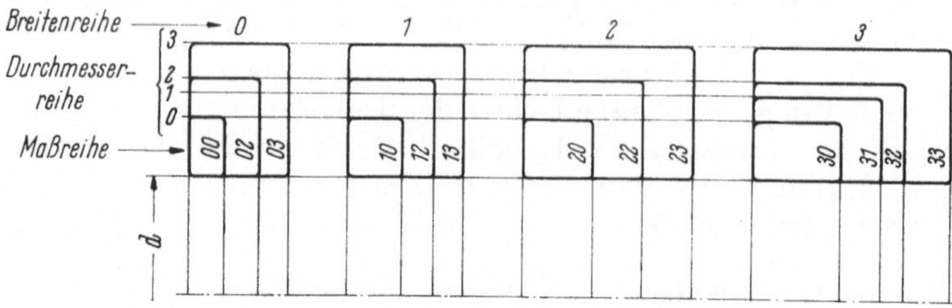

Abb. 37. Bezeichnung der genormten Maßreihen und Vergleich der Baumaße

Die erste Ziffer gibt die Breitenreihe (0, 1, 2, 3, 4, 5, 6 in der Reihenfolge zunehmender Breite), die zweite Ziffer die Durchmesserreihe (8, 9, 0, 1, 2, 3, 4 in der Reihenfolge zunehmender Querschnittshöhe) an.

Nicht alle Lagerarten werden in sämtlichen im internationalen Maßplan enthaltenen Abmessungen gefertigt. Die Auswahl der tatsächlich gefertigten Lager wird teils durch konstruktive Gesichtspunkte, teils durch die Eignung der betreffenden Lagerbauart für bestimmte Größenbereiche und nicht zuletzt durch den Bedarf bestimmt. So werden Pendelkugellager serienmäßig nur in den Maßreihen 02, 22, 03 und 23, einreihige Rillenkugellager nur in den Breitenreihen 0 und 1 hergestellt. Für kleine Durchmesser werden hauptsächlich Kugellager verwendet, für die großen mehr die verschiedenen Rollenlagerbauarten.

Das genormte Maß $r$, Tab. 3, stellt den Kantenabstand in radialer und axialer Richtung dar. Die Maße des Kantenabstands sagen nichts über das Profil des Kantenübergangs aus. Es ist zu beachten, daß es sich im allgemeinen nicht um einen tangierend an die Zylinder- und Seitenflächen anschließenden Viertelkreis handelt. In DIN 620, Blatt 2, ist aber festgelegt, daß das Profil des Kantenübergangs nirgends über den gedachten genauen Viertelkreis mit dem Radius $r_{min}$, der im Axialschnitt tangierend anschließt, überstehen darf. Die Kantenübergänge werden zusammen mit den übrigen Flächen gedreht, später aber nicht wie Bohrungs-, Mantel- oder Seitenflächen geschliffen. Im allgemeinen ist deshalb der Profilradius größer als der Kantenabstand, und der Kantenübergang *schneidet* die fertiggeschliffenen Zylinder- und Seitenflächen.

Tabelle 3. *Genormte Kantenabstände*

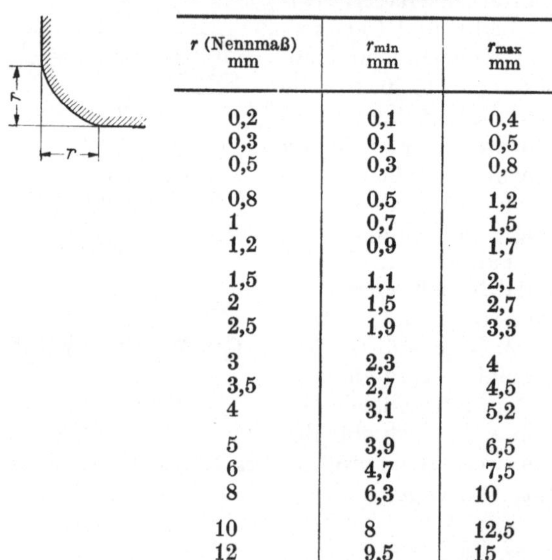

| $r$ (Nennmaß) mm | $r_{min}$ mm | $r_{max}$ mm |
|---|---|---|
| 0,2 | 0,1 | 0,4 |
| 0,3 | 0,1 | 0,5 |
| 0,5 | 0,3 | 0,8 |
| 0,8 | 0,5 | 1,2 |
| 1 | 0,7 | 1,5 |
| 1,2 | 0,9 | 1,7 |
| 1,5 | 1,1 | 2,1 |
| 2 | 1,5 | 2,7 |
| 2,5 | 1,9 | 3,3 |
| 3 | 2,3 | 4 |
| 3,5 | 2,7 | 4,5 |
| 4 | 3,1 | 5,2 |
| 5 | 3,9 | 6,5 |
| 6 | 4,7 | 7,5 |
| 8 | 6,3 | 10 |
| 10 | 8 | 12,5 |
| 12 | 9,5 | 15 |

## 3.2 Maß- und Laufgenauigkeit

### 3.21 Toleranzen der Hauptmaße

Die Toleranzen der Hauptmaße sind international festgelegt. Nach ISO wird das Toleranzfeld der Bohrung mit dem Kurzzeichen KB und dasjenige des Mantels mit hB bezeichnet. Unter Berücksichtigung der Formänderungen, die die ver-

Tabelle 4. *Toleranzen für Radiallager, ausgenommen Kegelrollenlager*

Innenring

| Bohrungsdurchmesser $d$ Nennmaß über bis mm | | Bohrungsdurchmesser $d_m$ \| $d^1$ Abmaß (KB) unteres oberes \| unteres oberes µm | | | | Breite $B$ Abmaß oberes unteres µm | | Breitenschwankung $U_p$ max. µm | Radialschlag $R_l$ max. µm |
|---|---|---|---|---|---|---|---|---|---|
| 2,5 | 10 | − 8 | 0 | −10 | + 2 | 0 | −120 | 15 | 10 |
| 10 | 18 | − 8 | 0 | −11 | + 3 | 0 | −120 | 20 | 10 |
| 18 | 30 | −10 | 0 | −13 | + 3 | 0 | −120 | 20 | 13 |
| 30 | 50 | −12 | 0 | −15 | + 3 | 0 | −120 | 20 | 15 |
| 50 | 80 | −15 | 0 | −19 | + 4 | 0 | −150 | 25 | 20 |
| 80 | 120 | −20 | 0 | −25 | + 5 | 0 | −200 | 25 | 25 |
| 120 | 180 | −25 | 0 | −31 | + 6 | 0 | −250 | 30 | 30 |
| 180 | 250 | −30 | 0 | −38 | + 8 | 0 | −300 | 30 | 40 |
| 250 | 315 | −35 | 0 | −44 | + 9 | 0 | −350 | 35 | 50 |
| 315 | 400 | −40 | 0 | −50 | +10 | 0 | −400 | 40 | 60 |
| 400 | 500 | −45 | 0 | −57 | +12 | 0 | −450 | − | 65 |

Außenring

| Außendurchmesser $D$ Nennmaß über bis mm | | Außendurchmesser $D_m{}^2$ \| $D^3$ Abmaß (hB) oberes unteres \| oberes unteres µm | | | | Breite $B$ Abmaß µm | Radialschlag $R_a$ max. µm |
|---|---|---|---|---|---|---|---|
| 6 | 18 | 0 | − 8 | + 2 | −10 | | 15 |
| 18 | 30 | 0 | − 9 | + 2 | −11 | | 15 |
| 30 | 50 | 0 | − 11 | + 3 | −14 | | 20 |
| 50 | 80 | 0 | − 13 | + 4 | −17 | | 25 |
| 80 | 120 | 0 | − 15 | + 5 | −20 | Die Werte sind gleich denen des zugehörigen Innenrings | 35 |
| 120 | 150 | 0 | − 18 | + 6 | −24 | | 40 |
| 150 | 180 | 0 | − 25 | + 7 | −32 | | 45 |
| 180 | 250 | 0 | − 30 | + 8 | −38 | | 50 |
| 250 | 315 | 0 | − 35 | + 9 | −44 | | 60 |
| 315 | 400 | 0 | − 40 | +10 | −50 | | 70 |
| 400 | 500 | 0 | − 45 | +12 | −57 | | 80 |
| 500 | 630 | 0 | − 50 | +14 | −64 | | 100 |
| 630 | 800 | 0 | − 75 | − | − | | − |
| 800 | 1000 | 0 | −100 | − | − | | − |

[1] Gilt für: Lager mit $d \leq$ 40 mm der Durchmesserreihe 0,
    Lager mit $d \leq$ 180 mm der Durchmesserreihe 2,
    alle Lager der Durchmesserreihen 3 und 4.
[2] Für Schulterkugellager gelten die Werte nach DIN 615.
[3] Gilt für: Lager mit $D \leq$ 80 mm der Durchmesserreihe 0,
    Lager mit $D \leq$ 315 mm der Durchmesserreihe 2,
    alle Lager der Durchmesserreihen 3 und 4.

Tabelle 5. *Toleranzen für Kegelrollenlager*

Innenring

| Bohrungs-durchmesser $d$ Nennmaß | | Bohrungsdurchmesser $d_m$ \| $d^1$ Abmaß (KB) | | | | Breite $B$ Abmaß | | Radial-schlag $R_i$ | Gesamtbreite $T$ Abmaß | |
|---|---|---|---|---|---|---|---|---|---|---|
| über | bis | unteres | oberes | unteres | oberes | oberes | unteres | max. | oberes | unteres |
| mm | | μm | | | | μm | | μm | μm | |
| 10 | 18 | − 8 | 0 | −11 | + 3 | 0 | −120 | 15 | +200 | 0 |
| 18 | 30 | −10 | 0 | −13 | + 3 | 0 | −120 | 18 | +200 | 0 |
| 30 | 50 | −12 | 0 | −15 | + 3 | 0 | −120 | 20 | +200 | 0 |
| 50 | 80 | −15 | 0 | −19 | + 4 | 0 | −150 | 25 | +200 | 0 |
| 80 | 120 | −20 | 0 | −25 | + 5 | 0 | −200 | 30 | +200 | −200 |
| 120 | 180 | −25 | 0 | −31 | + 6 | 0 | −250 | 35 | +350 | −250 |
| 180 | 250 | −30 | 0 | −38 | + 8 | 0 | −300 | 50 | +350 | −250 |
| 250 | 315 | −35 | 0 | −44 | + 9 | 0 | −350 | 60 | +350 | −250 |
| 315 | 400 | −40 | 0 | −50 | +10 | 0 | −400 | 70 | +400 | −400 |
| 400 | 500 | −45 | 0 | −57 | +12 | 0 | −450 | 70 | +400 | −400 |

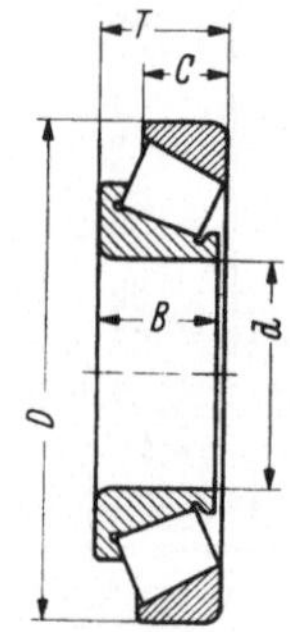

Außenring

| Außendurchmesser $D$ Nennmaß | | Außendurchmesser $D_m$ \| $D^2$ Abmaß (hB) | | | | Radial-schlag $R_a$ |
|---|---|---|---|---|---|---|
| über | bis | oberes | unteres | oberes | unteres | max. |
| mm | | μm | | | | μm |
| 6 | 18 | 0 | − 8 | + 2 | −10 | 15 |
| 18 | 30 | 0 | − 9 | + 2 | −11 | 18 |
| 30 | 50 | 0 | − 11 | + 3 | −14 | 20 |
| 50 | 80 | 0 | − 13 | + 4 | −17 | 25 |
| 80 | 120 | 0 | − 15 | + 5 | −20 | 35 |
| 120 | 150 | 0 | − 18 | + 6 | −24 | 40 |
| 150 | 180 | 0 | − 25 | + 7 | −32 | 45 |
| 180 | 250 | 0 | − 30 | + 8 | −38 | 50 |
| 250 | 315 | 0 | − 35 | + 9 | −44 | 60 |
| 315 | 400 | 0 | − 40 | +10 | −50 | 70 |
| 400 | 500 | 0 | − 45 | +12 | −57 | 80 |
| 500 | 630 | 0 | − 50 | +14 | −64 | 100 |
| 630 | 800 | 0 | − 75 | − | − | 120 |
| 800 | 1000 | 0 | −100 | − | − | 150 |

[1] Gilt für: Lager mit $d \leqq$ 40 mm der Durchmesserreihe 0,
Lager mit $d \leqq$ 180 mm der Durchmesserreihe 2,
alle Lager der Durchmesserreihen 3 und 4.
[2] Gilt für: Lager mit $D \leqq$ 80 mm der Durchmesserreihe 0,
Lager mit $D \leqq$ 315 mm der Durchmesserreihe 2,
alle Lager der Durchmesserreihen 3 und 4.

hältnismäßig dünnwandigen Laufringe während der letzten Arbeitsgänge erfahren können, wurden außer Toleranzen für den mittleren Durchmesser Grenzwerte für den kleinsten und größten Durchmesser der Bohrung und des Mantels festgelegt. $d_{min}$ und $d_{max}$ bzw. $D_{min}$ und $D_{max}$ sind die durch Messung der Lagerringe mit einem Meßgerät für Zweipunktmessung erhaltenen kleinsten und größten Durchmesser. Der mittlere Bohrungsdurchmesser $d_m$ ist das arithmetische Mittel aus $d_{min}$ und

$d_{max}$ und der mittlere Außendurchmesser $D_m$ das arithmetische Mittel aus $D_{min}$ und $D_{max}$. Die in DIN 620 festgelegten Werte können Tab. 4, 5 und 6 entnommen werden.

Außerdem sind die Toleranzen für die Lagerbreite $B$ und die Breitenschwankung $U_p$ (Unterschied zwischen größter und kleinster Breite eines Ringes) festgelegt.

Tabelle 6. *Toleranzen für Axiallager mit ebener Gehäusescheibe*

| Durchmesser Nennmaß | | Bohrungs-durchmesser $d_w$ Abmaß | | Außen-durchmesser $D_g$ Abmaß | | Axialschlag einer Scheibe $A_s$ |
|---|---|---|---|---|---|---|
| über | bis | unteres | oberes | oberes | unteres | max. |
| mm | | μm | | μm | | μm |
| — | 18 | — 8 | 0 | — | — | 10 |
| 18 | 30 | —10 | 0 | 0 | — 13 | 10 |
| 30 | 50 | —12 | 0 | 0 | — 16 | 10 |
| 50 | 80 | —15 | 0 | 0 | — 19 | 10 |
| 80 | 120 | —20 | 0 | 0 | — 22 | 15 |
| 120 | 180 | —25 | 0 | 0 | — 25 | 15 |
| 180 | 250 | —30 | 0 | 0 | — 30 | 20 |
| 250 | 315 | —35 | 0 | 0 | — 35 | 25 |
| 315 | 400 | —40 | 0 | 0 | — 40 | 30 |
| 400 | 500 | —45 | 0 | 0 | — 45 | 30 |
| 500 | 630 | — | — | 0 | — 50 | 35 |
| 630 | 800 | — | — | 0 | — 75 | 40 |
| 800 | 1000 | — | — | 0 | —100 | 45 |

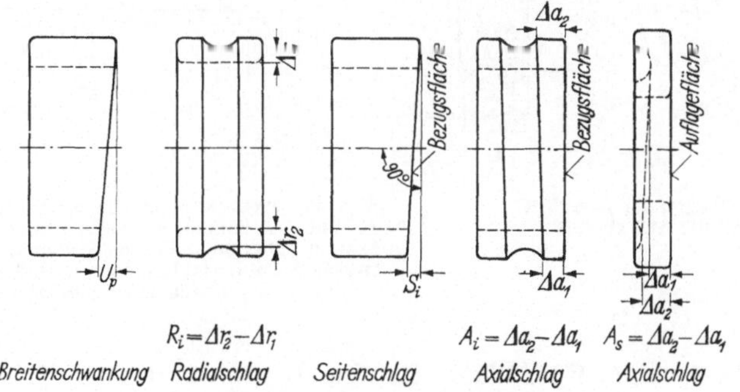

Die angeführten Toleranzen gelten nur für den Bohrungsdurchmesser der Wellenscheibe bzw. den Außendurchmesser der Gehäusescheibe(n).

Die Toleranzen für den Bohrungsdurchmesser gelten auch für Lager mit kugeligen Gehäusescheiben.

## 3.22 Toleranzen für die Laufgenauigkeit

Bei Radiallagern handelt es sich um den Radialschlag $R_i$ des Innenrings oder $R_a$ des Außenrings als Wanddickenunterschied, bezogen auf die Laufbahnen, ferner



Abb. 38. Formabweichungen von Wälzlagern

um den Axialschlag $A_i$ oder $A_a$ als Abweichung des Laufbahnprofils von der Bezugsfläche sowie um den Seitenschlag $S_i$ bzw. $S_a$ als Abweichung der Bezugsfläche von einer Ebene senkrecht zur Mittellinie, Abb. 38.

Bei Axiallagern versteht man unter dem Axialschlag $A_s$ der Scheiben die Wanddickenschwankung zwischen Laufbahn und Auflagefläche, bei Axial-Rillenkugellagern in der Rillensohle gemessen.

Die Toleranzen für die Laufgenauigkeit sind in DIN 620 genormt. Für Radiallager der normalen Toleranzklasse sind die Toleranzen für Seitenschlag und Axialschlag nicht international festgelegt und deshalb in Tab. 4 und 5 nicht enthalten. Die normale Toleranzklasse genügt für alle allgemeinen Anwendungsfälle. Sie erscheint nicht im Kurzzeichen. In DIN 620, Blatt 1, sind auch die Meßbedingungen und Meßverfahren angegeben.

Für Sonderfälle sind in DIN 620, Blatt 3, eingeengte Toleranzen festgelegt, die mit den Zusatzzeichen P 6, P 5 und P 4 bezeichnet werden. Die Genauigkeit nimmt mit abnehmender Ziffer zu. Entsprechend dem größeren Fertigungsaufwand bedingen diese Ausführungen Preiszuschläge.

# 4. Lagerluft

Man unterscheidet zwischen Radialluft und Axialluft und versteht darunter jeweils das Maß, um das sich der eine Lagerring gegenüber dem anderen in radialer bzw. — bei konzentrischer Lage der beiden Ringe — in axialer Richtung verschieben läßt, Abb. 39. Ferner ist zu unterscheiden zwischen der Lagerluft

im nicht eingebauten Zustand,

im eingebauten Zustand,

im Betriebszustand.

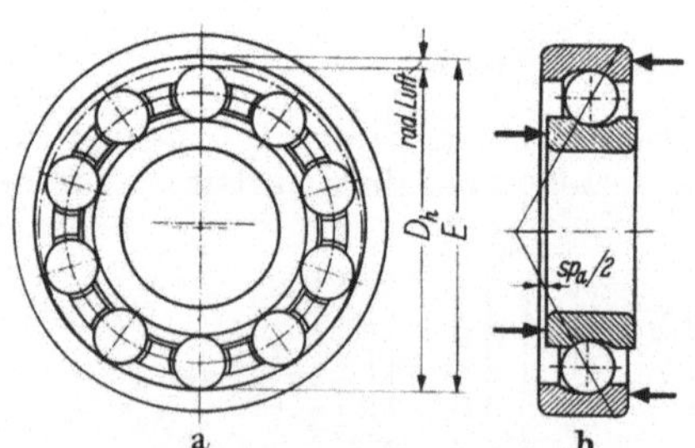

Abb. 39. Definition der Lagerluft
a) Radialluft; b) Axialluft

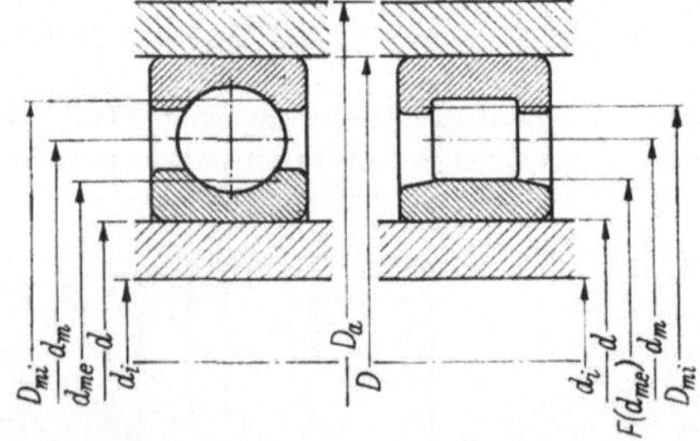

Abb. 40. Maßbezeichnungen zur Berechnung der Endluft. $d_{me}$ und $D_{mi}$ können bei Lagern mit Schultern oder festen Borden näherungsweise gleich dem mittleren Durchmesser zwischen Laufbahndurchmesser und Schulter- oder Borddurchmesser gesetzt werden

Im allgemeinen sollen Radiallager im eingebauten und betriebswarmen Zustand nur eine kleine Radialluft haben. Die Lagerluft im nicht eingebauten Zustand muß jedoch größer sein, wenn beim Einbau eines oder beider Laufringe mit Preßpassung eine Verminderung der Lagerluft durch die elastische Aufweitung des Innenrings und die Zusammendrückung des Außenrings erfolgt. Im Betrieb kann eine weitere Veränderung der Lagerluft eintreten, wenn die Welle mit dem Innenring eine andere, meistens höhere Temperatur annimmt als der Außenring im

Gehäuse. Unter bestimmten Annahmen kann die Betriebsluft näherungsweise vorausberechnet werden, oder es kann umgekehrt ausgehend von einer Mindestbetriebsluft die notwendige Lagerluft im nicht eingebauten Zustand bestimmt werden. Hierbei geht man wie folgt vor:

Auf Grund der gewählten Passungen ergibt sich das *theoretische* Übermaß in den Paßfugen

$\Delta d$   zwischen Welle und Innenring,

$\Delta D$  zwischen Gehäuse und Außenring.

Das *wirksame* Übermaß $\Delta d_{\text{eff}}$ und $\Delta D_{\text{eff}}$ ist um die Verdichtung oder Glättung der Oberflächen beim Fügen geringer. Die Glättung hängt von der Oberflächengüte und von der Art, wie das Fügen vorgenommen wird (Kaltaufpressen, Warmfügen) ab. Nach DIN 7190 beträgt die Glättungsgröße mit großer Wahrscheinlichkeit das 0,6fache der Rauhtiefe $R_t$. Falls keine genaueren Angaben zur Verfügung stehen, können folgende Werte angenommen werden:

| $d$, $D$<br>über     bis<br>mm | Gesamte, auf den Durchmesser bezogene Glättung<br>$G = 2 (G_{Ai} + G_{Ia})$ [µm]* | |
|---|---|---|
| | feingeschliffen | feingedreht |
| —     50 | 4 | 6 |
| 50    100 | 6 | 8 |
| 100    — | 8 | 10 |

* Bedeutung der Indizes: $A$ Außenteil, $I$ Innenteil, $a$ außen (Mantel), $i$ innen (Bohrung).

Das *wirksame* Übermaß ist

$$\Delta d_{\text{eff}} = \Delta d - G, \tag{1}$$

$$\Delta D_{\text{eff}} = \Delta D - G. \tag{2}$$

Auf Grund der Durchmesserbezeichnungen in Abb. 40 werden folgende Abkürzungen eingeführt:

$$c_1 = \frac{d}{d_{me}}, \quad c_2 = \frac{d_i}{d}, \quad c_3 = \frac{D_{mi}}{D}, \quad c_4 = \frac{D}{D_a}.$$

a) *Aufweitung des Innenrings.* Unter der Voraussetzung, die in der Praxis am häufigsten zutrifft, daß die Werkstoffe von Welle und Wälzlagerinnenring denselben Elastizitätsmodul und dieselbe Poissonsche Zahl haben, beträgt die Durchmesservergrößerung der Innenringlaufbahn infolge der elastischen Aufweitung des Innenrings bei einer

Vollwelle:    $$e_I = c_1 \cdot \Delta d_{\text{eff}} \ [\mu\text{m}], \tag{3}$$

Hohlwelle:    $$e_I = c_1 \cdot \Delta d_{\text{eff}} \ \frac{1 - c_2{}^2}{1 - c_1{}^2 c_2{}^2} \ [\mu\text{m}]. \tag{4}$$

b) *Zusammendrückung des Außenrings.* Für den allgemeinen Fall, daß Elastizitätsmodul und Poissonsche Zahl von Außenring und Gehäuse verschieden groß sind, beträgt die Durchmesserverkleinerung der Außenringlaufbahn infolge der elastischen Zusammendrückung des Außenrings

$$e_A = 2000 \cdot p_A \cdot \frac{D}{E_A} \cdot \frac{c_3}{1-c_3{}^2} \ [\mu\mathrm{m}], \tag{5}$$

wobei

$$p_A = \frac{\Delta D_{\mathrm{eff}}}{D} \cdot 10^{-3} \cdot \cfrac{1}{\dfrac{1}{E_G} \cdot \left(\dfrac{1+c_4{}^2}{1-c_4{}^2} + \nu_G\right) + \dfrac{1}{E_A}\left(\dfrac{1+c_3{}^2}{1-c_3{}^2} - \nu_A\right)} \ [\mathrm{kp/mm^2}] \tag{6}$$

ist. Hierbei bedeutet

$p_A$   spezifischer Druck in der Paßfuge zwischen Außenring und Gehäuse in kp/mm²,
$E_A$   Elastizitätsmodul des Wälzlageraußenrings = 21 000 kp/mm²,
$E_G$   Elastizitätsmodul des Gehäusewerkstoffs in kp/mm²,
     Stahl: $E = 21\,000$ kp/mm², Gußeisen: $E = 10\,500$ kp/mm², Stahlguß: $E = 21\,000$ kp/mm², Leichtmetall (Silumin u. a.): $E = 7500$ kp/mm²,
$\nu_A$   Poissonsche Zahl des Wälzlageraußenrings, $\nu_A = 0{,}3$,
$\nu_G$   Poissonsche Zahl des Gehäusewerkstoffs.
     Stahl, Stahlguß, Leichtmetall: $\nu = 0{,}3$, Grauguß: $\nu = 0{,}25$.

Für den Sonderfall $E_A = E_G$ und $\nu_A = \nu_G$, z. B. für Stahlgehäuse, ergibt sich

$$e_A = \Delta D_{\mathrm{eff}} \cdot c_3 \frac{1 - c_4{}^2}{1 - c_3{}^2 c_4{}^2} \ [\mu\mathrm{m}]. \tag{7}$$

Die gesamte radiale Luftverminderung durch die Passungen ist

$$e = e_I + e_A. \tag{8}$$

Eine weitere Veränderung der Lagerluft tritt ein, wenn im Betrieb ein Temperaturunterschied $\Delta t$ zwischen Innenring und Außenring besteht. Wenn die Wärmeausdehnungszahlen von Welle, Lager und Gehäuse gleich sind, beträgt die Luftverminderung

$$e_t = 0{,}012 \cdot \frac{d + D}{2} \cdot \Delta t \ [\mu\mathrm{m}]. \tag{9}$$

Ist $\Delta r$ die Radialluft im nicht eingebauten Zustand und ist die Welle um $\Delta t$ °C wärmer als das Gehäuse, so ergibt sich die Betriebsluft zu

$$\Delta r_{\mathrm{Betrieb}} = \Delta r - e - e_t \ [\mu\mathrm{m}]. \tag{10}$$

Eine Veränderung der Betriebsluft bei Erwärmung tritt auch dann ein, wenn bei einem mit Preßpassung eingebauten Außenring das Gehäuse, z. B. ein Leichtmetallgehäuse, eine andere Wärmeausdehnungszahl hat als das Lager. In diesem Fall ändert sich das wirksame Übermaß $\Delta D_{\mathrm{eff}}$ und die Pressung $p_A$ in der Paßfuge. Einen weiteren Einfluß haben die elastischen Verschiebungen zwischen Innen- und Außenring unter Belastung, die die Betriebsluft vergrößern.

Die normale Lagerluft im nicht eingebauten Zustand ist so abgestimmt, daß beim Einbau *eines* der beiden Laufringe mit Preßpassung und unter normalen Betriebsbedingungen die Betriebsluft in einem günstigen Bereich liegt.

Eine von der normalen abweichende, entweder kleinere oder größere Lagerluft kann notwendig sein, wenn besondere Anforderungen an die Lager gestellt werden.

Bei Werkzeugmaschinen wird z. B. eine spielfreie Lagerung verlangt, weshalb Lager mit kleinerer Luft als normal verwendet werden. Der umgekehrte Fall liegt vor, wenn wegen schwerer Betriebsverhältnisse strammere Passungen als normal angewendet werden müssen oder wenn infolge unbestimmter Lastrichtung beide Laufringe mit Preßpassung eingebaut werden oder wenn das Temperaturgefälle zwischen Innen- und Außenring infolge hoher Drehzahl, Kühlung des Gehäuses oder Wärmezufuhr durch die Welle groß ist.

Die Normalluft wird nicht besonders bezeichnet. Für größere oder kleinere Lagerluft als normal werden Kurzzeichen an die Lagerbezeichnung angehängt. Die verwendeten Kurzzeichen und ihre Bedeutung sind:

ohne Zusatzzeichen: Normalluft,

|  |  |
|---|---|
| C2: kleiner als normal, | C3: größer als normal, |
| C1: kleiner als C2, | C4: größer als C3, |
|  | C5: größer als C4. |

Die Tab. 7 bis 10 enthalten die Radialluftwerte für Rillenkugellager, Zylinderrollenlager und Pendelrollenlager. Das genaue Messen der Radialluft ist schwierig. Vor allem können sich Unterschiede der Meßergebnisse bei verschiedenen Meßverfahren ergeben.

Die Lager mit kegeliger Bohrung ermöglichen eine individuelle Einstellung der Luft durch mehr oder weniger weites Aufpressen des Innenrings auf den kegeligen Sitz.

Bei einreihigen Schrägkugellagern und Kegelrollenlagern wird die Luft der aus zwei Lagern in entgegengesetzter Anordnung bestehenden Lagerung erst bei der Montage durch axiales Verschieben eines der Laufringe eingestellt. Auf welchen Wert von Luft oder Vorspannung die Lagerung eingestellt wird, richtet sich nach den Betriebsverhältnissen und etwaigen besonderen Anforderungen im Einzelfall.

Tabelle 7. Radiale Lagerluft von einreihigen Rillenkugellagern ohne Füllnuten, zylindrische Bohrung

| Bohrung $d$ Nennmaß über bis mm | | Radiale Lagerluft in μm (1 μm = 0,001 mm) | | | | | | |
|---|---|---|---|---|---|---|---|---|
| | | C 2 | | normal | | C 3 | | C 4 | |
| über | bis | min. | max. | min. | max. | min. | max. | min. | max. |
| 2,5 | 6 | 0 | 7 | 2 | 13 | 8 | 23 | — | — |
| 6 | 10 | 0 | 7 | 2 | 13 | 8 | 23 | 14 | 29 |
| 10 | 18 | 0 | 9 | 3 | 18 | 11 | 25 | 18 | 33 |
| 18 | 24 | 0 | 10 | 5 | 20 | 13 | 28 | 20 | 36 |
| 24 | 30 | 1 | 11 | 5 | 20 | 13 | 28 | 23 | 41 |
| 30 | 40 | 1 | 11 | 6 | 20 | 15 | 33 | 28 | 46 |
| 40 | 50 | 1 | 11 | 6 | 23 | 18 | 36 | 30 | 51 |
| 50 | 65 | 1 | 15 | 8 | 28 | 23 | 43 | 38 | 61 |
| 65 | 80 | 1 | 15 | 10 | 30 | 25 | 51 | 46 | 71 |
| 80 | 100 | 1 | 18 | 12 | 36 | 30 | 58 | 53 | 84 |
| 100 | 120 | 2 | 20 | 15 | 41 | 36 | 66 | 61 | 97 |
| 120 | 140 | 2 | 23 | 18 | 48 | 41 | 81 | 71 | 114 |
| 140 | 160 | 2 | 23 | 18 | 53 | 46 | 91 | 81 | 130 |
| 160 | 180 | 2 | 25 | 20 | 61 | 53 | 102 | 91 | 147 |
| 180 | 200 | 2 | 30 | 25 | 71 | 63 | 117 | 107 | 163 |

Tabelle 8. *Radiale Lagerluft von Zylinderrollenlagern mit zylindrischer Bohrung*

a) Lager mit eingeengter Radiallufttoleranz[1]

| Lagerbohrung *d* Nennmaß über bis mm | | Radiale Lagerluft in µm (1 µm = 0,001 mm) | | | | | | | | | |
|---|---|---|---|---|---|---|---|---|---|---|---|
| | | C 2 ZS | | (normal) ZS | | C 3 ZS | | C 4 ZS | | C 5 ZS | |
| über | bis | min. | max. | min. | max. | min. | max. | min. | max. | min. | max. |
| 14 | 18 | 10 | 20 | 20 | 30 | 35 | 45 | 45 | 55 | 65 | 75 |
| 18 | 24 | 10 | 20 | 20 | 30 | 35 | 45 | 45 | 55 | 65 | 75 |
| 24 | 30 | 10 | 25 | 25 | 35 | 40 | 50 | 50 | 60 | 70 | 80 |
| 30 | 40 | 12 | 25 | 25 | 40 | 45 | 55 | 55 | 70 | 80 | 95 |
| 40 | 50 | 15 | 30 | 30 | 45 | 50 | 65 | 65 | 80 | 95 | 110 |
| 50 | 65 | 15 | 35 | 35 | 50 | 55 | 75 | 75 | 90 | 110 | 130 |
| 65 | 80 | 20 | 40 | 40 | 60 | 70 | 90 | 90 | 110 | 130 | 150 |
| 80 | 100 | 25 | 45 | 45 | 70 | 80 | 105 | 105 | 125 | 155 | 180 |
| 100 | 120 | 25 | 50 | 50 | 80 | 95 | 120 | 120 | 145 | 180 | 205 |
| 120 | 140 | 30 | 60 | 60 | 90 | 105 | 135 | 135 | 160 | 200 | 230 |
| 140 | 160 | 35 | 65 | 65 | 100 | 115 | 150 | 150 | 180 | 225 | 260 |
| 160 | 180 | 35 | 75 | 75 | 110 | 125 | 165 | 165 | 200 | 250 | 285 |
| 180 | 200 | 40 | 80 | 80 | 120 | 140 | 180 | 180 | 220 | 275 | 315 |
| 200 | 225 | 45 | 90 | 90 | 135 | 155 | 200 | 200 | 240 | 305 | 350 |
| 225 | 250 | 50 | 100 | 100 | 150 | 170 | 215 | 215 | 265 | 330 | 380 |
| 250 | 280 | 55 | 110 | 110 | 165 | 185 | 240 | 240 | 295 | 370 | 420 |
| 280 | 315 | 60 | 120 | 120 | 180 | 205 | 265 | 265 | 325 | 410 | 470 |
| 315 | 355 | 65 | 135 | 135 | 200 | 225 | 295 | 295 | 360 | 455 | 520 |
| 355 | 400 | 75 | 150 | 150 | 225 | 255 | 330 | 330 | 405 | 510 | 585 |
| 400 | 450 | 85 | 170 | 170 | 255 | 285 | 370 | 370 | 455 | 565 | 650 |
| 450 | 500 | 95 | 190 | 190 | 285 | 315 | 410 | 410 | 505 | 625 | 720 |

[1] Beim Vertauschen der Teile von ZS-Lagern ergibt sich jedoch die größere Lagerlufttoleranz gemäß b).

b) Lager mit uneingeschränkt austauschbaren Teilen

| Lagerbohrung *d* Nennmaß über bis mm | | Radiale Lagerluft in µm (1 µm = 0,001 mm) | | | | | | | | | |
|---|---|---|---|---|---|---|---|---|---|---|---|
| | | C 2 | | normal | | C 3 | | C 4 | | C 5 | |
| über | bis | min. | max. | min. | max. | min. | max. | min. | max. | min. | max. |
| 14 | 18 | 0 | 30 | 10 | 40 | 25 | 55 | 35 | 65 | 55 | 85 |
| 18 | 24 | 0 | 30 | 10 | 40 | 25 | 55 | 35 | 65 | 55 | 85 |
| 24 | 30 | 0 | 30 | 10 | 45 | 30 | 65 | 40 | 70 | 60 | 90 |
| 30 | 40 | 0 | 35 | 15 | 50 | 35 | 70 | 45 | 80 | 70 | 105 |
| 40 | 50 | 5 | 40 | 20 | 55 | 40 | 75 | 55 | 90 | 85 | 120 |
| 50 | 65 | 5 | 45 | 20 | 65 | 45 | 90 | 65 | 105 | 100 | 140 |
| 65 | 80 | 5 | 55 | 25 | 75 | 55 | 105 | 75 | 125 | 115 | 165 |
| 80 | 100 | 10 | 60 | 30 | 80 | 65 | 115 | 90 | 140 | 145 | 195 |
| 100 | 120 | 10 | 65 | 35 | 90 | 80 | 135 | 105 | 160 | 165 | 220 |
| 120 | 140 | 10 | 75 | 40 | 105 | 90 | 155 | 115 | 180 | 185 | 250 |
| 140 | 160 | 15 | 80 | 50 | 115 | 100 | 165 | 130 | 195 | 210 | 275 |
| 160 | 180 | 20 | 85 | 60 | 125 | 110 | 175 | 150 | 215 | 235 | 300 |
| 180 | 200 | 25 | 95 | 65 | 135 | 125 | 195 | 165 | 235 | 260 | 330 |
| 200 | 225 | 30 | 105 | 75 | 150 | 140 | 215 | 180 | 255 | 290 | 365 |
| 225 | 250 | 40 | 115 | 90 | 165 | 155 | 230 | 205 | 280 | 320 | 395 |
| 250 | 280 | 45 | 125 | 100 | 180 | 175 | 255 | 230 | 310 | 355 | 435 |
| 280 | 315 | 50 | 135 | 110 | 195 | 195 | 280 | 255 | 340 | 400 | 485 |
| 315 | 355 | 55 | 145 | 125 | 215 | 215 | 305 | 280 | 370 | 440 | 530 |
| 355 | 400 | 65 | 160 | 140 | 235 | 245 | 340 | 320 | 415 | 500 | 595 |
| 400 | 450 | 70 | 190 | 155 | 275 | 270 | 390 | 355 | 455 | 555 | 675 |
| 450 | 500 | 85 | 205 | 180 | 300 | 300 | 420 | 395 | 515 | 620 | 740 |

Tabelle 9. *Radiale Lagerluft von Zylinderrollenlagern mit kegeliger Bohrung*

a) Lager mit eingeengter Radiallufttoleranz[1]

| Lagerbohrung $d$ | | Radiale Lagerluft in µm (1 µm = 0,001 mm) | | | | | | | | | |
|---|---|---|---|---|---|---|---|---|---|---|---|
| Nennmaß | | C 2 ZS | | (normal) ZS | | C 3 ZS | | C 4 ZS | | C 5 ZS | |
| über | bis | | | | | | | | | | |
| mm | mm | min. | max. | min. | max. | min. | max. | min. | max. | min. | max. |
| 14 | 18 | 20 | 30 | 35 | 45 | 45 | 55 | 55 | 65 | 75 | 85 |
| 18 | 24 | 20 | 30 | 35 | 45 | 45 | 55 | 55 | 65 | 75 | 85 |
| 24 | 30 | 25 | 35 | 40 | 50 | 50 | 60 | 60 | 70 | 80 | 95 |
| 30 | 40 | 25 | 40 | 45 | 55 | 55 | 70 | 70 | 80 | 95 | 110 |
| 40 | 50 | 30 | 45 | 50 | 65 | 65 | 80 | 80 | 95 | 110 | 125 |
| 50 | 65 | 35 | 50 | 55 | 75 | 75 | 90 | 90 | 110 | 130 | 150 |
| 65 | 80 | 40 | 60 | 70 | 90 | 90 | 110 | 110 | 130 | 150 | 170 |
| 80 | 100 | 45 | 70 | 80 | 105 | 105 | 125 | 125 | 150 | 180 | 205 |
| 100 | 120 | 50 | 80 | 95 | 120 | 120 | 145 | 145 | 170 | 205 | 230 |
| 120 | 140 | 60 | 90 | 105 | 135 | 135 | 160 | 160 | 190 | 230 | 260 |
| 140 | 160 | 65 | 100 | 115 | 150 | 150 | 180 | 180 | 215 | 260 | 295 |
| 160 | 180 | 75 | 110 | 125 | 165 | 165 | 200 | 200 | 240 | 285 | 325 |
| 180 | 200 | 80 | 120 | 140 | 180 | 180 | 220 | 220 | 260 | 315 | 350 |
| 200 | 225 | 90 | 135 | 155 | 200 | 200 | 240 | 240 | 285 | 350 | 390 |
| 225 | 250 | 100 | 150 | 170 | 215 | 215 | 265 | 265 | 315 | 380 | 430 |
| 250 | 280 | 110 | 165 | 185 | 240 | 240 | 295 | 295 | 350 | 420 | 475 |
| 280 | 315 | 120 | 180 | 205 | 265 | 265 | 325 | 325 | 385 | 470 | 530 |
| 315 | 355 | 135 | 200 | 225 | 295 | 295 | 360 | 360 | 430 | 520 | 590 |
| 355 | 400 | 150 | 225 | 255 | 330 | 330 | 405 | 405 | 480 | 585 | 660 |
| 400 | 450 | 170 | 255 | 285 | 370 | 370 | 455 | 455 | 540 | 655 | 740 |
| 450 | 500 | 190 | 285 | 315 | 410 | 410 | 505 | 505 | 600 | 725 | 820 |

[1] Beim Vertauschen der Teile von ZS-Lagern ergibt sich jedoch die größere Lagerlufttoleranz gemäß b).

b) Lager mit uneingeschränkt austauschbaren Teilen

| Lagerbohrung $d$ | | Radiale Lagerluft in µm (1 µm = 0,001 mm) | | | | | | | | | |
|---|---|---|---|---|---|---|---|---|---|---|---|
| Nennmaß | | C 2 | | normal | | C 3 | | C 4 | | C 5 | |
| über | bis | | | | | | | | | | |
| mm | mm | min. | max. | min. | max. | min. | max. | min. | max. | min. | max. |
| 14 | 18 | 10 | 40 | 25 | 55 | 35 | 65 | 45 | 75 | 65 | 95 |
| 18 | 24 | 10 | 40 | 25 | 55 | 35 | 65 | 45 | 75 | 65 | 95 |
| 24 | 30 | 10 | 45 | 30 | 65 | 40 | 70 | 50 | 85 | 70 | 105 |
| 30 | 40 | 15 | 50 | 35 | 70 | 45 | 80 | 60 | 95 | 85 | 120 |
| 40 | 50 | 20 | 55 | 40 | 75 | 55 | 90 | 70 | 105 | 100 | 135 |
| 50 | 65 | 20 | 65 | 45 | 90 | 65 | 105 | 80 | 125 | 115 | 160 |
| 65 | 80 | 25 | 75 | 55 | 105 | 75 | 125 | 95 | 145 | 135 | 185 |
| 80 | 100 | 30 | 80 | 65 | 115 | 90 | 140 | 110 | 160 | 165 | 215 |
| 100 | 120 | 35 | 90 | 80 | 135 | 105 | 160 | 130 | 185 | 190 | 245 |
| 120 | 140 | 40 | 105 | 90 | 155 | 115 | 180 | 145 | 210 | 215 | 280 |
| 140 | 160 | 50 | 115 | 100 | 165 | 130 | 195 | 165 | 230 | 245 | 310 |
| 160 | 180 | 60 | 125 | 110 | 175 | 150 | 215 | 190 | 255 | 275 | 340 |
| 180 | 200 | 65 | 135 | 125 | 195 | 165 | 235 | 205 | 275 | 300 | 370 |
| 200 | 225 | 75 | 150 | 140 | 215 | 180 | 255 | 225 | 300 | 335 | 410 |
| 225 | 250 | 90 | 165 | 155 | 230 | 205 | 280 | 255 | 330 | 370 | 445 |
| 250 | 280 | 100 | 180 | 175 | 255 | 230 | 310 | 285 | 365 | 410 | 490 |
| 280 | 315 | 110 | 195 | 195 | 280 | 255 | 340 | 315 | 400 | 460 | 545 |
| 315 | 355 | 125 | 215 | 215 | 305 | 280 | 370 | 350 | 440 | 510 | 600 |
| 355 | 400 | 140 | 235 | 245 | 340 | 320 | 415 | 395 | 490 | 575 | 670 |
| 400 | 450 | 155 | 275 | 270 | 390 | 355 | 455 | 440 | 570 | 640 | 760 |
| 450 | 500 | 180 | 300 | 300 | 420 | 395 | 515 | 490 | 610 | 715 | 835 |

## Tabelle 10. *Radiale Lagerluft von Pendelrollenlagern*

### a) Lager mit zylindrischer Bohrung

| Lagerbohrung $d$ Nennmaß über mm | bis | C 2 min. | C 2 max. | normal min. | normal max. | C 3 min. | C 3 max. | C 4 min. | C 4 max. | C 5 min. | C 5 max. |
|---|---|---|---|---|---|---|---|---|---|---|---|
| 30 | 40 | 15 | 30 | 30 | 45 | 45 | 60 | 60 | 80 | 80 | 105 |
| 40 | 50 | 20 | 35 | 35 | 55 | 55 | 75 | 75 | 100 | 100 | 130 |
| 50 | 65 | 20 | 40 | 40 | 65 | 65 | 90 | 90 | 120 | 120 | 160 |
| 65 | 80 | 30 | 50 | 50 | 80 | 80 | 110 | 110 | 145 | 145 | 185 |
| 80 | 100 | 35 | 60 | 60 | 100 | 100 | 135 | 135 | 180 | 180 | 230 |
| 100 | 120 | 40 | 75 | 75 | 120 | 120 | 160 | 160 | 210 | 210 | 260 |
| 120 | 140 | 50 | 95 | 95 | 145 | 145 | 190 | 190 | 240 | 240 | 300 |
| 140 | 160 | 60 | 110 | 110 | 170 | 170 | 220 | 220 | 280 | 280 | 350 |
| 160 | 180 | 65 | 120 | 120 | 180 | 180 | 240 | 240 | 310 | 310 | 390 |
| 180 | 200 | 70 | 130 | 130 | 200 | 200 | 260 | 260 | 340 | 340 | 430 |
| 200 | 225 | 80 | 140 | 140 | 220 | 220 | 290 | 290 | 380 | 380 | 470 |
| 225 | 250 | 90 | 150 | 150 | 240 | 240 | 320 | 320 | 420 | 420 | 520 |
| 250 | 280 | 100 | 170 | 170 | 260 | 260 | 350 | 350 | 460 | 460 | 570 |
| 280 | 315 | 110 | 190 | 190 | 280 | 280 | 370 | 370 | 500 | 500 | 630 |
| 315 | 355 | 120 | 200 | 200 | 310 | 310 | 410 | 410 | 550 | 550 | 690 |
| 355 | 400 | 130 | 220 | 220 | 340 | 340 | 450 | 450 | 600 | 600 | 760 |
| 400 | 450 | 140 | 240 | 240 | 370 | 370 | 500 | 500 | 660 | 660 | 840 |
| 450 | 500 | 140 | 260 | 260 | 410 | 410 | 550 | 550 | 720 | 720 | 910 |

### b) Lager mit kegeliger Bohrung

| Lagerbohrung $d$ Nennmaß über mm | bis | C 2 min. | C 2 max. | normal min. | normal max. | C 3 min. | C 3 max. | C 4 min. | C 4 max. | C 5 min. | C 5 max. |
|---|---|---|---|---|---|---|---|---|---|---|---|
| 30 | 40 | 25 | 35 | 35 | 50 | 50 | 65 | 65 | 85 | 85 | 105 |
| 40 | 50 | 30 | 45 | 45 | 60 | 60 | 80 | 80 | 100 | 100 | 130 |
| 50 | 65 | 40 | 55 | 55 | 75 | 75 | 95 | 95 | 120 | 120 | 160 |
| 65 | 80 | 50 | 70 | 70 | 95 | 95 | 120 | 120 | 150 | 150 | 200 |
| 80 | 100 | 55 | 80 | 80 | 110 | 110 | 140 | 140 | 180 | 180 | 230 |
| 100 | 120 | 65 | 100 | 100 | 135 | 135 | 170 | 170 | 220 | 220 | 280 |
| 120 | 140 | 80 | 120 | 120 | 160 | 160 | 200 | 200 | 260 | 260 | 330 |
| 140 | 160 | 90 | 130 | 130 | 180 | 180 | 230 | 230 | 300 | 300 | 380 |
| 160 | 180 | 100 | 140 | 140 | 200 | 200 | 260 | 260 | 340 | 340 | 430 |
| 180 | 200 | 110 | 160 | 160 | 220 | 220 | 290 | 290 | 370 | 370 | 470 |
| 200 | 225 | 120 | 180 | 180 | 250 | 250 | 320 | 320 | 410 | 410 | 520 |
| 225 | 250 | 140 | 200 | 200 | 270 | 270 | 350 | 350 | 450 | 450 | 570 |
| 250 | 280 | 150 | 220 | 220 | 300 | 300 | 390 | 390 | 490 | 490 | 620 |
| 280 | 315 | 170 | 240 | 240 | 330 | 330 | 430 | 430 | 540 | 540 | 680 |
| 315 | 355 | 190 | 270 | 270 | 360 | 360 | 470 | 470 | 590 | 590 | 740 |
| 355 | 400 | 210 | 300 | 300 | 400 | 400 | 520 | 520 | 650 | 650 | 820 |
| 400 | 450 | 230 | 330 | 330 | 440 | 440 | 570 | 570 | 720 | 720 | 910 |
| 450 | 500 | 260 | 370 | 370 | 490 | 490 | 630 | 630 | 790 | 790 | 1000 |

# 5. Reibung

Der Reibungswiderstand eines Wälzlagers setzt sich aus dem Rollwiderstand infolge der elastischen Verformungen von Wälzkörpern und Rollbahnen unter Belastung, der Reibung infolge teilweisen und örtlichen Gleitens (Schlupf) innerhalb der Berührungsfläche zwischen Rollkörpern und Rollbahnen, der Gleitreibung am Käfig und bei Rollenlagern überdies an den Führungsborden, sowie aus dem Verdrängungswiderstand des Schmiermittels zusammen. Bei abgedichteten Lagern kommt die Reibung der Dichtungen hinzu.

Nach PALMGREN ist das Moment $M_0$ des Bewegungswiderstands eines *unbelasteten* Lagers, bezogen auf die Drehachse:

$$M_0 = f_0 \cdot 10^{-8} \, (\nu n)^{2/3} \, d_m^3 \;\; [\text{kpmm}],$$
$$\text{wenn } \nu n \geqq 2000, \tag{11}$$

$$M_0 = f_0 \cdot 1{,}59 \cdot 10^{-6} \, d_m^3 \;\; [\text{kpmm}],$$
$$\text{wenn } \nu n < 2000. \tag{12}$$

Hierbei bedeutet

$f_0$ von der Lagerkonstruktion und Schmierung abhängiger Beiwert,
$n$  Drehzahl in U/min,
$\nu$  kinematische Zähigkeit des Schmiermittels in cSt $\text{mm}^2/\text{s}$.

Aus Tab. 11 kann die der konventionellen Maßeinheit Grad E entsprechende absolute Maßeinheit Centistoke (cSt) entnommen werden.

Bei waagerechter Welle und Ölbadschmierung mit einem bei Stillstand bis zur Mitte des untersten Wälzkörpers reichenden Ölstand können folgende Werte für $f_0$ eingesetzt werden:

Tabelle 11. *Umrechnungstabelle für die Zähigkeit von Schmierölen (cSt in E)*

| cSt | E | cSt | E | cSt | E |
|---|---|---|---|---|---|
| 10 | 1,8 | 100 | 13 | 10 000 | |
| 9 | 1,7 | 90 | 12 | | |
| 8 | | 80 | 11 | | |
| 7 | 1,6 | 70 | 10 | 5 000 | |
| 6 | 1,5 | | 9 | 4 000 | |
| 5 | 1,4 | 60 | 8 | 3 000 | |
| | | 50 | 7 | 2 000 | |
| 4 | 1,3 | | 6 | | 200 |
| 3,5 | | 40 | 5 | | |
| 3 | | | | 1 000 | |
| | 1,2 | 30 | 4 | 800 | 100 |
| 2,5 | 1,15 | | | 600 | |
| | | | | 500 | |
| 2 | | 20 | 3 | 400 | 50 |
| | 1,1 | 18 | | 300 | 40 |
| | | 16 | 2,5 | | |
| 1,5 | | 14 | | 200 | 30 |
| | | 12 | 2 | | 20 |
| | | | 1,9 | | 15 |
| 1 | 1 | 10 | 1,8 | 100 | |

|  |  |
|---|---|
| Rillenkugellager und Pendelkugellager | 1,5 bis 2 |
| Schrägkugellager, einreihig | 2 |
| Schrägkugellager, zweireihig | 4 |
| Zylinderrollenlager, einreihig | 2 bis 3 |
| Kegelrollenlager, einreihig | 3 bis 4 |
| Pendelrollenlager | 4 bis 6 |
| Axial-Rillenkugellager | 1,5 bis 2 |
| Axial-Pendelrollenlager | 3 bis 4 |

Bei Ölnebelschmierung oder Fettschmierung mit geringen Mengen im Lager kann $f_0$ die Hälfte der angegebenen Werte oder weniger betragen. Bei senkrechter Welle und Ölbadschmierung oder bei Öldurchlaufschmierung kann $f_0$ auf doppelt so hohe Werte steigen.

Mit zunehmender Belastung tritt der Einfluß des Schmiermittels, der Oberflächengüte der Wälzflächen und der Wälzgeschwindigkeit zurück. Der belastungsabhängige Teil des Reibungsmoments läßt sich nach der Formel

$$M_1 = f_1 \cdot g_1 \cdot P_0 \cdot d_m \quad \text{[kpmm]} \tag{13}$$

berechnen. Hierbei ist

$f_1$   von der Konstruktion und der spezifischen Belastung des Lagers abhängiger Beiwert,
$g_1$   von der Lastrichtung abhängiger Beiwert,
$P_0$   äquivalente statische Belastung des Lagers in kp,
$d_m$   Teilkreisdurchmesser des Rollkörpersatzes in mm.

Für die verschiedenen Lagerarten können die Werte von $f_1$ und $g_1 \cdot P_0$ nach Tab. 12 bestimmt werden.

Tabelle 12. *Hilfsgrößen für die Berechnung des Reibungsmoments*

| | $f_1$ | $g_1 P_0$ |
|---|---|---|
| Rillenkugellager | $0{,}0009 \left(\dfrac{P_0}{C_0}\right)^{0,55}$ | |
| Pendelkugellager | $0{,}0003 \left(\dfrac{P_0}{C_0}\right)^{0,4}$ | |
| Schrägkugellager, einreihig ($\alpha = 40°$) | $0{,}0013 \left(\dfrac{P_0}{C_0}\right)^{0,33}$ | $0{,}9\, F_a \cot \alpha - 0{,}1\, F_r \geqq F_r$ |
| Schrägkugellager, zweireihig ($\alpha = 32°$) | $0{,}001 \left(\dfrac{P_0}{C_0}\right)^{0,33}$ | |
| Axial-Rillenkugellager | $0{,}0012 \left(\dfrac{P_0}{C_0}\right)^{0,33}$ | $F_a$ |
| Axial-Pendelrollenlager | $0{,}0004$ bis $0{,}0005$ | |
| Zylinderrollenlager | $0{,}00025$ bis $0{,}0003$ | $F_r$ |
| Pendelrollenlager, Kegelrollenlager | $0{,}0004$ bis $0{,}0005$ | $0{,}8\, F_a \cot \alpha \geqq F_r$ |

$C_0$ statische Tragzahl des Lagers,  $\alpha$ Berührungswinkel des Lagers,  $F_a$ Axialbelastung, $F_r$ Radialbelastung.

Das Gesamtreibungsmoment ist

$$M = M_0 + M_1. \tag{14}$$

Die angegebenen Formeln gelten für eingelaufene Lager. Neue Lager, insbesondere Rollenlager mit Spannführung der Rollen an einem Führungsbord, können im Anfang eine höhere Reibung, etwa bis zum doppelten Wert haben.

Man kann das Reibungsmoment auch mit Hilfe einer Reibungszahl $\mu$ wie folgt ausdrücken:

$$M = \frac{\mu\, d\, F}{2} \; \text{[kpmm]}. \tag{15}$$

Hierbei ist

$F$ Radiallast $F_r$ bei Radiallagern in kp, oder Axiallast $F_a$ bei Axiallagern in kp, oder

$F = \sqrt{F_r{}^2 + F_a{}^2}$ [kp] bei zusammengesetzter radialer und axialer Belastung,
$d$ Bohrungsdurchmesser des Lagers in mm.

Die reine Rollreibung ist sehr klein. Die Rollreibungszahl (Verhältnis der tangentialen Reibungskraft zur Normalbelastung) für eine zwischen zwei ebenen Flächen abwälzende Zylinderrolle beträgt etwa 0,0004.

Abb. 41 und 42 zeigen den Verlauf von Reibungszahlen kompletter Lager in Abhängigkeit von der Belastung bei bestimmten Geschwindigkeits- und Schmierungsbedingungen. Diese Reibungszahlen entsprechen den Reibungsmomenten, die sich nach Gl. (11) bis (14) ergeben.

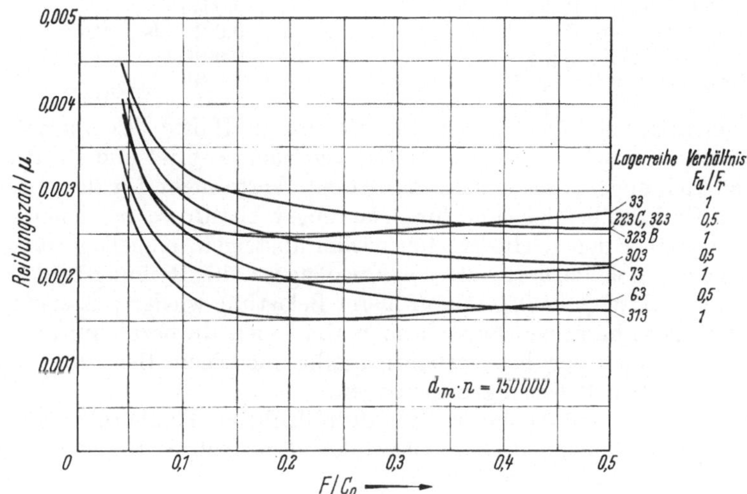


Abb. 41. Reibungszahl verschiedener Lagerbauformen
in Abhängigkeit von der auf die statische Tragzahl bezogenen resultierenden Belastung

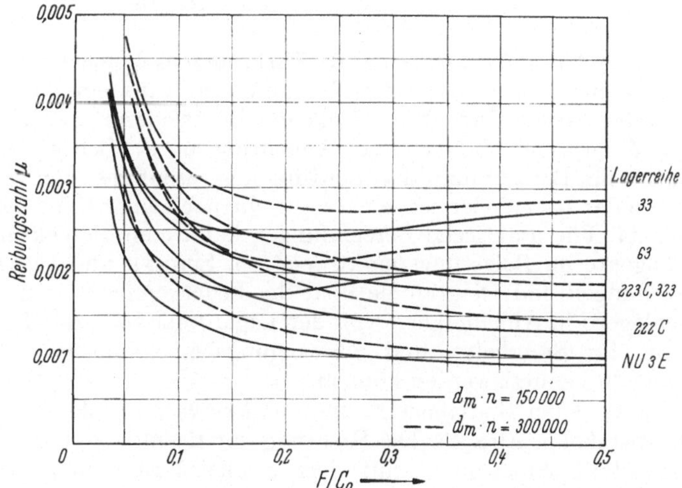


Abb. 42. Reibungszahl verschiedener Lagerbauformen bei rein radialer Belastung

Für

$$\frac{F}{C_0} \geqq 0{,}15 \text{ bis } 0{,}2$$

kann man für Näherungsrechnungen unter Voraussetzung günstiger Einbauverhältnisse, mittlerer Drehzahlen und guter Schmierung mit konstanten Reibungszahlen $\mu$ rechnen:

Rillenkugellager . . . . . . . . . . . . . . . 0,0015 bis 0,002
Pendelkugellager . . . . . . . . . . . . . . . 0,0012 bis 0,0015
Schrägkugellager, einreihig . . . . . . . . . 0,002  bis 0,0025
Schrägkugellager, zweireihig . . . . . . . . . 0,0024 bis 0,0027
Zylinderrollenlager . . . . . . . . . . . . . . 0,001  bis 0,0015
Nadellager mit Käfig . . . . . . . . . . . . . 0,0016 bis 0,0025
Nadellager ohne Käfig . . . . . . . . . . . . 0,0045
Kegelrollenlager, Pendelrollenlager . . . . . . 0,0018 bis 0,0025
Axial-Rillenkugellager . . . . . . . . . . . . 0,0013
Axial-Pendelrollenlager . . . . . . . . . . . . 0,0018

Die niedrigeren Werte gelten für die untere Hälfte des normalen Drehzahlbereichs und für Belastungsverhältnisse, die nach Abb. 41 und 42 in der Nähe der
kleinsten Reibungszahlen liegen, die oberen Werte mehr für die obere Hälfte des
normalen Drehzahlbereichs und für Belastungsverhältnisse, bei denen die Reibungszahlen gegenüber den Kleinstwerten wieder ansteigen. Kugellager und Rollenlager
unterscheiden sich insofern, als bei Kugellagern die Reibungszahlen nach einem
Kleinstwert bei $F/C_0 \approx 0{,}2$ mit größerer Belastung wieder ansteigen, während sie
bei Rollenlagern im selben Bereich noch abnehmen. In bezug auf niedrige Reibung
sind daher Kugellager bei verhältnismäßig niedrigen Belastungen, Rollenlager
dagegen bei hohen Belastungen überlegen.

Auch wenn Rillenkugellager, Zylinderrollenlager, Pendelrollenlager und Kegelrollenlager unter einem großen Lastwinkel $\beta$, s. Abb. 3, belastet werden, ist mit
höheren Reibungszahlen zu rechnen.

# 6. Elastische Verschiebungen

Für bestimmte Anwendungsfälle, z. B. Werkzeugmaschinenspindeln und Fahr-
zeugachsgetriebe mit bogenverzahnten Kegelrädern, wird eine besonders starre
Lagerung gefordert. Hierbei spielt die Größe der Lagerfederung, d. h. die elastische
Verschiebung $\delta$ zwischen Innen- und Außenring unter Belastung eine Rolle,
Abb. 43. Auch die Berechnung des Schwingungsverhaltens von Spindeln und
Wellen geht von der Last-Federweg-Kurve aus, die nach einer Exponentialfunktion
verläuft, Abb. 44. Für praktische Berechnungen kann man die gekrümmte Kurve
durch die Tangente im Belastungspunkt ersetzen. SCHENK und PITTROFF[1] haben
einfache Gleichungen und Diagramme über die Federkennwerte von zweireihigen
Zylinderrollenlagern in Abhängigkeit von der Lagergröße bzw. der Lagerbelastung
aufgestellt, die für Starrheits- und Schwingungsberechnungen von Werkzeugmaschinenspindeln benutzt werden können.

Die Resultierende der Radiallast $F_r$ und der Axiallast $F_a$ bildet mit der Radial-
ebene den Lastwinkel $\beta$, Abb. 43. Die Richtung der Resultierenden der elastischen
Verschiebungen fällt jedoch nicht mit dem Winkel $\beta$ zusammen. Die elastische
Verschiebung spielfreier Einzellager ist nach PALMGREN

in radialer Richtung:
$$\delta_r = \frac{\delta_{max}}{2\varepsilon \cdot \cos \alpha} \text{ [mm]}, \tag{16}$$

in axialer Richtung:
$$\delta_a = \frac{\delta_{max}}{\sin \alpha} \left(1 - \frac{1}{2\varepsilon}\right) \text{ [mm]}. \tag{17}$$

---

[1] SCHENK, O., u. H. PITTROFF: Das Schwingungsverhalten des Systems Spindel und Wälzlager. Hrsg. von SKF Kugellagerfabriken GmbH Schweinfurt, 1962.

Hierbei ist

$\delta_{max}$ Zusammendrückung an der Stelle des am höchsten belasteten Wälzkörpers,
$\varepsilon$ Parameter für die Größe der belasteten Zone = Verhältnis der Projektion der belasteten Zone zum Durchmesser, Abb. 45. $\varepsilon = 0{,}5$ bedeutet, daß der halbe Umfang, $\varepsilon > 1$, daß der ganze Umfang belastet ist.

$\delta_{max}$ kann für die gebräuchlichen Lagerarten nach folgenden Formeln berechnet werden:

Pendelkugellager:

$$\delta_{max} = 0{,}0032 \cdot \frac{Q_{max}{}^{2/3}}{D_w{}^{1/3}}, \tag{18}$$

Rillenkugellager, Schrägkugellager:

$$\delta_{max} = 0{,}002 \cdot \frac{Q_{max}{}^{2/3}}{D_w{}^{1/3}}. \tag{19}$$

Die verhältnismäßig große *axiale* Verschiebung von Rillenkugellagern mit einem nominellen Berührungswinkel von $\alpha = 0°$ kann nicht mit einer einfachen Formel berechnet werden. Sie hängt stark von der Radialluft ab. Mit zunehmender Luft entsteht ein größerer Berührungswinkel, und die elastische Federung des Lagers wird geringer.

Radial-Rollenlager mit Punktberührung an der einen und Linienberührung an der anderen Laufbahn:

$$\delta_{max} = 0{,}0012 \cdot \frac{Q_{max}{}^{3/4}}{l_a{}^{1/2}}, \tag{20}$$

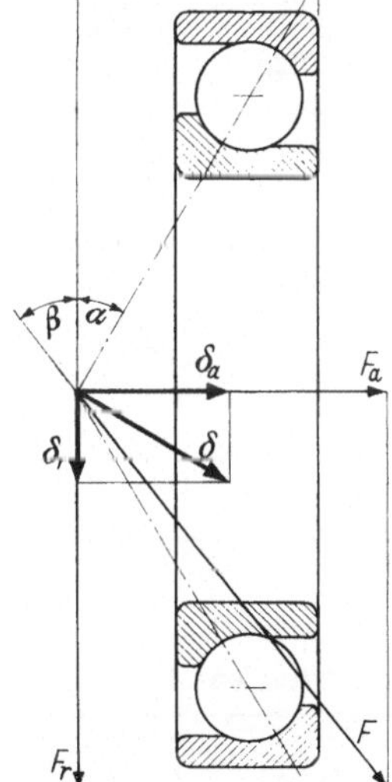

Abb. 43. Elastische Verschiebungen bei Schräglagern

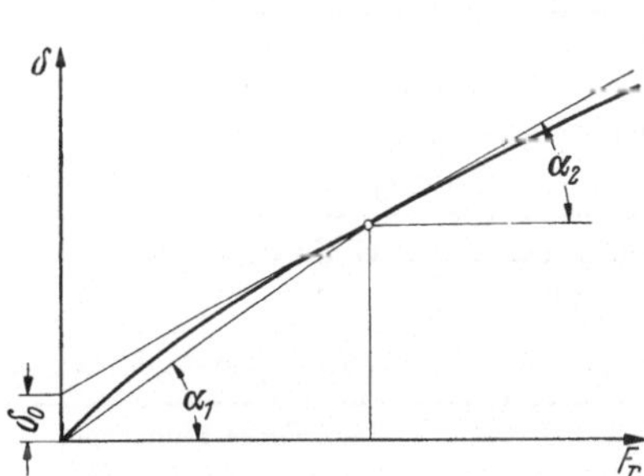

Abb. 44. Elastische Verschiebung in Abhängigkeit von der Belastung

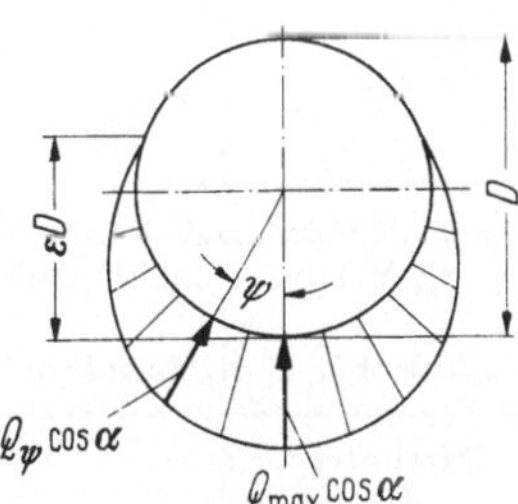

Abb. 45. Verteilung der Wälzkörperdrücke und Parameter für den belasteten Umfang

Radial-Rollenlager mit Linienberührung an beiden Laufbahnen:

$$\delta_{max} = 0{,}0006 \cdot \frac{Q_{max}{}^{0{,}9}}{l_a{}^{0{,}8}}, \tag{21}$$

Axial-Kugellager:

$$\delta_{max} = 0{,}0024 \cdot \frac{Q_{max}{}^{2/3}}{D_w{}^{1/3}}. \tag{22}$$

Hierbei ist

$Q_{max}$ größte Walzkörperbelastung in kp,
$l_a$ tragende Rollenlänge in mm,
$D_w$ Wälzkörperdurchmesser in mm.

Falls $l_a$ nicht bekannt ist, kann man wie folgt rechnen:

für Ringe mit Einstich:      $l_a = l_r - 1{,}2 \cdot l_r^{0,4}$,

für Ringe ohne Einstich:      $l_a = 0{,}9\, l_r$,

wobei $l_r$ die gesamte Rollenlänge ist.

Tabelle 13. *Kraftverteilung in einreihigen Radiallagern und einseitig wirkenden Axiallagern*

| Parameter der belasteten Zone $\varepsilon$ | Einreihige Radiallager | | | | | |
| | Punktberührung | | | Linienberührung | | |
| | $\dfrac{F_r \tan \alpha}{F_a}$ | $J_r$ | $J_a$ | $\dfrac{F_r \tan \alpha}{F_a}$ | $J_r$ | $J_a$ |
|---|---|---|---|---|---|---|
| 0 | 1 | $1/z$ | $1/z$ | 1 | $1/z$ | $1/z$ |
| 0,2 | 0,9318 | 0,1590 | 0,1707 | 0,9215 | 0,1737 | 0,1885 |
| 0,3 | 0,8964 | 0,1892 | 0,2110 | 0,8805 | 0,2055 | 0,2334 |
| 0,4 | 0,8601 | 0,2117 | 0,2462 | 0,8380 | 0,2286 | 0,2728 |
| 0,5 | 0,8225 | 0,2288 | 0,2782 | 0,7939 | 0,2453 | 0,3090 |
| 0,6 | 0,7835 | 0,2416 | 0,3084 | 0,7480 | 0,2568 | 0,3433 |
| 0,7 | 0,7427 | 0,2505 | 0,3374 | 0,6999 | 0,2636 | 0,3766 |
| 0,8 | 0,6995 | 0,2559 | 0,3658 | 0,6486 | 0,2658 | 0,4098 |
| 0,9 | 0,6529 | 0,2576 | 0,3945 | 0,5920 | 0,2628 | 0,4439 |
| 1 | 0,6000 | 0,2546 | 0,4244 | 0,5238 | 0,2523 | 0,4817 |
| 1,25 | 0,4538 | 0,2289 | 0,5044 | 0,3598 | 0,2078 | 0,5775 |
| 1,67 | 0,3088 | 0,1871 | 0,6060 | 0,2340 | 0,1589 | 0,6790 |
| 2,5 | 0,1850 | 0,1339 | 0,7240 | 0,1372 | 0,1075 | 0,7837 |
| 5 | 0,0831 | 0,0711 | 0,8558 | 0,0611 | 0,0544 | 0,8909 |
| $\infty$ | 0 | 0 | 1 | 0 | 0 | 1 |
| $\varepsilon$ | $\dfrac{e}{r_m}$ | $J_r$ | $J_a$ | $\dfrac{e}{r_m}$ | $J_r$ | $J_a$ |
| | Punktberührung | | | Linienberührung | | |
| | Einseitig wirkende Axiallager, $\alpha = 90°$ | | | | | |

$e$ Exzentrizität der Wirkungslinie der Axialkraft in mm,
$r_m$ Mittenkreishalbmesser in mm.

Tabelle 14. *Kraftverteilung in zweireihigen Radiallagern und zweiseitig wirkenden Axiallagern*

| Parameter der belasteten Zone $\varepsilon_I$ | $\varepsilon_{II}$ | Zweireihige Radiallager | | | | | | | | | |
| | | Punktberührung | | | | | Linienberührung | | | | |
| | | $\dfrac{F_r \tan \alpha}{F_a}$ | $J_r$ | $J_a$ | $\dfrac{Q_{II\,max}}{Q_{I\,max}}$ | $\dfrac{F_{r\,II}}{F_{r\,I}}$ | $\dfrac{F_r \tan \alpha}{F_a}$ | $J_r$ | $J_a$ | $\dfrac{Q_{II\,max}}{Q_{I\,max}}$ | $\dfrac{F_{r\,II}}{F_{r\,I}}$ |
|---|---|---|---|---|---|---|---|---|---|---|---|
| 0,5 | 0,5 | $\infty$ | 0,4577 | 0 | 1 | 1 | $\infty$ | 0,4906 | 0 | 1 | 1 |
| 0,6 | 0,4 | 2,046 | 0,3568 | 0,1744 | 0,544 | 0,477 | 2,389 | 0,4031 | 0,1687 | 0,640 | 0,570 |
| 0,7 | 0,3 | 1,092 | 0,3036 | 0,2782 | 0,281 | 0,212 | 1,210 | 0,3445 | 0,2847 | 0,394 | 0,306 |
| 0,8 | 0,2 | 0,8005 | 0,2758 | 0,3445 | 0,125 | 0,078 | 0,8232 | 0,3036 | 0,3688 | 0,218 | 0,142 |
| 0,9 | 0,1 | 0,6713 | 0,2618 | 0,3900 | 0,037 | 0,017 | 0,6343 | 0,2741 | 0,4321 | 0,089 | 0,043 |
| 1,0 | 0 | 0,6000 | 0,2546 | 0,4244 | 0 | 0 | 0,5238 | 0,2523 | 0,4817 | 0 | 0 |
| $\varepsilon_I$ | $\varepsilon_{II}$ | $\dfrac{e}{r_m}$ | $J_r$ | $J_a$ | $\dfrac{Q_{II\,max}}{Q_{I\,max}}$ | $\dfrac{M_{II}}{M_I}$ | $\dfrac{e}{r_m}$ | $J_r$ | $J_a$ | $\dfrac{Q_{II\,max}}{Q_{I\,max}}$ | $\dfrac{M_{II}}{M_I}$ |
| | | Punktberührung | | | | | Linienberührung | | | | |
| | | Zweiseitig wirkende Axiallager, $\alpha = 90°$ | | | | | | | | | |

$\varepsilon_I$, $\varepsilon_{II}$ Parameter der belasteten Zone der Wälzkörperreihen I und II, s. Abb. 6,
$M_I$, $M_{II}$ auf Wälzkörperreihe I bzw. II wirkende Momente.

Mit $z =$ Anzahl der Rollkörper je Reihe ist

$$Q_{\max} = \frac{F_r}{z \cdot \cos \alpha \cdot J_r} = \frac{F_a}{z \cdot \sin \alpha \cdot J_a}. \tag{23}$$

Die Werte $J_r$, $J_a$ und $\varepsilon$ können Tab. 13 und 14 entnommen werden.

Abb. 46 zeigt am Beispiel eines Kegelrollenlagers, wie sich die radialen und axialen Komponenten der elastischen Verschiebungen mit dem Verhältnis $F_a/F_r$ ändern. Mit wachsender Axial-belastung überwiegen sehr rasch die axialen Verschiebungen, während die radialen zurücktreten.

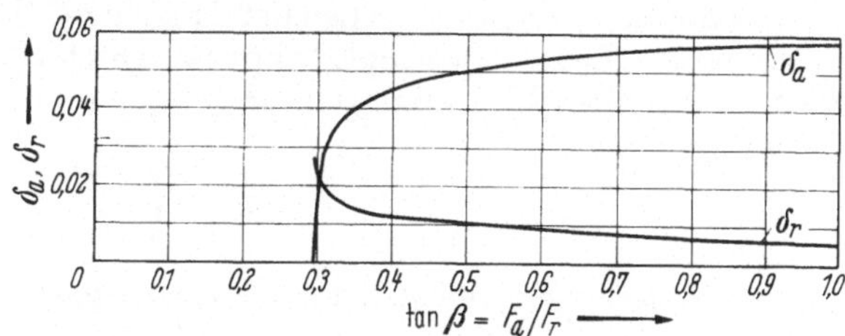

Abb. 46. Axiale und radiale elastische Verschiebungen bei einem Kegelrollenlager 30310 in Abhängigkeit vom Lastwinkel $\beta$; $P = 0{,}3\,C$

*Sonderfälle:*

a) Bei rein radialer Verschiebung ist $\delta_a = 0$, $\varepsilon = 0{,}5$ und $\delta_r = \dfrac{\delta_{\max}}{\cos \alpha}$.

b) Bei rein axialer Verschiebung ist $\delta_r = 0$, $\varepsilon = \infty$ und $\delta_a = \dfrac{\delta_{\max}}{\sin \alpha}$.

Die wirkliche Federung kann größer als die berechnete sein, wenn zusätzliche Federungen, z. B. durch unrunde oder nachgiebige Gehäuse, hinzukommen.

*Vorgespannte* Lagerpaare haben eine größere Steifigkeit als Einzellager. Bei optimaler Vorspannung nimmt die Federung auf etwa die Hälfte ab.

# 7. Lebensdauerberechnung

## 7.1 Definition der Lebensdauer

Unter der Lebensdauer eines Wälzlagers versteht man die Anzahl Umdrehungen oder Betriebsstunden, die das Lager aushält, bis an einer der Rollbahnen oder an den Rollkörpern die ersten Anzeichen von Werk-stoffermüdung auftreten. Die Lebensdauer einzelner Lager gleicher Bauart und Größe ist auch unter gleichen Prüf- oder Betriebsbedingungen verschieden groß. Den Verlauf dieser Streuung der Lebensdauer zeigt Abb. 47. Hierbei ist $S$ die relative Anzahl Lager, die die Lebensdauer $L_S$ erreichen oder überschreiten. $L$ ist diejenige Lebensdauer, in Abb. 47 gleich 1 ge-setzt, die von 90% aller Lager erreicht oder überschrit-ten wird. Sie wird als „nominelle Lebensdauer" be-zeichnet und bildet vereinbarungsgemäß die Grund-lage der Lebensdauerberechnung der Wälzlager. $L_m$ ist der Medianwert, der von 50% aller Lager erreicht oder überschritten wird.

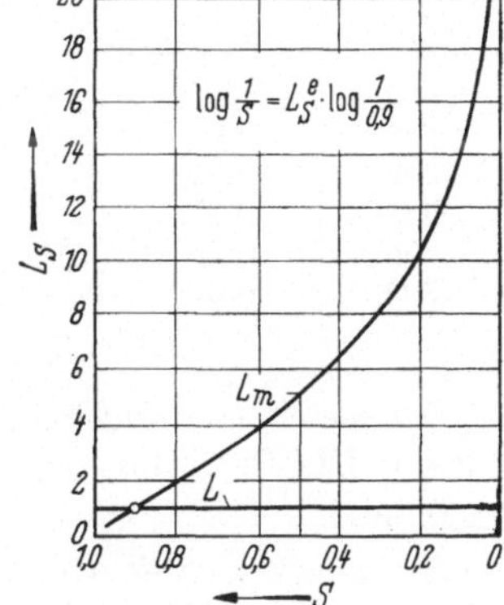

Abb. 47. Lebensdauerstreukurve

## 7.2 Dynamische Tragzahl

Die dynamische Tragzahl $C$, die in den Listen der Wälzlagerhersteller für jedes Lager angegeben ist, ist diejenige Lagerbelastung, bei der das Lager eine nominelle Lebensdauer von 1 Mill. Umdrehungen hat. Die Trag-zahlangaben verschiedener Hersteller sind nicht ohne weiteres miteinander vergleichbar, teils weil unterschiedliche Berechnungsmethoden angewendet werden, teils weil die Prüfbedingungen (Belastung, Drehzahl, Schmierung) bei den Lebensdauerversuchen verschieden sind. Neuere Versuche haben ergeben, daß insbesondere der Schmierzustand einen erheblichen Einfluß auch auf die Ermüdungslebensdauer hat.

## 7.3 Lebensdauergleichung

Der Zusammenhang zwischen der Tragzahl $C$ [kp] eines Lagers, der äquivalenten dynamischen Lagerbelastung $P$ [kp] (s. Abschn. 7.5) und der nominellen Lebensdauer $L$ in Mill. Umdrehungen ergibt sich aus der allgemeinen Lebensdauergleichung

$$L = \left(\frac{C}{P}\right)^p . \tag{24}$$

Hierbei ist $p$ der Exponent der Lebensdauergleichung, und zwar gilt

für Kugellager           $p = 3,$
für Rollenlager          $p = 10/3.$

Der Ausdruck $C/P$ wird als Tragsicherheit bezeichnet.

Die Lebensdauer in Betriebsstunden ist

$$L_h = \frac{10^6 \cdot L}{60 \cdot n}, \tag{25}$$

wenn $n$ die Drehzahl in U/min ist.

## 7.4 Einfluß der Betriebstemperatur auf die Tragfähigkeit

Die volle Tragfähigkeit entsprechend den Katalogtragzahlen ist bei Temperaturen bis 150 °C gewährleistet. Ist die Betriebstemperatur nicht nur kurzzeitig höher, so nehmen Härte und Tragfähigkeit ab. Die reduzierte Tragzahl ist

$$C_H = f_H \cdot C,$$

wobei $f_H$ aus Tab. 15 entnommen werden kann.

Es ist zu beachten, daß ein einmal eingetretener Härte- und Tragfähigkeitsabfall bestehen bleibt, auch wenn später die Betriebstemperatur wieder niedriger ist.

Tabelle 15

| Betriebs-temperatur in °C | $f_H$ |
|---|---|
| 150 | 1 |
| 175 | 0,95 |
| 200 | 0,9 |
| 225 | 0,83 |
| 250 | 0,75 |
| 300 | 0,6 |

## 7.5 Äquivalente dynamische Lagerbelastung

Die dynamische Tragzahl $C$ gilt für folgende Belastungsverhältnisse:

*Symmetrische Radiallager* (Rillenkugellager, Zylinderrollenlager, zweireihige Lager): Die Belastung wirkt rein radial und ist nach Größe und Richtung gleichbleibend.

*Einreihige Schräglager* (Schrägkugellager, Kegelrollenlager): Die Lastrichtung verläuft so, daß der halbe Lagerumfang belastet ist, s. a. Abschn. 15.41, S. 137.

*Axiallager*: Die Belastung wirkt rein axial sowie zentrisch und hat eine gleichbleibende Größe.

Eine andersartige Belastung muß in eine gedachte äquivalente dynamische Lagerbelastung umgerechnet werden, die den gleichen Einfluß auf die Lebensdauer hat wie die tatsächlich wirkende Belastung.

## 7.51 Radiallager bei axialer und radialer Belastung

Bisher wurden für Radiallager bei der Ermittlung der äquivalenten Belastung die Umlaufverhältnisse berücksichtigt. Wenn Umfangslast für den Außenring vorlag, d. h. wenn der Außenring relativ zur Lastrichtung umlief, wurde der radiale Lastanteil mit einem Faktor $V > 1$ multipliziert. Nach der zur Zeit gültigen DIN-Norm beträgt dieser Wert für Rillenkugellager, Schrägkugellager und Radial-Rollenlager $V = 1{,}2$, wobei ein Wert gewählt wurde, der in jedem Fall auf der sicheren Seite liegt. Versuche haben ergeben, daß der Umlauffaktor auch im ungünstigsten Fall den Wert 1,05 nicht überschreitet. Deshalb sind Bestrebungen im Gange, den Faktor $V$ wegfallen zu lassen. Die äquivalente dynamische Lagerbelastung errechnet sich dann nach der Gleichung

$$P = X \cdot F_r + Y \cdot F_a. \tag{26}$$

Hierbei bedeutet

$P$     äquivalente Lagerbelastung in kp,
$F_r$    Radialkomponente der Lagerbelastung in kp,
$F_a$    Axialkomponente der Lagerbelastung in kp,
$X$     Radialfaktor des Lagers,
$Y$     Axialfaktor des Lagers.

(Zahlenwerte für $X$ und $Y$ enthält Tab. 16.)

Eine zusätzliche Axialbelastung beeinflußt die äquivalente Belastung $P$ bei einreihigen Radiallagern erst dann, wenn das Verhältnis $F_a/F_r > e$ ist. Der Grenzwert $e$ ist vom inneren Aufbau des Lagers abhängig. Bei zweireihigen Schräglagern wird die äquivalente Belastung auch durch kleine Axialkräfte beeinflußt, nach

Tabelle 16. *Radialfaktoren $X$ und Axialfaktoren $Y$*

| Lagerart | | Einreihige Lager | | | | Zweireihige Lager oder zwei symmetrisch eingebaute einreihige Lager | | | | $e$ |
|---|---|---|---|---|---|---|---|---|---|---|
| | | $\frac{F_a}{F_r} \leqq e$ | | $\frac{F_a}{F_r} > e$ | | $\frac{F_a}{F_r} \leqq e$ | | $\frac{F_a}{F_r} > e$ | | |
| | | $X$ | $Y$ | $X$ | $Y$ | $X$ | $Y$ | $X$ | $Y$ | |
| Rillenkugellager $\frac{F_a{}^*}{C_0} = 0{,}025$ | | 1 | 0 | 0,56 | 2 | 1 | 0 | 0,56 | 2 | 0,22 |
| ohne Füllnuten | 0,04 | 1 | 0 | 0,56 | 1,8 | 1 | 0 | 0,56 | 1,8 | 0,24 |
| $\alpha = 0°$ | 0,07 | 1 | 0 | 0,56 | 1,6 | 1 | 0 | 0,56 | 1,6 | 0,27 |
| | 0,13 | 1 | 0 | 0,56 | 1,4 | 1 | 0 | 0,56 | 1,4 | 0,31 |
| | 0,25 | 1 | 0 | 0,56 | 1,2 | 1 | 0 | 0,56 | 1,2 | 0,37 |
| | 0,5 | 1 | 0 | 0,56 | 1 | 1 | 0 | 0,56 | 1 | 0,44 |
| Schrägkugellager   $\alpha = 20°$ | | 1 | 0 | 0,43 | 1 | 1 | 1,09 | 0,70 | 1,63 | 0,57 |
| 25° | | 1 | 0 | 0,41 | 0,87 | 1 | 0,78 | 0,67 | 1,41 | 0,68 |
| 30° | | 1 | 0 | 0,39 | 0,76 | 1 | 0,92 | 0,63 | 1,24 | 0,80 |
| 35° | | 1 | 0 | 0,37 | 0,66 | 1 | 0,55 | 0,60 | 1,07 | 0,95 |
| (Reihe 72 B, 73 B)   40° | | 1 | 0 | 0,35 | 0,57 | 1 | 0,66 | 0,57 | 0,93 | 1,14 |
| Pendelkugellager | | 1 | 0 | 0,4 | 0,4 cot $\alpha$ | 1 | 0,42 cot $\alpha$ | 0,65 | 0,65 cot $\alpha$ | 1,5 tan $\alpha$ |
| Schulterkugellager | | 1 | 0 | 0,5 | 2,5 | — | — | — | — | 0,2 |
| Pendel- und Kegelrollenlager | | 1 | 0 | 0,4 | 0,4 cot $\alpha$ | 1 | 0,45 cot $\alpha$ | 0,67 | 0,67 cot $\alpha$ | 1,5 tan $\alpha$ |

* Der zulässige Höchstwert von $F_a/C_0$ ist von der Lagerkonstruktion, z. B. der Rillentiefe, abhängig.

Überschreiten des Grenzwerts $e$ ist ihr Einfluß aber stärker als in dem Bereich $F_a/F_r < e$. Bei Rillenkugellagern mit einem nominellen Berührungswinkel $\alpha = 0°$ entsteht bei Axialbelastung ein von der Lagerluft und der Größe der Belastung abhängiger Druckwinkel $\alpha > 0°$. Der Belastungseinfluß kommt dadurch zum Ausdruck, daß die Faktoren $X$, $Y$ und $e$ von $F_a/C_0$, d. h. von dem Verhältnis der Axialkraft $F_a$ zu der statischen Tragzahl $C_0$ abhängig sind.

## 7.52 Äquivalente Belastung von Schräglagern

Schrägkugellager und Kegelrollenlager werden zur Lagerung einer Welle oder Achse im allgemeinen zusammen mit einem zweiten, umgekehrt angeordneten Schräglager eingebaut. Unter einer Radialbelastung entsteht eine induzierte Kraftkomponente in axialer Richtung. Zwei Schräglager, die zusammen eine Lagerung bilden, beeinflussen sich dadurch gegenseitig. Wenn keine äußere Axialkraft vorhanden ist, können diese Axialkomponenten jeweils als äußere Axialkraft für das Gegenlager aufgefaßt werden. Dabei wird aber nur die äquivalente Belastung desjenigen Lagers beeinflußt, das die kleinere Axialkomponente aufweist und auch nur dann, wenn $F_a/F_r > e$ ist.

Ist eine äußere Axialbelastung $K_a$ vorhanden, so muß zunächst festgestellt werden, nach welcher Richtung bzw. auf welches Lager die resultierende Axialkraft wirkt. Das betreffende Lager erfährt eine Axialbelastung, die sich unter Berücksichtigung der Vorzeichen aus der Axialkomponente des Gegenlagers und der äußeren Axialbelastung zusammensetzt. Aus Tab. 17 können Berechnungsformeln für die der radialen Lagerbelastung entsprechende Axialkomponente sowie für die äquivalente Belastung für verschiedene Lageranordnungen und Belastungsfälle entnommen werden. Dabei ist vorausgesetzt, daß die Lager gegeneinander so angestellt sind, daß sie im Betriebszustand praktisch spielfrei, doch ohne Vorspannung sind.

## 7.53 Veränderliche Lagerbelastung

Für die gedachte mittlere Belastung, die hinsichtlich der Ermüdung denselben Einfluß auf das Lager ausübt wie eine tatsächlich wirkende veränderliche Belastung, Abb. 48, gilt, sofern die Abhängigkeit der Belastung von der Zeit bzw. den zurückgelegten Umdrehungen als Funktion bekannt ist, die Gleichung

$$F_m = \left( \frac{1}{N_0} \int_0^{N_0} F^p \, dN \right)^{1/p} \tag{27}$$

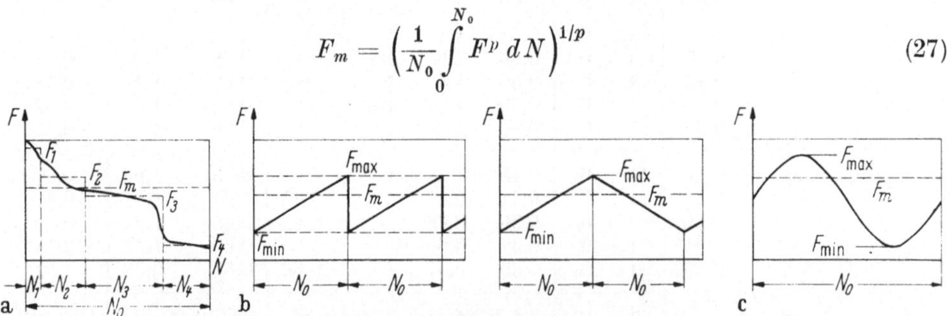

Abb. 48. Veränderliche Belastung
a) beliebiger Belastungsverlauf; b) geradlinig periodisch veränderliche Belastung; c) sinusförmig periodisch veränderliche Belastung

Das Integral kann am einfachsten auf graphischem Weg gelöst werden. Verläuft die Lagerbelastung periodisch nach einer bekannten Last-Zeit-Funktion, so ist die mittlere Belastung über die gesamte Betriebsdauer gleich der mittleren Belastung eines Lastspiels.

**Tabelle 17.** *Berechnung der äquivalenten Belastung bei Schräglagern*

$K_a$ über Welle eingeleitet    Lageranordnung und Richtung der äußeren Axialkraft $K_a$    $K_a$ über Gehäuse eingeleitet

0 – Anordnung    X – Anordnung    0 – Anordnung    X – Anordnung

$F_{rII}$   $F_{rI}$   $K_a$   $F_{rI}$   $F_{rII}$   $K_a$   $F_{rII}$   $F_{rI}$   $K_a$   $F_{rI}$   $F_{rII}$   $K_a$

**Belastungsfall (Voraussetzungen)**

<table>
<tr><th>1a</th><th>1b</th><th>1c</th><th>2a</th><th>2b</th><th>2c</th></tr>
<tr>
<td>$\dfrac{F_{rI}}{Y_I} > \dfrac{F_{rII}}{Y_{II}}$</td>
<td>$\dfrac{F_{rI}}{Y_I} < \dfrac{F_{rII}}{Y_{II}}$<br>$K_a \geqq 0{,}5\left(\dfrac{F_{rII}}{Y_{II}} - \dfrac{F_{rI}}{Y_I}\right)$</td>
<td>$\dfrac{F_{rI}}{Y_I} < \dfrac{F_{rII}}{Y_{II}}$<br>$K_a \leqq 0{,}5\left(\dfrac{F_{rII}}{Y_{II}} - \dfrac{F_{rI}}{Y_I}\right)$</td>
<td>$\dfrac{F_{rI}}{Y_I} < \dfrac{F_{rII}}{Y_{II}}$</td>
<td>$\dfrac{F_{rI}}{Y_I} > \dfrac{F_{rII}}{Y_{II}}$<br>$K_a \geqq 0{,}5\left(\dfrac{F_{rI}}{Y_I} - \dfrac{F_{rII}}{Y_{II}}\right)$</td>
<td>$\dfrac{F_{rI}}{Y_I} > \dfrac{F_{rII}}{Y_{II}}$<br>$K_a \leqq 0{,}5\left(\dfrac{F_{rI}}{Y_I} - \dfrac{F_{rII}}{Y_{II}}\right)$</td>
</tr>
<tr><td colspan="6" align="center">Axialkomponente der Lagerbelastung</td></tr>
<tr>
<td colspan="2">$F_{aI} = \dfrac{0{,}5 \cdot F_{rI}}{Y_I}$<br>$F_{aII} = F_{aI} + K_a$</td>
<td>$F_{aI} = F_{aII} - K_a$<br>$F_{aII} = \dfrac{0{,}5 \cdot F_{rII}}{Y_{II}}$</td>
<td colspan="2">$F_{aI} = F_{aII} + K_a$<br>$F_{aII} = \dfrac{0{,}5 \cdot F_{rII}}{Y_{II}}$</td>
<td>$F_{aI} = \dfrac{0{,}5 \cdot F_{rI}}{Y_I}$<br>$F_{aII} = F_{aI} - K_a$</td>
</tr>
<tr><td colspan="6" align="center">Äquivalente Lagerbelastung $P$</td></tr>
<tr>
<td colspan="2">$P_I = F_{rI}$</td>
<td colspan="3">$\dfrac{F_{aI}}{F_{rI}} \leqq e: P_I = F_{rI}$<br>$\dfrac{F_{aI}}{F_{rI}} > e: P_I = X_I F_{rI} + Y_I F_{aI}$</td>
<td>$P_I = F_{rII}$</td>
</tr>
<tr>
<td colspan="2">$\dfrac{F_{aII}}{F_{rII}} \leqq e: P_{II} = F_{rII}$<br>$\dfrac{F_{aII}}{F_{rII}} > e: P_{II} = X_{II} F_{rII} + Y_{II} F_{aII}$</td>
<td colspan="3">$P_{II} = F_{rII}$</td>
<td>$\dfrac{F_{aII}}{F_{rII}} \leqq e: P_{II} = F_{rII}$<br>$\dfrac{F_{aII}}{F_{rII}} > e: P_{II} = X_{II} F_{rII} + Y_{II} F_{aII}$</td>
</tr>
</table>

Die Voraussetzungen 1a, 2a, 2c gelten auch für den Grenzfall $K_a = 0$.
Die $Y$-Werte in dieser Tabelle sind durchweg der Spalte $F_a/F_r > e$ in Tab. 16 zu entnehmen.

Wenn sich die Belastung aus verschieden großen, aber während einer bestimmten Anzahl von Umdrehungen gleichbleibenden Kräften zusammensetzt oder wenn die stetig veränderliche Belastung näherungsweise durch eine Reihe von Einzelkräften ersetzt werden kann, gilt die Gleichung

$$F_m = \left(\frac{F_1{}^p N_1 + F_2{}^p N_2 + \cdots + F_n{}^p N_n}{N_0}\right)^{1/p} = \left(\frac{\sum\limits_{i=1}^{n} F_i{}^p N_i}{N_0}\right)^{1/p}. \tag{28}$$

Hierbei bedeuten

$F_1, F_2, \ldots, F_n$   gleichbleibende Belastung während $N_1, N_2, \ldots, N_n$ Umdrehungen,
$N_0 = N_1 + N_2 + \cdots N_n$ Gesamtzahl der Umdrehungen während eines Lastspiels.

Bei konstanter Drehzahl ist

$$\frac{N_i}{N_0} = \frac{t_i}{T_0},$$

wobei

$t_i$     den Belastungen $F_i$ zugeordnete Zeitanteile,
$T_0$     Zeitdauer eines Lastspiels.

Für praktische Berechnungen ist der Fehler klein, wenn in Gl. (27) und (28) für Kugel- und Rollenlager derselbe Exponent $p = 3$ verwendet wird. Dadurch wird die Rechnung vereinfacht, insbesondere dann, wenn von vornherein nicht feststeht, ob Kugel- oder Rollenlager für die betreffende Lagerstelle besser geeignet sind. Hiervon unberührt bleibt aber, daß im weiteren Rechnungsgang bei der Anwendung der Lebensdauergleichung die Exponenten $p = 3$ für Kugellager und $p = 10/3$ für Rollenlager einzusetzen sind.

Wenn die Drehzahl konstant ist und die Lagerbelastung sich in einem bestimmten Zeitabschnitt bei gleichbleibender Richtung linear zwischen einem Kleinstwert $F_{min}$ und einem Größtwert $F_{max}$ ändert, Abb. 48b, so ergibt sich die äquivalente Belastung aus der Gleichung

$$F_m = \frac{F_{min} + 2 F_{max}}{3}. \tag{29}$$

Bei sinusförmigem Belastungsverlauf, Abb. 48c, kann die mittlere äquivalente Belastung mit Hilfe des Diagramms, Abb. 49, berechnet werden. In diesem Diagramm ist der Verhältniswert $F_m/F_{max} = k$ in Abhängigkeit von $F_{min}/F_{max}$ aufgetragen. Hieraus ergibt sich

$$F_m = k\,F_{max}.$$

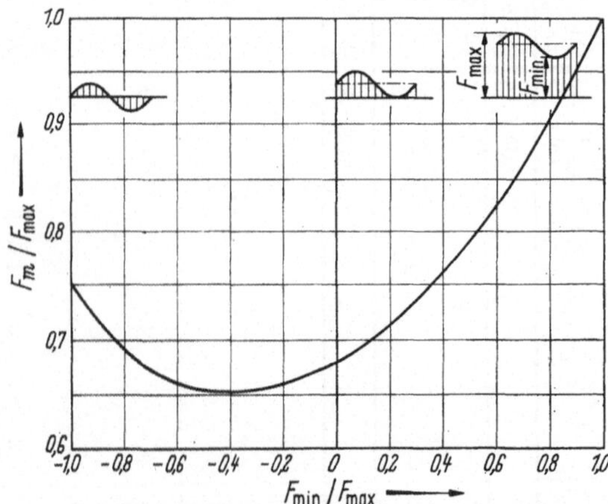


Abb. 49. Äquivalente Lagerbelastung bei sinusförmigem Belastungsverlauf in Abhängigkeit vom Verhältnis $F_{min}/F_{max}$. Gültig für Lebensdauerexponent $p = 3$

## 7.54 Äquivalente Belastung von Axiallagern

Axial-Rillenkugellager und Axial-Zylinderrollenlager können keine Radialbelastungen aufnehmen. Unter der Voraussetzung, daß die Axialbelastung zentrisch wirkt, gilt

$$P_a = F_a.$$

Axial-Pendelrollenlager können zusätzlich zur Axialbelastung radial belastet werden. Die größte Radialbelastung, die Axial-Pendelrollenlager aufnehmen können, ist

$$F_{r\,\mathrm{max}} = \frac{F_a}{1{,}5\,\tan\alpha},$$

und die äquivalente Belastung ist

$$P_a = F_r\,\tan\alpha + F_a.$$

Für $\alpha = 50°$, womit Axial-Pendelrollenlager ausgeführt werden, ist dann

$$F_{r\,\mathrm{max}} \approx 0{,}55\,F_a$$

und

$$P_a \approx 1{,}2\,F_r + F_a.$$

# 8. Statische Tragfähigkeit

Bei Lagern, die stillstehen oder sehr langsam umlaufen oder nur hin- und hergehende Drehbewegungen ausführen, wird die zulässige Belastung durch die bleibenden Verformungen an den Berührungsstellen von Rollkörpern und Rollbahnen begrenzt. Die in den Katalogen angegebene statische Tragzahl $C_0$ ist so definiert, daß die Summe der bleibenden Eindrückungen an der am höchsten beanspruchten Berührungsstelle den Wert $0{,}0001\,D_w$ ($D_w =$ Rollkörperdurchmesser) nicht überschreitet.

Die Beurteilung einer Lagerstelle hinsichtlich der statischen Beanspruchung erfolgt auf Grund der statischen Tragsicherheit

$$s_0 = \frac{C_0}{P_0}, \tag{30}$$

wobei $P_0$ die größte auftretende äquivalente statische Lagerbelastung, s. Abschnitt 8.1, ist.

Wenn das Lager zeitweise umläuft und dabei normale Forderungen an die Laufgüte gestellt werden, soll die statische Tragzahl während der Stillstandszeit nicht überschritten werden, d. h. $s_0$ soll gleich oder größer als 1 sein. Bei hohen Anforderungen an die Laufgüte oder bei ausgeprägten Stoßbelastungen sowie wenn die Lager Erschütterungen oder Schwingungen ausgesetzt sind, soll $s_0$ mindestens den Wert 2 erreichen. Bei Lagern, die nur unbelastet bei geringen Ansprüchen an die Laufgüte umlaufen, können auch Werte von $s_0$ unter 1 bis herab zu etwa 0,5 zugelassen werden. Dasselbe gilt für Lager, die nur sehr langsam oder überhaupt nicht umlaufen oder die nur Einstell- bzw. Schwenkbewegungen ausführen.

## 8.1 Äquivalente statische Lagerbelastung

Wenn sich die Belastung aus einer axialen und einer radialen Komponente zusammensetzt, berechnet man eine äquivalente statische Belastung.

*Radiallager.* Man verwendet eine Formel, die im Aufbau der Gl. (26) für die Berechnung der äquivalenten dynamischen Belastung entspricht:

$$P_0 = X_0 F_r + Y_0 F_a. \tag{31}$$

Dabei ist zu beachten, daß $P_0$ stets gleich oder größer als $F_r$ zu setzen ist.

In Gl. (31) bedeutet

$F_r$    radiale Komponente der größten statischen Belastung,
$F_a$    axiale Komponente der größten statischen Belastung,
$X_0$    statischer Radialfaktor, s. Tab. 18,
$Y_0$    statischer Axialfaktor, s. Tab. 18.

Tabelle 18. Radialfaktor $X_0$ und Axialfaktor $Y_0$

| Lagerart | Einreihige Lager | | Zweireihige Lager (symmetrisch) | |
|---|---|---|---|---|
| | $X_0$ | $Y_0$ | $X_0$ | $Y_0$ |
| Rillenkugellager | 0,6 | 0,5 | 0,6 | 0,5 |
| Schrägkugellager    $\alpha = 20°$ | 0,5 | 0,42 | 1 | 0,84 |
| $\quad\quad\quad\quad\quad\quad$ 25° | 0,5 | 0,38 | 1 | 0,76 |
| $\quad\quad\quad\quad\quad\quad$ 30° | 0,5 | 0,33 | 1 | 0,66 |
| $\quad\quad\quad\quad\quad\quad$ 35° | 0,5 | 0,29 | 1 | 0,58 |
| $\quad\quad\quad\quad\quad\quad$ 40° | 0,5 | 0,26 | 1 | 0,52 |
| Reihen 72 B, 73 B | 0,5 | 0,26 | – | – |
| Lagerpaar der Reihen 72 B, 73 B | | | | |
|    bei O- oder X-Anordnung | – | – | 1 | 0,52 |
|    bei Tandem-Anordnung | – | – | 0,5 | 0,26 |
| Reihen 32, 33 | – | – | 1 | 0,63 |
| Pendelkugellager, Pendelrollenlager | – | – | 1 | $0{,}44 \cot \alpha$ |
| Kegelrollenlager | 0,5 | $0{,}22 \cot \alpha$ | 1 | $0{,}44 \cot \alpha$ |

*Axiallager.* Axiallager mit $\alpha < 90°$, z. B. Axial-Pendelrollenlager und Axial-Schrägkugellager können auch Radialkräfte aufnehmen. Die äquivalente statische Längsbelastung ist

$$P_{a0} = F_a + 2{,}3 \cdot F_r \cdot \tan \alpha. \tag{32}$$

Diese Formel gilt unter der Bedingung $F_r \leqq 0{,}44 F_a \cot \alpha$. Die Grenze der radialen Belastbarkeit liegt höher. Hierfür gilt $F_r \leqq 0{,}67 F_a \cot \alpha$.

In dem Bereich $F_r = 0{,}44 F_a \cot \alpha$ bis $F_r = 0{,}67 F_a \cot \alpha$ erfolgt die genaue Berechnung der statischen Tragfähigkeit mit Hilfe der größten Wälzkörperbelastung, s. Abschn. 6.

Unter der Bedingung $F_r \leqq 0{,}37 F_a$ gilt für Axial-Pendelrollenlager ($\alpha = 50°$)

$$P_{a0} = F_a + 2{,}7 F_r.$$

Bei exzentrisch wirkender Axialkraft ist das Verhältnis zwischen der äquivalenten statischen Belastung und der wirklichen Belastung das gleiche wie zwischen den jeweiligen größten Wälzkörperbelastungen.

## 9. Axiale Tragfähigkeit von Radial-Zylinderrollenlagern

Zylinderrollenlager sind in erster Linie für die Aufnahme von Radialbelastungen bestimmt. Die Bauformen mit Borden am Innen- *und* Außenring können jedoch auch Axialkräfte aufnehmen. Die Übertragung der Axialbelastung erfolgt zwischen den Rollenstirnflächen, einem Bord am Innenring und dem gegenüberliegenden Bord am Außenring. An den Berührungsstellen liegt reines Gleiten vor, weshalb die axiale Tragfähigkeit von der Größe und Beschaffenheit der Berührungsflächen

(Ausführung von Rollenenden und Borden, Einlaufgrad) und der Gleitgeschwindigkeit, ferner von der Schmierung und dem Schmierzustand, der Dauer der Belastung und der Betriebstemperatur abhängt. Zu beachten ist auch, daß sich die axiale Belastung auf die Beanspruchung der Rollbahnen und damit auf die Ermüdungslebensdauer des Lagers auswirkt.

Der Schmierzustand und die Temperatur, die sich infolge der Gleitreibung an den Berührungsflächen von Rollenstirnseiten und Borden einstellt, sind wichtige Kriterien für die zulässige Axialbelastung. Bei Ölschmierung, guter Wärmeabführung und niedriger Lagertemperatur ist die axiale Tragfähigkeit am höchsten. Bei niedriger Drehzahl sind hochviskose Öle bis 540 cSt zu empfehlen. Bei hoher Drehzahl ist Umlaufschmierung mit einem niedrigviskosen Öl und Rückkühlung des Öls am günstigsten. Die axiale Tragfähigkeit ist wesentlich geringer, wenn die Lagertemperatur infolge schlechter Wärmeabführung oder Fremderwärmung hoch ist. Aus demselben Grund ist die axiale Tragfähigkeit auch von der Wirkungsdauer der Axialbelastung abhängig. Bei nur kurzzeitiger oder intermittierender Axialbelastung bleibt der Temperaturanstieg in engen Grenzen, und das Schmiermittel kann während der Entlastungspausen immer wieder zwischen die Gleitflächen gelangen. Bei dauernd wirkender Axialbelastung ist der Temperaturanstieg an den Gleitflächen höher und der Schmierzustand schlechter.

Die höchste zulässige Axialbelastung kann wegen der vielen Einflüsse nur näherungsweise berechnet werden. Richtwerte erhält man mit den folgenden Formeln:

a) Fettschmierung

$$F_{a\,max} = f_a f_b d_e^2 \left(2 - \frac{nd_e}{100000}\right) \text{ [kp]}, \tag{33}$$

b) Ölschmierung

$$nd_e \leqq 120000: \qquad F_{a\,max} = f_a f_b d_o^2 \left(2 - \frac{nd_e}{100000}\right) \text{ [kp]},$$

$$nd_e > 120000: \qquad F_{a\,max} = f_a f_b d_e^2 \left(1 - \frac{nd_e}{600000}\right) \text{ [kp]}. \tag{34}$$

Hierbei bedeutet

$d_e$    Laufbahndurchmesser im Außenring in mm,
$n$    Drehzahl in U/min,
$f_a$    Beiwert für den in der Gleitfläche zulässigen Druck, abhängig von der Betriebsweise, s. Tab. 19,
$f_b$    Beiwert für die Größe der Gleitfläche, abhängig von den Innenmaßen des Lagers, s. Tab. 19.

Tabelle 19. *Beiwerte $f_a$ und $f_b$ für die Berechnung der axialen Tragfähigkeit von Zylinderrollenlagern*

| Art der Axialbelastung | $f_a$ | Maßreihe | $f_b$ |
|---|---|---|---|
| Dauernd wirkend ($F_a/F_r \leqq 0{,}4$) | 0,2 | 02, 22, 20 E | 0,24 |
| Kurzzeitig wirkend oder periodisch die Richtung | | 03, 23, 02 E, 22 E | 0,30 |
|    wechselnd | 0,4 | 03 E, 23 E | 0,35 |
| Stoßweise wirkend | 0,6 | | |

# 10. Mindestbelastung von Axiallagern

Bei Wälzlagern mit einem Berührungswinkel $\alpha > 0°$, die mit hoher Drehzahl umlaufen, können die auf die Wälzkörper wirkenden Fliehkräfte und Kreiselmomente schädliche Auswirkungen haben, wenn das Lager nicht unter einer

Mindestaxialbelastung steht. Die Kreiselmomente, die durch die Änderung der Rollkörperdrehachse entstehen, nehmen mit dem Berührungswinkel und dem Quadrat der Drehzahl zu. Bei Rollenlagern versucht das Kreiselmoment die Rollen zu kippen und dabei die Laufringe auseinanderzudrücken. Bei Kugellagern besteht die Tendenz, die Kugel um eine Tangente an den Kugelmittenkreis zu drehen, was Anschmierungen infolge des damit verbundenen Gleitens zur Folge haben kann. Die Drehung und das Gleiten werden verhindert, wenn die Kugel genügend belastet ist.

Die Mindest-Axialbelastung kann nach der Formel

$$F_{a0} = k \left(\frac{n}{1000}\right)^2 \left(\frac{C_0}{1000}\right)^2 \text{ [kp]} \tag{35}$$

berechnet werden, wobei

$n$     Drehzahl der Wellenscheibe bzw. des Innenrings in U/min,
$C_0$   statische Tragzahl in kp,
$k$     von der Lagerbauart abhängiger Beiwert:
    $k = 0{,}08$    für Axial-Rillenkugellager,
    $k = 0{,}004$  für Axial-Pendelrollenlager,
    $k = 0{,}3$     für Schrägkugellager der Reihen 72 B und 73 B.

Bei zweiseitig wirkenden Axial-Kugellagern ist im allgemeinen eine Kugelreihe entlastet, und die Mindestaxialbelastung nach Gl. (35) kann nicht immer garantiert werden. Bei guter Schmierung ist das Drehen der Kugeln um die Tangente an den Teilkreis ungefährlich, wenn die Belastung der betreffenden Kugelreihe $0{,}0016 C_0$ nicht übersteigt. Bei der Wahl der Vorspannung, z. B. durch Federn, soll das Zwischengebiet zwischen diesem Belastungswert und der zur Verhinderung des Gleitens ausreichenden Mindestbelastung nach Gl. (35) vermieden werden.

Bei Axial-Pendelrollenlagern ist es angebracht, eine größere axiale Belastung, als wegen der Kreiselkräfte erforderlich, anzuwenden, wenn die Drehzahl niedrig ist. Als untere Grenze für die Axialbelastung wird in diesem Fall der Wert

$$F_{a\,\min} = \left(\frac{C_0}{1000}\right) \text{ [kp]} \tag{36}$$

empfohlen. Die Mindestaxialbelastung richtet sich nach dem größeren der beiden Werte aus Gl. (35) bzw. (36).

Die wegen der Kreiselkräfte erforderliche Mindest-Axialbelastung $F_{a0}$ nach Gl. (35) ist auch nur unter der Voraussetzung ausreichend, daß das Lager rein axial belastet ist. Hat die Belastung bei Schräglagern eine radiale Komponente $F_r$, so muß die axiale Belastung größer sein.

Bei Axial-Pendelrollenlagern sollen mindestens 70% der Rollen belastet sein. Diese Bedingung ist erfüllt, wenn

$$F_a \geq 1{,}5 \tan \alpha \, F_r \geq 1{,}8 \, F_r \qquad (\alpha = 50°).$$

Unter Berücksichtigung der Gl. (35) und (36) gilt somit für radial und axial belastete Axial-Pendelrollenlager

$$\frac{C_0}{1000} \leqq F_{a\,\min} \geqq 1{,}8 F_r + F_{a0}.$$

Bei Schrägkugellagern mit radialer Lastkomponente muß verhindert werden, daß sich die *am wenigsten* belastete Kugel unter der Wirkung des Kreiselmoments dreht. Die Belastung dieser Kugel ist

$$Q_{\min} = Q \left(\frac{\varepsilon - 1}{\varepsilon}\right)^{3/2},$$

wobei

$Q = F_a/(J_a z \sin \alpha)$ maximale Kugelbelastung,

$J_a$ und $\varepsilon$ Funktionen von $F_r \tan \alpha / F_{a\,\mathrm{min}}$, s. Abschn. 6, Tab. 13.

Die erforderliche Mindest-Kugelbelastung ist

$$Q_{\mathrm{min}} = \frac{F_{a0}}{z \sin \alpha}.$$

Aus diesen Beziehungen ergibt sich näherungsweise

$$F_{a\,\mathrm{min}} = 1{,}9 \tan \alpha F_r + F_{a0}.$$

# 11. Drehzahlgrenzen

Die Drehzahlgrenzen für Wälzlager sind nicht scharf gezogen, sondern hängen außer von der Lagerart von mehreren Einflüssen, vor allem von der Lagerausführung, der Art und Größe der Belastung sowie von der Schmierung und Wärmeabführung ab. Deshalb stellen auch die Angaben über „Drehzahlgrenzen" oder „höchstzulässige Drehzahlen" in den Katalogen der Wälzlagerhersteller keine absoluten Grenzwerte dar, sondern sind als Richtwerte zu betrachten, bei deren Überschreiten besondere Maßnahmen zu treffen sind.

Die Drehzahlgrenze eines Wälzlagers kann so definiert werden, daß bei weiterer Steigerung der Drehzahl ein Ausfall des Lagers vor dem Eintreten der Werkstoffermüdung an den Rollbahnen oder Wälzkörpern, d. h. vor Erschöpfung der Lebensdauer erfolgt.

Man kann, mehr oder weniger willkürlich, die Drehzahlen in folgende Bereiche einteilen:

*I. Normale Drehzahlen.* Hierunter sollen Drehzahlen verstanden werden, die innerhalb der in den Katalogen der Wälzlagerhersteller angegebenen Grenzen liegen oder den Beiwerten $A$ in Spalte I der Tab. 20 entsprechen. In diesem Bereich genügt die normale Lagerausführung. Bezüglich der Schmierung werden keine hohen Anforderungen gestellt; auch Fettschmierung ist im allgemeinen ausreichend. Bei Ölschmierung können allerdings, sofern die Betriebstemperatur nicht durch schlechte Wärmeabführung oder Fremderwärmung die für die normale Lagerausführung zulässigen Grenzen überschreitet, die in Tab. 20, Spalte I, angegebenen Werte noch um 20 bis 30% überschritten werden — mit Ausnahme der Axial-Schrägkugellager, Axial-Pendelrollenlager und Axial-Zylinderrollenlager, für die bei den Angaben in Tab. 20 bereits nach Fett- oder Ölschmierung unterschieden wird.

*II. Hohe Drehzahlen.* Dieser Bereich liegt oberhalb der katalogmäßigen Drehzahlgrenze und erstreckt sich etwa bis zur zweifachen Katalogdrehzahl bzw. den in Spalte II der Tab. 20 angegebenen Beiwerten $A$. Damit die Betriebssicherheit gewährleistet ist, muß im allgemeinen auf Massivkäfige, erhöhte Radialluft und Ölschmierung übergegangen werden. Erhöhte Laufgenauigkeit kann vor allem in der oberen Hälfte dieses Bereichs erforderlich werden.

*III. Höchste Drehzahlen.* Hierbei handelt es sich um Drehzahlen, die über dem Bereich II liegen. Erhöhte Laufgenauigkeit der Lager ist notwendig. Wegen ihrer guten Festigkeitseigenschaften werden bevorzugt *einteilige* Massivkäfige verwendet. Die Auswahl des Schmieröls, die Ölmenge und die Gestaltung der Ölzuführung müssen unter den Gesichtspunkten ausreichender Schmierwirkung, möglichst geringer Reibungsverluste und der Wärmeabführung erfolgen.

Im Bereich der höchsten Drehzahlen kann der Verschleiß der Rollbahnen, Wälzkörper und Käfige eine größere Bedeutung für die praktisch anwendbare Höchstdrehzahl erlangen. Als wesentliches Kriterium für die Bereiche II und III ist die Verlustleistung und die Abführung der entstehenden Wärme, d. h. die Beherrschung der Betriebstemperatur des Lagers anzusehen. Rillenkugellager und Zylinderrollenlager haben günstige kinematische Verhältnisse und geringe Reibung, weshalb sie sich für hohe und höchste Drehzahlen besonders gut eignen.

Bei Axial-Rillenkugellagern wird die zulässige Drehzahl hauptsächlich durch die Fliehkraft der Kugeln und durch Kreiselmomente begrenzt.

Als Kennwert zur Beurteilung der Schnelläufigkeit von Radiallagern wird das Produkt

$$n \cdot d_m$$

benützt, das der Umfangsgeschwindigkeit proportional ist. Dabei bedeuten

$n$  Drehzahl in U/min,

$d_m = (d + D)/2$ mittlerer Lagerdurchmesser in mm.

Tabelle 20. *Beiwert A für verschiedene Lagerbauarten*

| Lagerart | Drehzahlbereich | | |
|---|---|---|---|
| | normale Drehzahlen I | hohe Drehzahlen II | höchste Drehzahlen III |
| *Radiallager:* $n\, d_m = f_1 f_2 A$ | | | |
| Rillenkugellager | 500 000 | 1 000 000 | 2 000 000 u. mehr[1] |
| —, abgedichtet, Bauart RS und 2 RS | 300 000 | — | — |
| Pendelkugellager | 500 000 | 800 000 | — |
| Schrägkugellager, einreihige | 500 000 | 800 000 | 1 600 000[1] |
| —, zweireihige | 200 000 | 400 000 | — |
| —, zweiseitig wirkende einreihige | 300 000 | 600 000 | 800 000[1] |
| Zylinderrollenlager | 400 000 | 1 000 000 | 1 600 000[1] |
| —, vollrollig | — | 400 000 | — |
| Nadellager ohne Käfig, Nadelbüchsen | 100 000 | — | — |
| — mit Käfig | 250 000 | 500 000 | — |
| Pendelrollenlager, zylindrischer Sitz und überwiegend radiale Belastung | 250 000 | 400 000 | — |
| —, überwiegend axiale Belastung oder Befestigung mit Hülse | 150 000 | 250 000 | — |
| Kegelrollenlager, überwiegend radiale Belastung, außer Reihe 313 | 250 000 | 500 000 | — |
| —, —, Reihe 313 | 200 000 | 400 000 | — |
| —, überwiegend axiale Belastung | 150 000 | 300 000 | — |
| *Axiallager:* $n\,\sqrt{DH} = f_1 f_2 A$ | | | |
| Axial-Rillenkugellager (Mindestbelastung beachten!) | 100 000 | 200 000 | — |
| Axial-Schrägkugellager, Fettschmierung | 250 000 | — | — |
| —, Ölschmierung | — | 400 000 | — |
| Axial-Pendelrollenlager, Ölschmierung (Mindestbelastung beachten!) | 200 000 | 300 000 | — |
| Axial-Zylinderrollenlager, Fettschmierung | 40 000 | — | — |
| —, Ölschmierung | 100 000 | 150 000[2] | — |

[1] Beratung durch Wälzlagerhersteller empfehlenswert.          [2] mit Rückkühlung des Öls.

Für Axiallager ist der entsprechende Kennwert

$$n \cdot \sqrt{DH},$$

wobei

$D$   Außendurchmesser der Gehäusescheibe in mm,

$H$   Lagerhöhe in mm.

Die zulässigen Geschwindigkeitskennwerte werden von der Lagerart, der Lagerbelastung und der Lagergröße beeinflußt. Jeder dieser Einflüsse kann durch einen Beiwert ausgedrückt werden:

$A$    Beiwert, abhängig von der Lagerart, Tab. 20,

$f_1$    Beiwert, abhängig von der Lagergröße ($d_m$), Abb. 50,

$f_2$    Beiwert, abhängig von der Lagerbelastung, die indirekt durch die nominelle Lebensdauer $L_h$ ausgedrückt werden kann, Abb. 51.

Es gilt dann

für Radiallager: $$n \cdot d_m = f_1 f_2 A, \tag{37}$$

für Axiallager: $$n \cdot \sqrt{DH} = f_1 f_2 A. \tag{38}$$

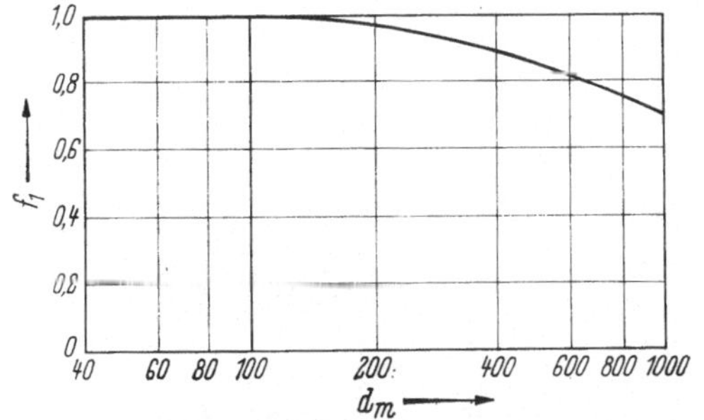

Abb. 50. Beiwert $f_1$ in Abhängigkeit vom mittleren Lagerdurchmesser $d_m$

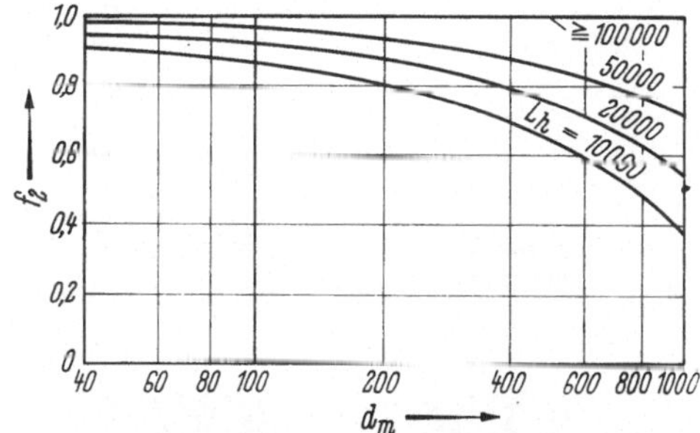


Abb. 51. Beiwert $f_2$ in Abhängigkeit vom mittleren Lagerdurchmesser $d_m$ und von der Lagerbelastung, indirekt ausgedrückt durch die nominelle Lebensdauer $L_h$

# 12. Gestaltung der Lagerstellen

## 12.1 Lageranordnung

In der Regel sind für die *radiale* Lagerung einer Welle in einem Gehäuse — oder einer Nabe auf einer Achse — zwei Lager notwendig. Die *axiale* Führung kann entweder durch hierfür geeignete Radiallager mit übernommen werden oder durch ein drittes, nur axial belastetes Lager erfolgen. Auch wenn keine bestimmten äußeren Axialkräfte vorhanden sind, ist es im allgemeinen erforderlich, die Welle axial zu führen, damit die umlaufenden Teile gegenüber den stillstehenden in axialer Richtung fixiert sind.

Nach dem Prinzip, wie die axiale Führung vorgenommen wird, unterscheidet man verschiedene Lageranordnungen. Abb. 52 zeigt zwei Anordnungen mit einem Festlager und einem Loslager. Unter Festlager versteht man dasjenige Lager, das außer der radialen Führung die axiale Führung in beiden Richtungen übernimmt und sowohl im Gehäuse als auch auf der Welle seitlich festgelegt ist. Das Loslager hat nur die Aufgabe der radialen Führung. Wird ein geschlossenes Lager verwendet, so muß einer der beiden Rollbahnringe, und zwar zweckmäßigerweise derjenige, für den der Belastungsfall „Punktlast" vorliegt, auf seiner Sitzfläche verschiebbar sein, wie z. B. der Außenring des linken Pendelrollenlagers in Abb. 52. Das Funktionieren der Loslagerverschiebung trägt entscheidend zum einwandfreien Laufverhalten und zu einer hohen Lebensdauer der Lagerung bei. Bei Zylinderrollenlagern der Bauform NU oder N geht die Verschiebung im Lager selbst, d. h. zwischen den Rollen und dem freien Rollbahnring vor sich, Abb. 52 b und 53.

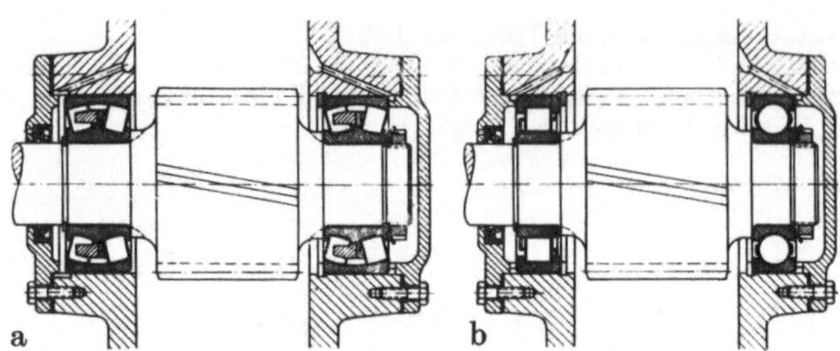

Abb. 52. Lageranordnung Festlager/Loslager
a) mit zwei Pendelrollenlagern; b) mit einem Rillenkugellager als Festlager und einem Zylinderrollenlager der Bauform NU als Loslager

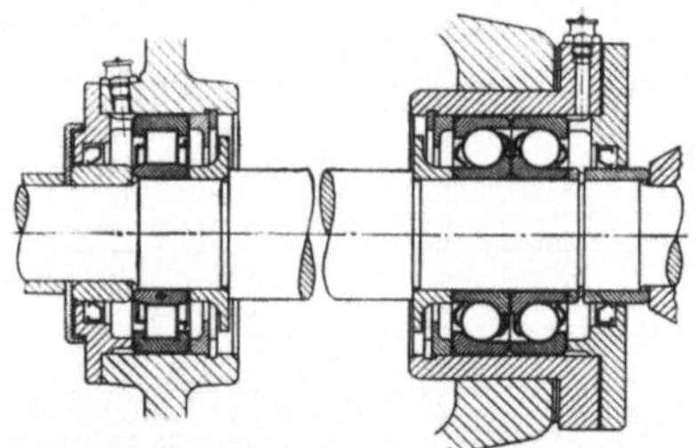

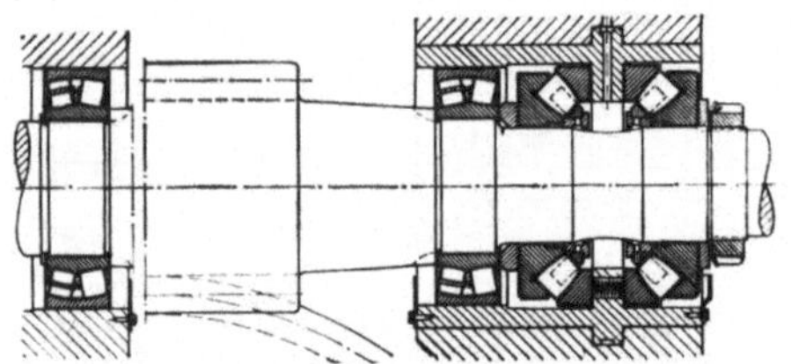

Abb. 53. Lagerung einer Kreiselpumpe mit zwei gepaarten Schrägkugellagern als Festlager und einem Zylinderrollenlager der Bauform NU als Loslager

Abb. 54. Lagerung einer Schneckenwelle für den Antrieb eines Vertikal-Stauchgerüstes

Als Festlager eignen sich Rillenkugellager, Pendelkugellager, Pendelrollenlager, zweireihige Schräglager, Zylinderrollenlager der Bauform NUP sowie gepaarte Schräglager, Abb. 53. Die Festlagerung kann auch durch eine Lagergruppe, bestehend aus einem Radiallager und einem zweiseitig wirkenden Axiallager, Abb. 54, oder einem axial belastbaren Radiallager (Rillenkugellager, Pendelrollenlager, zweireihiges Schrägkugellager oder Vierpunktlager) gebildet werden, Abb. 55. Einer der Ringe des Axiallagers, meistens der Außenring oder die Gehäusescheibe, wird mit radialem Spiel eingebaut, damit das Lager ausschließlich Axialkräfte aufnimmt. Für verschieden große Axialkräfte in den beiden Richtungen kann auch ein einseitig wirkendes Axiallager mit einem zur Axialführung in der anderen Richtung geeigneten Radiallager, das gleichzeitig die Radialbelastung aufnimmt, kombiniert werden, Abb. 56.

Als Loslager eignen sich die selbsthaltenden Lagerbauarten (Rillenkugellager, Pendelkugellager und Pendelrollenlager) unter der Voraussetzung, daß einer der beiden Rollbahnringe auf seinem Sitz axial verschiebbar ist. Besonders geeignet sind jedoch die zerlegbaren Zylinderrollenlager der Bauarten NU und N sowie Nadellager, die in sich axial verschiebbar sind, so daß beide Laufringe mit festen Passungen eingebaut werden können.

Abb. 57 zeigt die sog. Stützlager-Anordnung, bei der jedes der beiden Lager die Welle nach einer Seite axial führt. Mit der Bauform NJ läßt sich die Stützlager-Anordnung auch bei Zylinderrollenlagern anwenden.

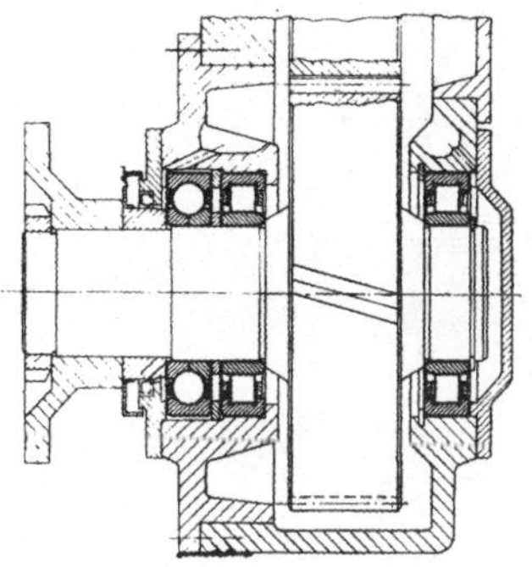

Abb. 55. Lagerung eines schrägverzahnten Stirnrades

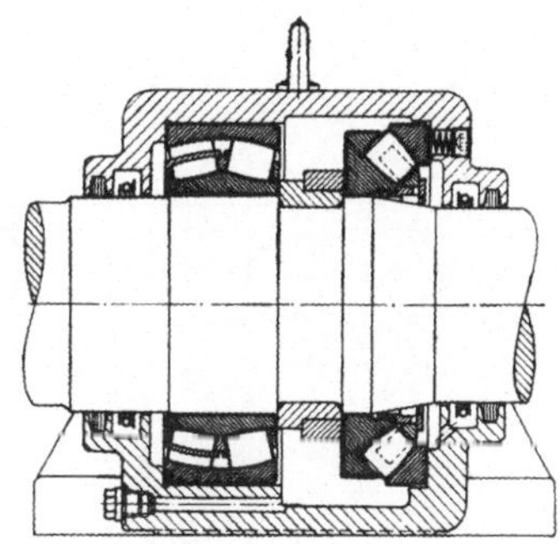

Abb. 56. Schiffsdrucklager der Zweilager-Bauart als Festlager der Wellenleitung. Das Lager überträgt die Vortriebskraft des Propellers auf das Schiff und muß winkelbeweglich sein, damit es sich bei Formänderungen des Schiffskörpers einstellen kann

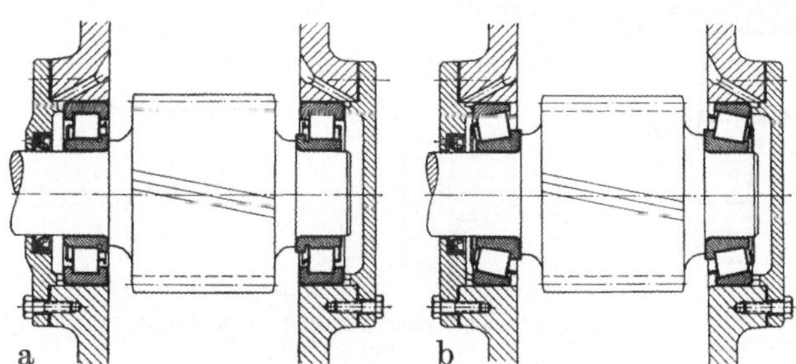

Abb. 57. Stützlager-Anordnung
a) Zylinderrollenlager der Bauart NJ; b) Kegelrollenlager

Vorteile der Stützlager-Anordnung sind, daß jeder Lagerring nur nach einer Seite festgehalten werden muß, ferner daß vielfach, insbesondere bei zerlegbaren Lagern, die Montage vereinfacht wird und daß sich bei wechselnder Axialbelastung die Beanspruchung auf beide Lager verteilt. Bedingung ist aber, daß die Längenmaße der Gegenstücke so toleriert sind oder beim Einbau so abgestimmt werden, daß unter Berücksichtigung der Wärmedehnungen im Betrieb keine axiale Verspannung eintritt.

Axial-Pendelrollenlager können die Welle auch radial führen. Wenn die Radialbelastung ein bestimmtes Verhältnis zur Axialbelastung nicht überschreitet, s. Abschn. 7.54, ist kein besonderes Radiallager erforderlich, Abb. 58. Die Gehäusescheibe darf in diesem Fall kein Spiel im Gehäuse haben. Gehäusetoleranz J 6, Wellentoleranz j 5.

Sofern die Axialkraft nicht dauernd wirkt oder wenn sie die Richtung wechselt, werden die Lager angestellt, z. B. durch Federn, die gegen die Gehäusescheibe drücken und eine gewisse Mindestbelastung für die Wälzkörper sicherstellen, Abb. 56.

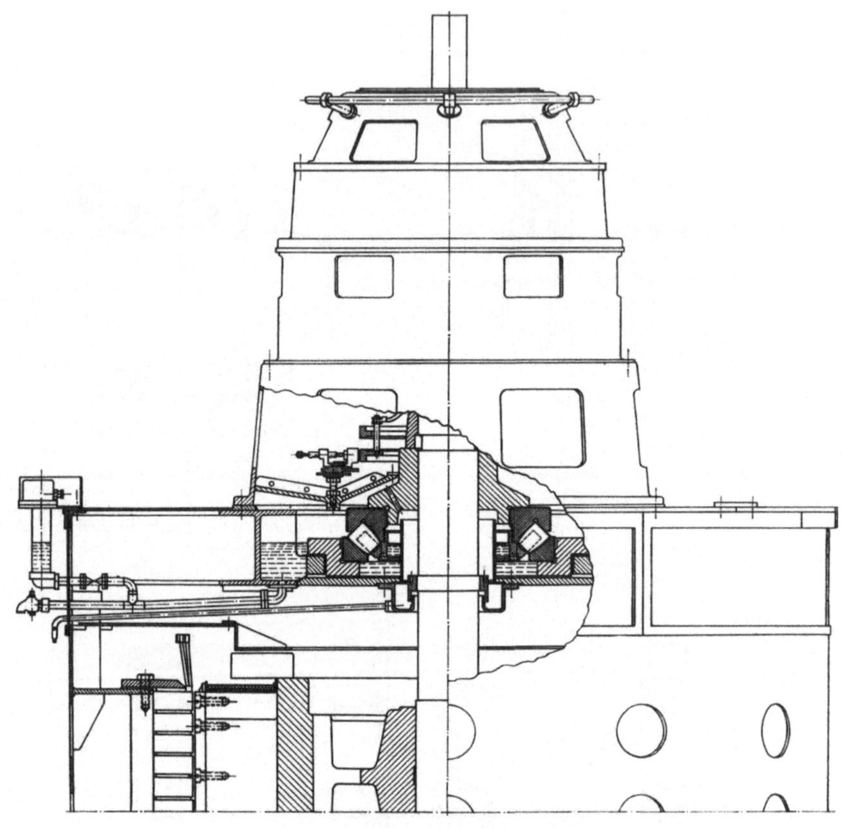

Abb. 58. Traglager eines Vertikal-Generators

## 12.2 Bestimmung der Lagergröße

### 12.21 Ermittlung der äußeren Kräfte

Die häufigsten Ursachen der äußeren Kräfte auf die Lager von Maschinen und Geräten sind:

Gewichte, z. B. Eigengewichte von Wellen und darauf befestigten Teilen (Schwungräder, Kupplungen, Zahnräder), Eigengewicht von Gehäusen, Fahrzeuggewichte, Kranlasten;

Leistungsübertragung, z. B. durch Riemen, Ketten, Reibräder und Zahnräder, einschließlich der Reaktionskräfte aus Momenten;

Arbeitskräfte, z. B. Walzkräfte, Brecherkräfte, Schnittkräfte bei Werkzeugmaschinen, Förderdrücke von Pumpen, Gebläsen und Turbinen, Gaskräfte bei Verbrennungsmotoren;

Massenkräfte, z. B. Fliehkräfte von Exzentern, Massenkräfte bei Kurvenfahrt oder Beschleunigung von Fahrzeugen, Unwuchtkräfte, Stoßbeanspruchungen, Massenkräfte infolge von Schwingungen.

Die Kräfte, die von Gewichten, Beschleunigungen oder Verzögerungen und Fliehkräften herrühren, können nach den Gesetzen der Mechanik berechnet werden. Dagegen sind Arbeitskräfte, Stoßbelastungen und Zusatzkräfte durch Unwuchten oder Schwingungen der reinen Berechnung nicht immer zugänglich. Sofern ausgeführte Maschinen zur Verfügung stehen, ist der sicherste Weg, die Größe und den Verlauf der tatsächlichen Kräfte zu messen, was mit den neuzeitlichen Meßmethoden in den meisten Fällen genügend genau und mit tragbarem Aufwand möglich ist. Bei Neukonstruktionen müssen Erfahrungen von Maschinen ähnlicher Bauart übertragen und notfalls durch Schätzungen ergänzt werden.

**12.211 Lagerbelastung durch Gewichte.** *Lagerkräfte eines Drehkranes.* Abb. 59 zeigt schematisch einen Drehkran mit Gegengewicht. Das obere Säulenlager dient als Führungslager und nimmt außer der Radialbelastung die Axialbelastung auf. Die für das obere und untere Säulenlager gleich große Radialbelastung ist

$$K_r = \frac{1}{l} \left( G_1 e_1 - G_2 e_2 \right). \tag{39}$$

Die Axialkraft ist

$$K_a = G_1 + G_2. \tag{40}$$

Hierbei ist

$G_1$  Nutzlast am Kranhaken einschließlich Kranflasche,
$G_2$  Eigengewicht des drehbaren Teils des Drehkrans einschließlich Gegengewicht in kp,
$l$  Abstand der beiden Lagerstellen in m,
$e_1$  Ausladung in m,
$e_2$  Schwerpunktabstand des unbelasteten Krans in m.

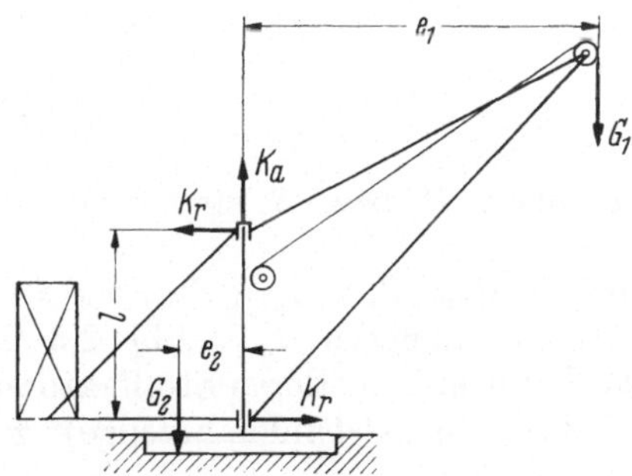


Abb. 59. Kräfte an einem Drehkran

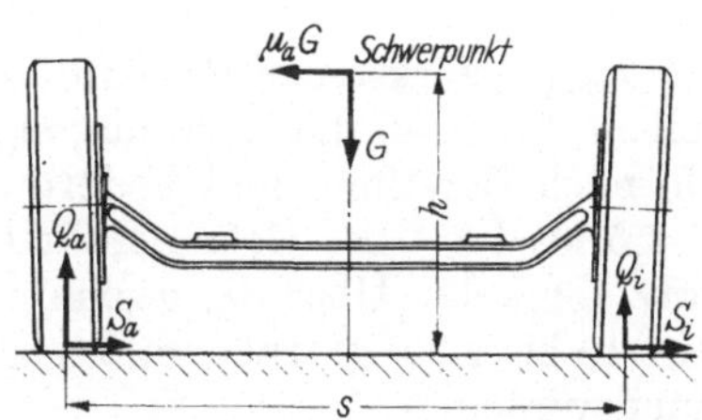


Abb. 60. Radbelastungen bei Straßenfahrzeugen

*Lagerkräfte an den Radlagern von Kraftfahrzeugen.* Man geht von der dem Fahrzeuggewicht bzw. der Achslast entsprechenden statischen Belastung aus, Abb. 60. Die von der Geschwindigkeit, der Federung und den Unebenheiten der Straße abhängigen, stark veränderlichen dynamischen Kräfte werden auf Grund der Erfahrung durch Zuschlagfaktoren berücksichtigt.

Bei den Radlagerungen von Straßenfahrzeugen werden verschiedene Fahrzustände zugrunde gelegt. Bei Geradeausfahrt ist der Raddruck (Bodendruck) gleich der halben Achslast $G/2$. Die für die Lager maßgebende Achsschenkelbelastung $Q$ ist um das Radgewicht $G_R$ kleiner:

$$Q = \frac{G}{2} - G_R. \tag{41}$$

Der Radsturz wird meistens vernachlässigt.

Die dynamischen Zusatzkräfte infolge der Straßenunebenheiten werden durch einen Stoßfaktor berücksichtigt. Außerdem treten auch bei Geradeausfahrt Seitenführungskräfte auf, die Kippmomente und eine axiale Belastung hervorrufen. Bei Kurvenfahrt verlagert sich der Druck zum kurvenäußeren Rad, Abb. 60. Aus den Gleichungen

$$Q_a + Q_i = G \tag{42}$$

und

$$Q_a s = G\,\frac{s}{2} + \mu_a G h \tag{43}$$

erhält man

$$Q_a = \frac{G}{2}\left(1 + \frac{2\mu_a h}{s}\right) \tag{44}$$

und

$$Q_i = \frac{G}{2}\left(1 - \frac{2\mu_a h}{s}\right). \tag{45}$$

Hierbei ist

$h$     Schwerpunkthöhe in mm,
$s$     Spurweite in mm,
$\mu_a$     Verhältnis von gesamter Seitenkraft $(S_a + S_i)$ zu Achslast.

Bei der Berechnung der Lagerdrücke sind außerdem die Kippmomente durch die Seitenkräfte zu berücksichtigen:

$$M_a = S_a R_{w\,\mathrm{dyn}} \tag{46}$$

und

$$M_i = S_i R_{w\,\mathrm{dyn}}, \tag{47}$$

wobei $R_{w\,\mathrm{dyn}}$ wirksamer Reifenhalbmesser, dynamisch. $S_a$ bzw. $S_i$ sind ferner als Axialbelastung auf die Lagerung anzusetzen.

Je nach Bereifung und Federung werden bei Straßenfahrzeugen Stoßfaktoren $f_d = 1,5$ bis $1,8$, bei Geländefahrzeugen und Ackerschleppern $f_d = 2$ bis $2,5$ in Ansatz gebracht. Über die gesamte Fahrstrecke kann mit mittleren Stoßfaktoren $f_m = 1,15$ bis $1,25$ (Straßenfahrzeuge) bzw. $1,3$ bis $1,5$ (Geländefahrzeuge) gerechnet werden.

*Lagerkräfte an Achsbuchsen von Schienenfahrzeugen.* Bei den Lagern von Eisenbahnachsbuchsen geht man von der größten statischen Achsbuchsbelastung $G_0$ aus, die aus der halben zulässigen Achslast $(A/2)$ abzüglich des halben Radsatzgewichtes einschließlich der halben ungefederten Masse der Antriebsteile $(G_R/2)$ erhalten wird:

$$G_0 = \frac{A - G_R}{2}. \tag{48}$$

Der Zuschlagfaktor für die dynamischen Kräfte einschließlich der Kräfte beim Bremsen und Beschleunigen sowie infolge der Hebelwirkung von Führungselementen liegt je nach Fahrzeugart und Laufwerkkonstruktion zwischen $f_d = 1,2$ und $1,7$. Die gesamte Achsbuchsbelastung, die der Lebensdauerberechnung zugrunde gelegt wird, beträgt

$$G = f_d G_0. \tag{49}$$

**12.212 Lagerbelastung infolge Leistungsübertragung.** Die Ermittlung der Kräfte durch *Leistungsübertragung* wird im folgenden an einigen Beispielen gebräuchlicher mechanischer Übertragungselemente und Getriebe gezeigt.

Gegeben sei die Leistung $N$ in PS oder kW und die Drehzahl $n$ in U/min. Hieraus ergibt sich das Drehmoment

$$M_d = \frac{716\,200 \cdot N \,[\text{PS}]}{n} = \frac{974\,000 \cdot N \,[\text{kW}]}{n} \;[\text{kpmm}]. \tag{50}$$

Die Umfangskraft an einer *Riemenscheibe*, einem *Reibrad* oder einem *Zahnrad* ist

$$K_p = \frac{M_d}{r} \;[\text{kp}], \tag{51}$$

wobei $r$ der Halbmesser der Riemenscheibe, bei Zahnrädern der Wälzkreishalbmesser, in mm ist.

*Riemen- und Kettentriebe,* Abb. 61. Die Wellenbelastung ergibt sich aus der von dem zu übertragenden Drehmoment abhängigen Umfangskraft $K_p$, die aber durch die notwendige Vorspannung erhöht wird. Das Wellengewicht kann im allgemeinen vernachlässigt werden. Die Vorspannung sowie dynamische Zusatzkräfte können durch Zuschlagfaktoren berücksichtigt werden, und man erhält die radiale Wellenbelastung

$$K_r = f_1 f_d K_p. \tag{52}$$

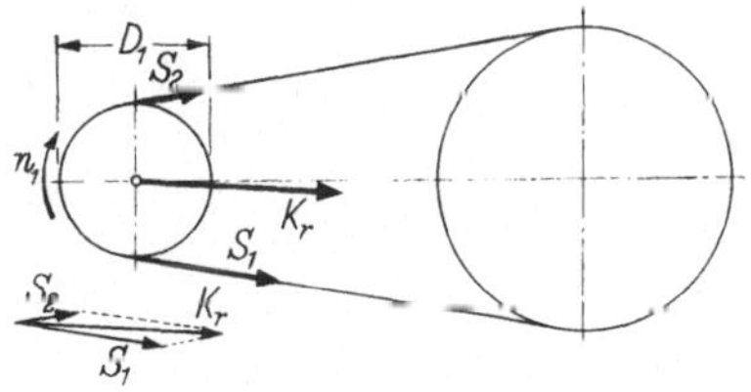

Abb. 61. Kräfte bei einem Riementrieb

Geeignete Werte für den Vorspannungsfaktor $f_1$ und den Beiwert $f_d$ für dynamische Zusatzkräfte sind in Tab. 21 angegeben.

Tabelle 21

| Mittel zur Kraftübertragung | | $f_1$ | | $f_d$ |
|---|---|---|---|---|
| $v$ [m/s] = | $< 5$ | $10$ | $20$ bis $30$ | |
| Einfache Lederriemen, Gummiriemen . . . . . . . | 3 bis 4 | 2,5 bis 3,5 | 2 bis 3 | 1,0 bis 1,25 |
| Doppelte Lederriemen . . . . | 4,8 | 4,2 | 3,5 | 1,0 bis 1,25 |
| Keilriemen . . . . . . . . . | | 2 | | 1,0 bis 1,25 |
| Ketten . . . . . . . . . . | | 1 | | 1,25 bis 1,5 |

*Zahnradgetriebe.* Bei der folgenden Berechnung der Zahnkräfte ist der Getriebewirkungsgrad gleich 1 gesetzt.

Bezeichnungen:

$K$    senkrecht zur Zahnflanke wirkende Zahnkraft in kp, Abb. 63,
$K_p$   Umfangskraft, tangentiale Komponente von $K$ in kp,
$K_a$   Axialkraft, parallel zur Wellenachse wirkende Komponente von $K$ in kp,
$K_n$   Normalkraft, senkrecht zur Wellenachse wirkende Komponente von $K$ in kp,
$r_0$    Teilkreishalbmesser in mm,
$r = q_1 r_0$   Wälzkreishalbmesser in mm,

$q_1, q_2$  Faktoren, abhängig von der Profilverschiebung, Abb. 62. (Bei Stirnrädern ohne Profilverschiebung ist $q_1 = 1$ und $r = r_0$.)

$x$   Profilverschiebungsfaktor im Normalschnitt,

$\alpha_0$   Eingriffswinkel am Teilkreis im Normalschnitt,

$\alpha$   Eingriffswinkel am Wälzkreis im Normalschnitt, wobei $\sin \alpha = q_2/q_1 \cdot \sin \alpha_0$,

$\beta_0$   Schrägungswinkel am Teilkreis,

$\beta$   Schrägungswinkel am Wälzkreis im Normalschnitt, wobei $\tan \beta = q_1 \cdot \tan \beta_0$,

$z$   Zähnezahl,

$\delta$   halber Kegelwinkel bei Kegelrädern, Abb. 66,

$\mu$   Reibungszahl an den Zahnflanken bei Hypoid- und Schneckengetrieben. ($\mu = 0{,}02$ bis $0{,}04$ für gehärteten Stahl auf gehärtetem Stahl oder auf Bronze, bei sorgfältiger Ausführung.)

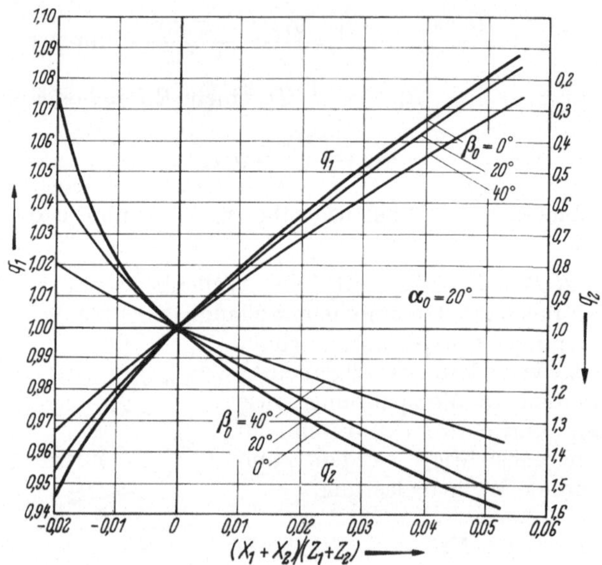

Abb. 62. Diagramm zur Bestimmung der Faktoren $q_1$ und $q_2$

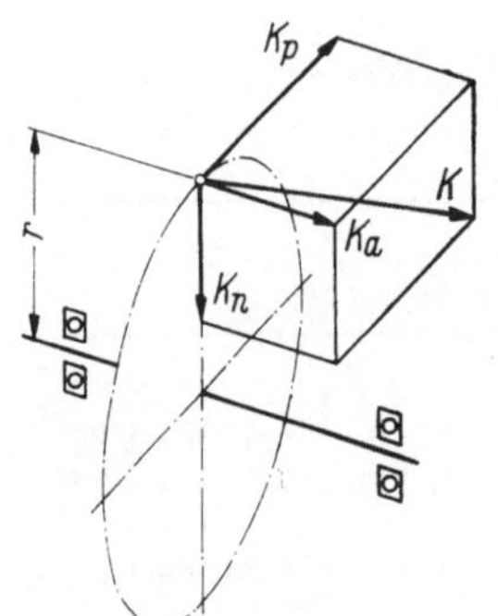

Abb. 63. Zerlegung der Normalkraft im Zahneingriff

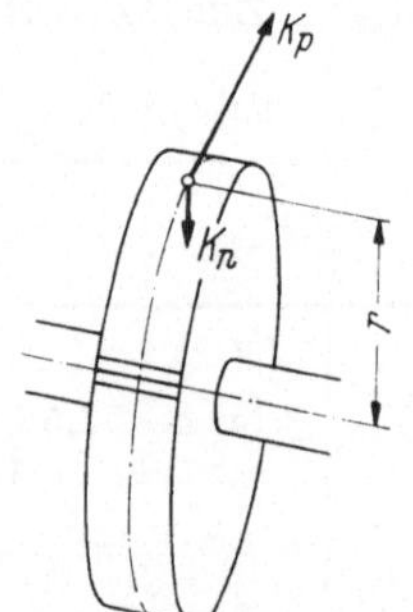

Abb. 64. Kraftkomponenten bei Stirnrädern mit Geradverzahnung

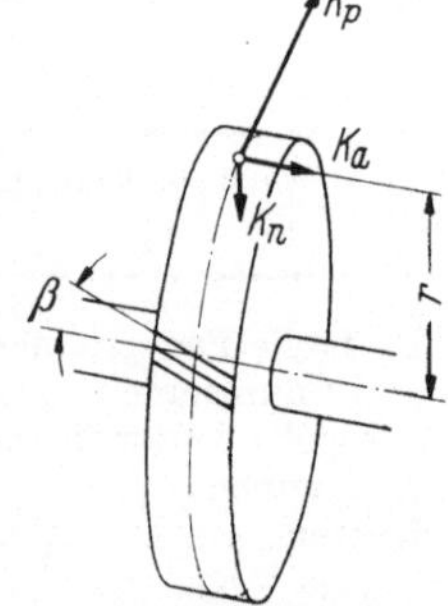

Abb. 65. Kraftkomponenten bei Stirnrädern mit Schrägverzahnung

In den Formeln bezieht sich der Index 1 auf das treibende, der Index 2 auf das getriebene Rad.

a) Stirnradgetriebe.

*Geradverzahnt,* Abb. 64: $\qquad K_a = 0, \qquad\qquad K_n = K_p \tan \alpha.$ $\qquad$ (53)

*Schrägverzahnt,* Abb. 65: $\qquad K_a = K_p \tan \beta, \qquad K_n = K_p \dfrac{\tan \alpha}{\cos \beta}.$ $\qquad$ (54)

b) **Kegelradgetriebe.** Gewöhnlich liegen die Wellen rechtwinklig zueinander. Es ist ausreichend, die Zahnkräfte am treibenden Rad zu berechnen, weil damit auch die Kräfte am getriebenen Rad bestimmt sind:

$$K_{a2} = K_{n1} \quad \text{und} \quad K_{n2} = K_{a1}.$$

*Geradverzahnt*, Abb. 66:

$$K_{a1} = K_p \tan \alpha \sin \delta_1 \quad \text{von der Kegelspitze weg} \quad (55)$$
gerichtet,

$$K_{n1} = K_p \tan \alpha \cos \delta_1 \quad \text{zur Wellenmitte gerichtet.} \quad (56)$$

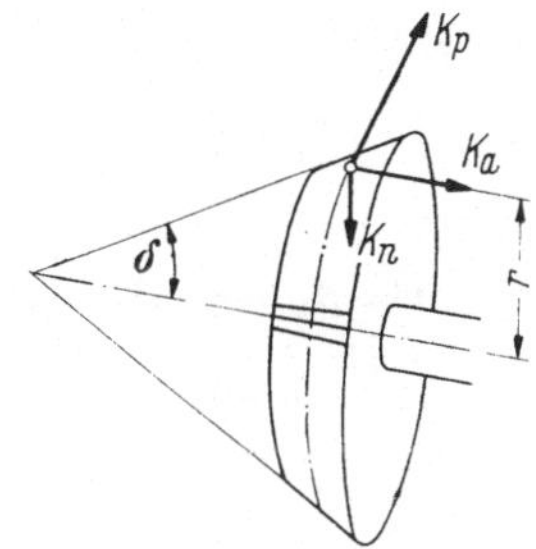

Abb. 66. Kraftkomponenten bei Kegelrädern mit Geradverzahnung

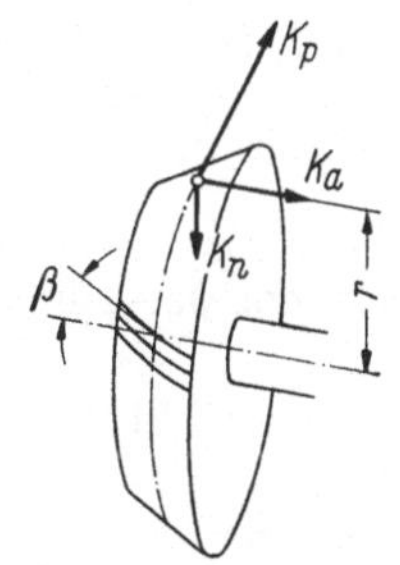

Abb. 67. Kraftkomponenten bei Kegelrädern mit Schrägverzahnung

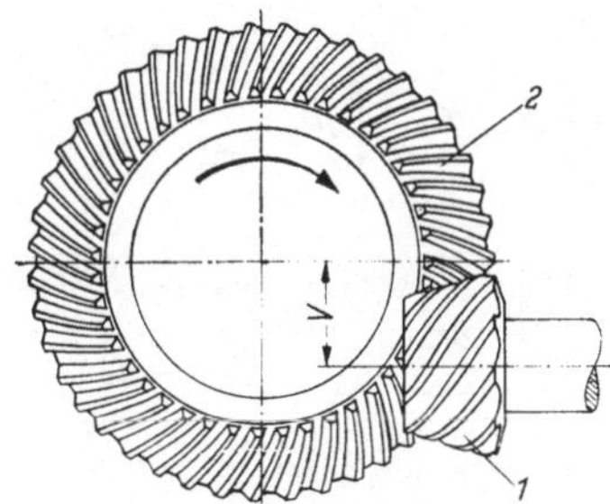

Abb. 68. Achsversetztes Kegelradgetriebe (Hypoidgetriebe)

*Schrägverzahnt, bogenverzahnt (spiralverzahnt)*, Abb. 67. Hier ist die Zahnschrägerichtung in bezug auf die Drehrichtung zu berücksichtigen. Gl. (57) und (58) gelten, wenn bei Betrachtung zur Kegelspitze hin die Zahnschrägerichtung und die Drehrichtung zusammenfallen. Die Skizzen neben den Gleichungen zeigen die Voraussetzungen.

$$K_{a1} = \frac{K_p}{\cos \beta} \left(-\sin \beta \cos \delta_1 + \tan \alpha \sin \delta_1\right), \quad (57)$$

$$K_{n1} = \frac{K_p}{\cos \beta} \left(\sin \beta \sin \delta_1 + \tan \alpha \cos \delta_1\right). \quad (58)$$

Die folgenden Gleichungen gelten, wenn die Zahnschrägerichtung der Drehrichtung entgegengesetzt ist.

$$K_{a1} = \frac{K_p}{\cos \beta} \left(\sin \beta \cos \delta_1 + \tan \alpha \sin \delta_1\right), \quad (59)$$

$$K_{n1} = \frac{K_p}{\cos \beta} \left(-\sin \beta \sin \delta_1 + \tan \alpha \cos \delta_1\right). \quad (60)$$

Wenn die aus diesen Gleichungen ermittelten Kräfte $K_a$ und $K_n$ positiv sind, wirken sie in der in Abb. 67 dargestellten Richtung; wenn sie negativ sind, wirken sie in der entgegengesetzten Richtung.

*Hypoidgetriebe.* Die beiden Achsen eines Hypoidantriebs schneiden sich nicht, Abb. 68. Folglich sind die Schrägungswinkel des treibenden Rades ($\beta_1$) und des angetriebenen Rades ($\beta_2$) nicht gleich, vielmehr ist $\beta_1 > \beta_2$. Auch die Richtungen der Umfangskräfte $K_{p1}$ und $K_{p2}$ fallen nicht wie bei Stirnrad- und Kegelradgetrieben zusammen.

Die Umfangskraft $K_{p1}$ am Ritzel erhält man aus Gl. (51), wenn die übertragene Leistung zugrunde gelegt wird.

Die Zahnkraft, die senkrecht auf die Zahnflanke wirkt, ist

$$K = \frac{K_{p1}}{\cos \alpha \cos \beta_1 + \mu \sin \beta_1} \tag{61}$$

und die Umfangskraft am Tellerrad

$$K_{p2} = K \left(\cos \alpha \cos \beta_2 + \mu \sin \beta_2\right). \tag{62}$$

Die übrigen Zahnkräfte erhält man aus den folgenden Formeln:

Treibendes Rad:

$$K_{a1} = K \left(-\cos \alpha \sin \beta_1 \cos \delta_1 + \sin \alpha \sin \delta_1 + \mu \cos \beta_1 \cos \delta_1\right), \tag{63}$$

$$K_{n1} = K \left(\cos \alpha \sin \beta_1 \sin \delta_1 + \sin \alpha \cos \delta_1 - \mu \cos \beta_1 \sin \delta_1\right), \tag{64}$$

$$K_{a1} = K \left(\cos \alpha \sin \beta_1 \cos \delta_1 + \sin \alpha \sin \delta_1 - \mu \cos \beta_1 \cos \delta_1\right), \tag{65}$$

$$K_{n1} = K \left(-\cos \alpha \sin \beta_1 \sin \delta_1 + \sin \alpha \cos \delta_1 + \mu \cos \beta_1 \sin \delta_1\right). \tag{66}$$

Getriebenes Rad:

$$K_{a2} = K \left(\cos \alpha \sin \beta_2 \cos \delta_2 + \sin \alpha \sin \delta_2 - \mu \cos \beta_2 \cos \delta_2\right), \tag{67}$$

$$K_{n2} = K \left(-\cos \alpha \sin \beta_2 \sin \delta_2 + \sin \alpha \cos \delta_2 + \mu \cos \beta_2 \sin \delta_2\right), \tag{68}$$

$$K_{a2} = K \left(-\cos \alpha \sin \beta_2 \cos \delta_2 + \sin \alpha \sin \delta_2 + \mu \cos \beta_2 \cos \delta_2\right), \tag{69}$$

$$K_{n2} = K \left(\cos \alpha \sin \beta_2 \sin \delta_2 + \sin \alpha \cos \delta_2 - \mu \cos \beta_2 \sin \delta_2\right). \tag{70}$$

*Schneckengetriebe.* Bei Berechnungen von Schneckengetrieben ist es üblich, anstelle des Schrägungswinkels $\beta$ den Steigungswinkel $\gamma$ zu verwenden. Die Beziehung zwischen diesen Winkeln ist

$$\gamma = 90° - \beta$$

und

$$\tan \gamma = \frac{h}{2\pi r_1}, \tag{71}$$

wobei

$h$　　Ganghöhe der Schnecke am Teilzylinder,
$r_1$　　Teilkreisradius der Schnecke.

Gewöhnlich treibt die Schnecke an, und das Schneckenrad wird angetrieben. Die folgenden Formeln gelten für diesen Fall. Der Index 1 bezieht sich auf die Schnecke und der Index 2 auf das Schneckenrad.

Die Umfangskraft $K_{p1}$ der Schnecke erhält man aus Gl. (51) und die Kräfte $K_{a1}$ und $K_{n1}$ aus den Formeln

$$K_{a1} = K_{p1} \frac{\cos \alpha \cos \gamma - \mu \sin \gamma}{\cos \alpha \sin \gamma + \mu \cos \gamma}, \tag{72}$$

$$K_{n1} = K_{p1} \frac{\sin \alpha}{\cos \alpha \sin \gamma + \mu \cos \gamma}. \tag{73}$$

Die auf Schnecke und Schneckenrad wirkenden Kräfte sind in Abb. 69 dargestellt. Die am Schneckenrad angreifenden Kräfte sind

$$K_{p2} = K_{a1}, \\ K_{a2} = K_{p1}, \\ K_{n2} = K_{n1}. \qquad\qquad\left.\begin{matrix} \\ \\ \end{matrix}\right\} \quad (74)$$

**12.213 Zusatzkräfte in Getrieben.** Im Getriebe selbst sowie durch die Aggregate, mit denen das Getriebe zusammenarbeitet, entstehen Zusatzkräfte, die im allgemeinen bei der Bestimmung der Lagerbelastung berücksichtigt werden müssen.

Bei Hochleistungsgetrieben mit feinstbearbeiteten Genauigkeitszahnrädern wird allerdings häufig auf Zuschläge verzichtet. Eine Ausnahme bilden auch Fahrzeuggetriebe, bei denen die Mindest-Lebensdauerforderungen auf Grund von Erfahrungswerten festgelegt werden, so daß Zusatzbeanspruchungen indirekt berücksichtigt sind und die Lagerberechnung ohne Zuschläge durchgeführt werden kann.

In anderen Fällen erhält man die Zahnkraft $K$ und die ihr proportionalen Komponenten $K_p$, $K_a$ und $K_n$ aus der Gleichung

$$K_{\text{eff}} = f_K \cdot f_d \cdot K, \qquad (75)$$

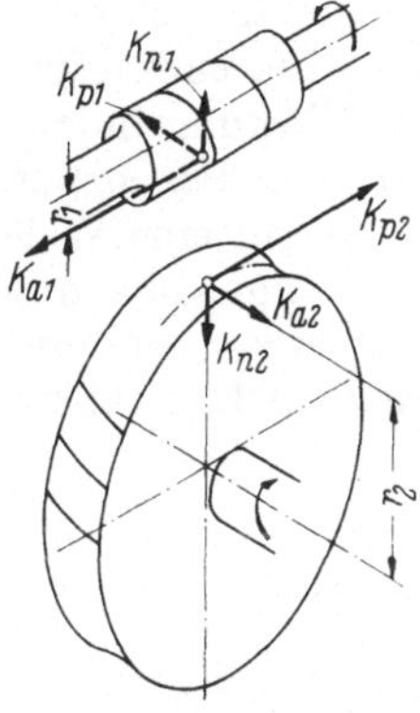

Abb. 69. Kraftkomponenten bei Schneckengetrieben

wobei

$f_K$    Koeffizient für die Zusatzkräfte, die durch Teilungs- und Formfehler der Zähne, Exzentrizität des Zahnkranzes usw. im Getriebe selbst entstehen,

$f_d$    Koeffizient für die Zusatzkräfte, die durch die Maschinen verursacht werden, mit denen das Getriebe verbunden ist.

Die Beiwerte $f_K$ und $f_d$ sind in Tab. 22 und 23 angegeben. Für manche Maschinenarten können die Hersteller noch weiter differenzierte Angaben über den Wert $f_d$ machen.

Tabelle 22. *Beiwert* $f_K$

| Genauigkeit der Verzahnung | $f_K$ | |
|---|---|---|
| | 1 Eingriff | 2 Eingriffe |
| Präzisionszahnräder (Teilungs- und Formfehler $< 0{,}02$ mm) . | 1,05 bis 1,1 | 0,6 bis 0,7 |
| Gehobelte oder gefräste Zahnräder (Fehler 0,02 bis 0,10 mm) | 1,1 bis 1,3 | 0,7 bis 0,8 |
| Gegossene, unbearbeitete Zahnräder (Fehler $> 0{,}1$ mm) . . . | 1,5 bis 2,2 | — |

Die niedrigeren Werte gelten bei kleinen Umfangsgeschwindigkeiten $v \leqq 2$ m/s.

Tabelle 23. *Beiwert* $f_d$

| Belastungsverhältnisse, Art der Maschine | $f_d$ |
|---|---|
| Stoßfrei arbeitende Maschinen . . . . . . . . . . . . . . . . . . . . . . . . . | 1,0 bis 1,2 |
|     z. B. Elektromaschinen, Turbomaschinen, Förderbänder, Seilbahnen, Getreidemühlen | |
| Kolbenmaschinen, je nach dem Grad des Massenausgleichs . . . . . . . | 1,2 bis 1,5 |
| Elektrische Fahrmotoren in Tatzlagern . . . . . . . . . . . . . . . . . | 1,2 bis 1,5 |
| Unregelmäßige Belastung, Erschütterungen, Stoßbelastung . . . . . . . | 1,5 bis 2,0 |
|     z. B. Schachtförderanlagen, Brecher, Schütteltische, Schüttelsiebe, Blechbearbeitungsmaschinen, Zuckerrohrwalzwerke, Gummiwalzwerke | |
| Schwerer Stoßbetrieb . . . . . . . . . . . . . . . . . . . . . . . . . . . | 2 bis 3 |
|     z. B. Grob- und Vorwalzwerke, Fallhämmer | |

## 12.22 Berechnung der Lagerkräfte

Nachdem die äußeren Kräfte ermittelt wurden, können die Lagerbelastungen berechnet werden. Die Kräfte auf die einzelnen Lager hängen von der Anordnung der Lager, der Lage der Wirkungslinie der äußeren Kraft sowie von deren Größe ab. Die Wirkungslinie der Lagerkraft geht bei Rillenkugellagern, Zylinderrollenlagern und Pendelrollenlagern durch die Lagermitte. Auch bei zweireihigen oder gepaarten Schräglagern in X-Anordnung greift die Lagerkraft in der Lagermitte an, sofern sich die Drucklinien der beiden Wälzkörperreihen auf der Achse schneiden. Bei einreihigen Schräglagern bildet der sog. Druckmittelpunkt, in dem sich die Wirkungslinien der Rollkörperkräfte schneiden, den Bezugspunkt für die äußere Kraft.

Wenn eine Welle in einem zweireihigen oder in zwei gepaarten Schräglagern in O-Anordnung und einem weiteren Lager bei verhältnismäßig kleinem Lagerabstand gelagert ist, so beeinflußt

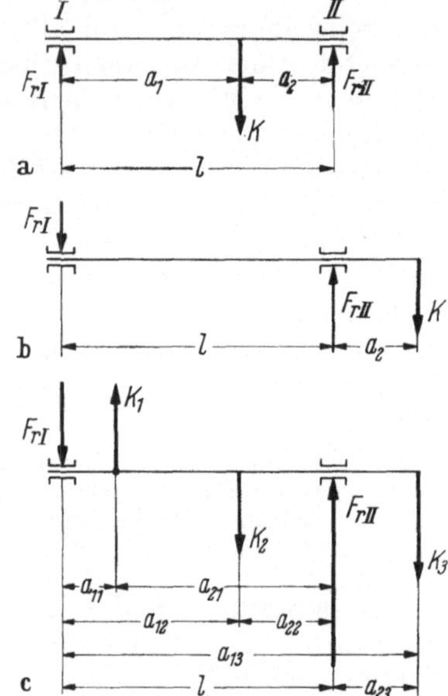

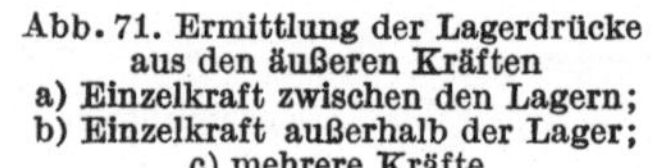

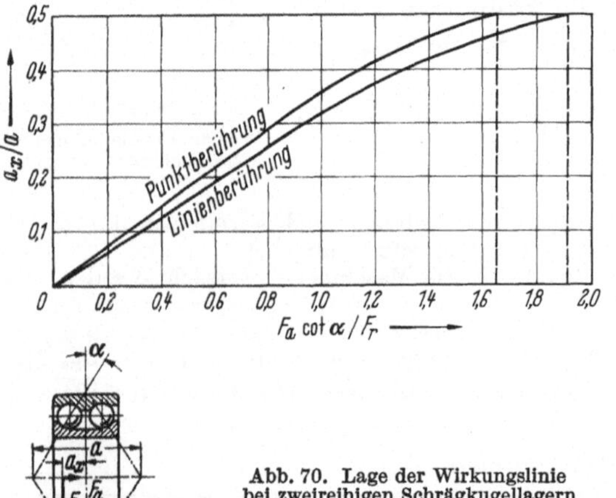

Abb. 70. Lage der Wirkungslinie bei zweireihigen Schrägkugellagern

Abb. 71. Ermittlung der Lagerdrücke aus den äußeren Kräften
a) Einzelkraft zwischen den Lagern;
b) Einzelkraft außerhalb der Lager;
c) mehrere Kräfte

die Lage der Wirkungslinie die Aufteilung der äußeren Belastung auf die beiden Lagerstellen, Abb. 6. Die Entfernung $a_x$ der Wirkungslinie, s. Abb. 70, hängt vom Berührungswinkel $\alpha$ des Lagers und von $F_a/F_r$ ab.

**12.221 Radialkräfte in einer Ebene.** Im folgenden werden die Reaktionskräfte der äußeren Kräfte an den Lagerstellen mit denselben Vorzeichen wie die äußeren Kräfte versehen, wenn sie diesen entgegengerichtet sind.

*Kraftangriff zwischen den Lagern*, Abb. 71 a:

$$F_{rI} = K \cdot \frac{a_2}{l}, \qquad F_{rII} = K \cdot \frac{a_1}{l}. \tag{76}$$

*Kraftangriff außerhalb der Lager*, Abb. 71 b:

$$F_{rI} = -K \cdot \frac{a_2}{l}, \qquad F_{rII} = +K \left(1 + \frac{a_2}{l}\right). \tag{77}$$

*Mehrere äußere Kräfte*, Abb. 71 c: Zuerst werden die Lagerkräfte für jede äußere Einzelkraft getrennt berechnet. Danach werden alle auf ein Lager wirkenden Teilkräfte unter Beachtung ihres Vorzeichens, d. h. ihrer Richtung, addiert.

$$\left.\begin{aligned} F_{rI1} &= -K_1 \cdot \frac{a_{21}}{l} \\[1ex] F_{rI2} &= \phantom{-}K_2 \cdot \frac{a_{22}}{l} \\[1ex] F_{rI3} &= -K_3 \cdot \frac{a_{23}}{l} \end{aligned}\right\} \qquad F_{rI} = F_{rI1} + F_{rI2} + F_{rI3}, \tag{78}$$

$$\left.\begin{aligned} F_{rII1} &= -K_1 \cdot \frac{a_{11}}{l} \\[1ex] F_{rII2} &= \phantom{-}K_2 \cdot \frac{a_{12}}{l} \\[1ex] F_{rII3} &= \phantom{-}K_3 \cdot \frac{a_{13}}{l} \end{aligned}\right\} \qquad F_{rII} = F_{rII1} + F_{rII2} + F_{rII3}. \tag{79}$$

**12.222 Radial- und Axialkräfte.** Während sich die Radialkräfte nach den vorher angegebenen Formeln auf beide Lagerstellen einer Welle verteilen, werden Axialkräfte nur von einer Lagerstelle aufgenommen. Bei der Anordnung Festlager und Loslager nimmt das Festlager Axialkräfte in beiden Richtungen auf. Bei der Stützlager-Anordnung ist es je nach Richtung der Axialkraft das eine oder das andere der beiden Lager. Die Berechnung der äquivalenten Belastung erfolgt nach Abschn. 7.52.

*Schräg zur Welle gerichtete Kraft.* Wenn die Wirkungslinie der äußeren Kraft die Welle schneidet, wird die Kraft im Schnittpunkt mit der Wellenachse in ihre radiale und axiale Komponente $K_r$ und $K_a$ zerlegt, Abb. 72. Die weitere Rechnung erfolgt, wie in den vorhergehenden Abschnitten angegeben.

**12.223 Beliebige Kraftrichtung.** Wenn die äußere Kraft nicht durch die Wellenachse geht, ist es zweckmäßig, eine Zerlegung in drei senkrecht aufeinanderstehende Komponenten vorzunehmen, Abb. 63 bis 69. Die Achsen des dreidimensionalen Koordinatensystems werden in folgender Weise bestimmt: Durch den Kraftangriffspunkt, z. B. den

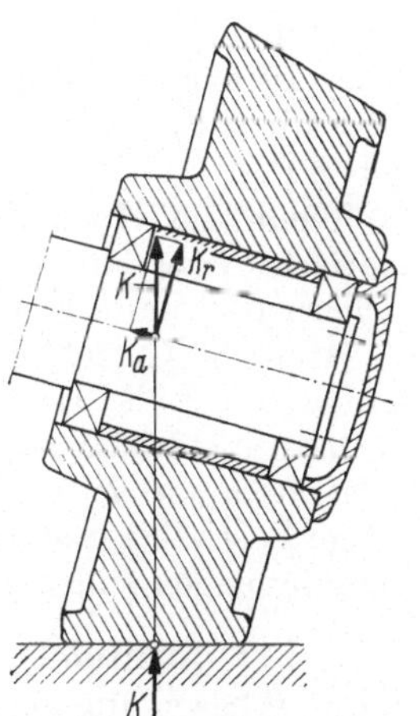

Abb. 72. Schräg zur Welle gerichtete äußere Kraft

Eingriffsmittelpunkt von zwei Kegelrädern, und die Wellenachse wird eine Ebene gelegt, in der eine Radialkraft $K_n$ und eine Axialkraft $K_a$ wirken, Abb. 66. Die dritte Komponente steht senkrecht auf der durch $K_n$ und $K_a$ gebildeten Ebene und stellt bei dem Beispiel des Kegelrads die Umfangskraft $K_p$ dar, die eine Radialbelastung auf die Lager erzeugt. $K_n$ und $K_p$ wirken auf die Lager in derselben Weise wie in Abschn. 12.221 angegeben. Die axiale Kraft $K_a$ bildet einerseits die Axialbelastung, die von einem der Lager aufgenommen werden muß, und ruft andererseits ein Kippmoment hervor, das ein Kräftepaar an den Lagern erzeugt.

Wenn sämtliche an der Lagerstelle wirkenden Belastungskomponenten ermittelt sind, werden die radialen Anteile geometrisch zu einer resultierenden Radialbelastung $F_r$ zusammengesetzt.

### 12.23 Richtwerte für die nominelle Lebensdauer

Die Lebensdauerforderung für die Wälzlager richtet sich nach dem Verwendungszweck und dem Einsatz der betreffenden Maschine.

Im allgemeinen berechnet man die nominelle Lebensdauer mit den wirklichen Kräften, die so genau wie möglich erfaßt werden sollen. Die Lebensdauer*forderungen* werden so gewählt, daß eine ausreichende Gebrauchszeit und Betriebssicherheit erhalten wird. Für viele Anwendungsfälle liegen bereits genügend Erfahrungen vor, mit welchen nominellen Lebensdauerwerten dieses Ziel erreicht wird. Die nominellen Lebensdauerwerte haben teilweise den Charakter von Vergleichszahlen, die sich nicht unbedingt mit den wirklichen Lebensdauerwerten decken müssen.

Bei Lagern, die über längere Zeitabschnitte mit ungefähr konstanter Drehzahl laufen, wird die Lebensdauer in Betriebsstunden $L_h$ ausgedrückt. Bei Straßen- und Schienenfahrzeugen, bei denen die Drehzahl stark schwankt, wird die Angabe in Fahrkilometern $L_s$, vor allem für Radlagerungen, bevorzugt. Bei Fahrzeuggetrieben findet man beide Angaben nebeneinander. Tab. 24 enthält allgemeine Richtwerte für die nominelle Lebensdauer für verschiedene Verwendungszwecke.

## 12.24 Wahl der statischen Tragsicherheit

### 12.241 Umlaufende Lager.
Wenn die Belastung stark veränderlich ist, insbesondere wenn hohe Stoßkräfte auftreten, die nur während eines Bruchteils einer Umdrehung wirken, ist neben der Berechnung der dynamischen Lebensdauer eine Überprüfung der statischen Tragsicherheit $s_0 = C_0/P_0$ [Gl. (30) in Abschn. 8] erforderlich. Bei sehr niedriger Drehzahl ist die statische Tragsicherheit allein maßgebend.

Wenn die Höchstbelastung während mehrerer Umdrehungen wirkt, darf die statische Tragzahl des Lagers auch überschritten werden, d. h. die statische Tragsicherheit $s_0$ kann kleiner als 1 sein. Tab. 25 gibt Mindestwerte für $s_0$ an.

Ähnliche Gesichtspunkte gelten auch für Lager, die teils stillstehen, teils umlaufen, wie z. B. Losradlagerungen in Schalt- und Wendegetrieben. Hierbei sind die Lager statisch hoch belastet, solange sie relativ stillstehen, dagegen fast unbelastet, wenn sie umlaufen. Bei Getrieben für Straßenfahrzeuge läßt man für derartige Losradlager statische Tragsicherheitswerte von $s_0 = 0,5$ noch zu. Bei Schienenfahrzeugen soll wegen der härteren Stöße $s_0 \geq 2$ sein.

### 12.242 Nichtumlaufende Lager.
Hierzu zählen auch Lager, die nur eine Schwenkbewegung ausführen. Im Leichtbau sowie bei Schwenkwinkeln, die so groß sind, daß jeder Punkt der Rollbahn überrollt wird, und unter der Voraussetzung gleichbleibender Belastung ist eine Tragsicherheit $s_0 = 0,5$ noch zulässig. Tab. 26 enthält Richtwerte für $s_0$ für verschiedene Anwendungsgebiete.

## 12.3 Wahl der Lagerbauform

Jede Lagerbauform hat charakteristische Eigenschaften, durch die sie für bestimmte Anwendungsfälle besonders geeignet ist. Für die günstigste Lösung eines Lagerungsproblems spielen bezüglich der Wahl der Lagerbauform vor allem folgende Gesichtspunkte eine Rolle:

a) *Konstruktion.*
Bauraum,
Ein- und Ausbau,
Winkelbeweglichkeit.

Tabelle 24. *Richtwerte für die nominelle Lebensdauer*

| Maschinenart | $L_h$ [Betriebsstunden] |
|---|---|
| Selten benutzte Maschinen und Geräte . . . . . . . . . . . . . | 500 |
| Maschinen mit unterbrochenem Betrieb<br>a) Normale Anforderungen an Betriebssicherheit<br>Hebezeuge in Werkstätten, Montagekrane, Gießereikrane, landwirtschaftliche Maschinen, Haushaltmaschinen . . . . . . . . | 4000 bis 8000 |
| b) Hohe Anforderungen an Betriebssicherheit<br>Hilfsmaschinen für Kraftanlagen, Transportbänder, Aufzüge, Stückgutkrane, Elektromotoren für Landwirtschaft und Haushaltmaschinen . . . . . . . . . . . . . . . . . . . . . . . . | 8000 bis 12000 |
| Maschinen für täglich 8stündigen Betrieb, die nicht ständig voll ausgelastet werden<br>Zahnradgetriebe für allgemeine Zwecke . . . . . . . . . . . . | 12000 bis 20000 |
| Ortsfeste Elektromotoren . . . . . . . . . . . . . . . . . . | 16000 bis 24000 |
| Maschinen für täglich 8stündigen Betrieb, die voll ausgelastet werden<br>Werkzeugmaschinen, Ventilatoren . . . . . . . . . . . . . . | 20000 bis 30000 |
| Maschinen für täglich 24stündigen Betrieb<br>a) Normale Anforderungen an Betriebssicherheit<br>Kompressoren, Pumpen, elektrische Maschinen, Förderanlagen . . | 50000 bis 60000 |
| b) Hohe Anforderungen an Betriebssicherheit<br>Papiermaschinen, Kraftanlagen, Wasserwerke, Grubenpumpen . . | $\geqq 100000$ |
| Wasserfahrzeuge<br>Lauf-, Druck-, Stevenrohrlager, Getriebelager für:<br>kleine, schnelle Fahrzeuge . . . . . . . . . . . . . . . . . | 5000 |
| Binnenschiffe . . . . . . . . . . . . . . . . . . . . . . . | 15000 bis 20000 |
| Hochseeschiffe . . . . . . . . . . . . . . . . . . . . . . . | 40000 bis 60000 |
| Rudermaschinen . . . . . . . . . . . . . . . . . . . . . . | 6000 bis 8000 |
| Flugtriebwerke . . . . . . . . . . . . . . . . . . . . . . . | 500 bis 2000 |
| Landfahrzeuge | $L_s$ [km] |
| Radlagerungen für Straßenfahrzeuge:<br>Personenkraftwagen . . . . . . . . . . . . . . . . . . . . | $0{,}1 \cdot 10^6$ |
| Lastkraftwagen, Omnibusse . . . . . . . . . . . . . . . . | $0{,}2$ bis $0{,}3 \cdot 10^6$ |
| Achslagerungen für Schienenfahrzeuge:<br>Güterwagen (gemäß UIC größte Achslast als ständig wirkend der Berechnung zugrunde gelegt) . . . . . . . . . . . . . | $0{,}8 \cdot 10^6$ |
| Nahverkehrsfahrzeuge, Straßenbahnen . . . . . . . . . . | $1{,}5 \cdot 10^6$ |
| Reisezugwagen für Fernverkehr . . . . . . . . . . . . . . | $3 \cdot 10^6$ |
| Triebwagen für Fernverkehr . . . . . . . . . . . . . . . . | $3$ bis $4 \cdot 10^6$ |
| Diesel- und Elektrolokomotiven für Fernverkehr . . . . . . . | $3$ bis $5 \cdot 10^6$ |
| Fahrmotoren für:<br>Elektrische Vollbahn-Lokomotiven und Triebwagen . . . . . | $2$ bis $3 \cdot 10^6$ |
| Straßenbahnen und Rangierlokomotiven . . . . . . . . . . | $1{,}5 \cdot 10^6$ |
| Oberleitungsomnibusse . . . . . . . . . . . . . . . . . . . | $0{,}6 \cdot 10^6$ |

Tabelle 25. *Mindestwerte der statischen Tragsicherheit bei umlaufenden Lagern*

| Betriebsweise | Mindestwert der statischen Tragsicherheit $s_0$ |
|---|---|
| Ruhiger erschütterungsfreier Betrieb . . . . . . . . . . . . | 0,5 |
| Normale Betriebsverhältnisse<br>Ansprüche an Leichtgängigkeit und Laufruhe: gering . . | 0,5 |
| normal . . | 1 |
| hoch . . . | 2 |
| Ausgeprägte Stoßbelastungen . . . . . . . . . . . . . . . . | 1,5 bis 2 |
| Axial-Pendelrollenlager . . . . . . . . . . . . . . . . . . . | 2 |

*b) Betriebsbedingungen.*
Belastung,
Drehzahl,
Anforderungen an Genauigkeit und Starrheit,
Reibung,
Wartung.

*c) Preis.* In vielen Fällen spielt der Preis die ausschlaggebende Rolle, so daß
für die gegebenen technischen Anforderungen die wirtschaftlichste Lösung zu
suchen ist. Wenn in technischer Hinsicht verschiedene Möglichkeiten bestehen,
kann im großen und ganzen davon ausgegangen werden, daß für kleine Lagerungen
Rillenkugellager und Schulterkugellager besonders preisgünstige Lösungen ergeben.
Bei hoher Belastung und großen Abmessungen sind vielfach Rollenlager am vorteilhaftesten. Bei diesen Überlegungen darf aber nicht der Lagerpreis *allein* be-
trachtet werden. Ausschlaggebend sind die Gesamtkosten, die oft in weit stärkerem
Maß durch die Herstellungskosten der Gegenstücke und den Aufwand für Montage
und Wartung bestimmt werden. Lager, die angestellt werden müssen, erfordern
z. B. im allgemeinen einen höheren Montageaufwand als Lager, die nur auf die Sitze
gepreßt zu werden brauchen. Ein anderes Beispiel sind abgedichtete Rillenkugellager, die wohl teurer sind als nicht abgedichtete Lager, jedoch die getrennte Abdichtung ersparen und den Einbau sowie die Wartung erheblich vereinfachen.

Tabelle 26. *Mindestwerte der statischen Tragsicherheit bei nicht umlaufenden Lagern*

| Einbaustelle | Mindestwert der statischen Tragsicherheit $s_0$ |
|---|---|
| Schwenklager für Stripperkrane | 0,5 |
| Wehranlagen, Schleusen | 1 |
| Bewegliche Brücken | 1,5 |
| Kranhaken für | |
|   große Krane ohne wesentliche dynamische Zusatzkräfte | 1 |
|   kleine Krane für Massengüter mit verhältnismäßig großen dynamischen Zusatzkräften | 1,6 |

## 12.31 Lagerwahl im Hinblick auf die Belastung

Die Höhe der Belastung beeinflußt in erster Linie die zu wählende *Lagergröße*.
Manche Lagerarten sind bei gleichen äußeren Abmessungen höher belastbar als
andere. Vielfach ist jedoch die Lagergröße oder mindestens eine der Hauptabmessungen (Bohrungs-, Manteldurchmesser, Breite) durch die Einbauverhältnisse
festgelegt. Zum Teil, vor allem im Leichtbau, wird auf eine möglichst geringe
Querschnitts*höhe* Wert gelegt. Gedrängte radiale Abmessungen haben vor allem
Zylinderrollenlager der Reihen 9 und 0, Nadellager, Kegelrollenlager der Reihe 320
und Pendelrollenlager der Reihen 230 und 240. Die erforderliche Tragfähigkeit
wird durch eine verhältnismäßig große Breite erzielt. In anderen Anwendungsfällen
sind besonders schmale Lager erwünscht, wofür die schmalen Reihen der Rillenkugellager (Reihe 160) und Zylinderrollenlager (Reihe NU 10) zur Verfügung stehen.
Wenn aus konstruktiven Gründen der Wellendurchmesser und damit der Bohrungsdurchmesser $d$ des Lagers gegeben ist, können mit Hilfe der Diagramme,
Abb. 73 bis 78, die verschiedenen Lagerbauarten und -reihen hinsichtlich ihrer
Tragfähigkeit miteinander verglichen werden. Die Tragzahlen sind bei den Diagrammen auf 1 mm Bohrungsdurchmesser bezogen und durch einen Faktor $c$ divi-
diert, der einem innerhalb gewisser Grenzen variablen Beiwert in der ISO-Berech-

nungsformel für die Tragzahlen proportional ist und unterschiedliche Tragzahlangaben verschiedener Wälzlagerhersteller berücksichtigt. $c$ erhöht sich, wenn auf Grund neuer Erkenntnisse oder Fortschritte die Tragzahlen erhöht werden.

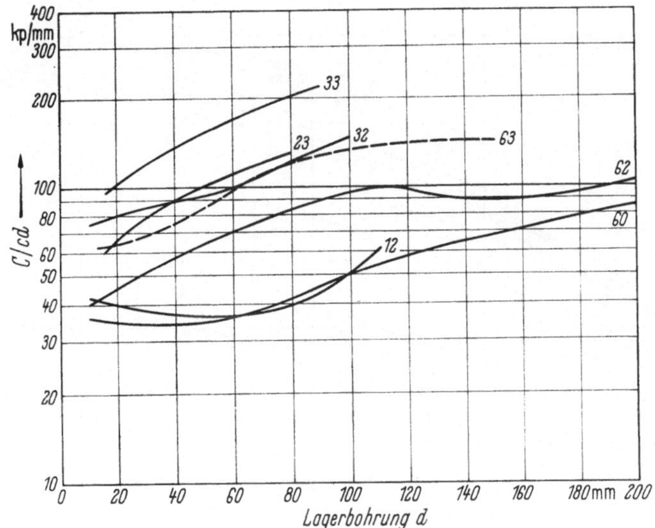


Abb. 73. Dynamische Tragfähigkeit von Kugellagern bei rein radialer Belastung in Abhängigkeit vom Lagerbohrungsdurchmesser

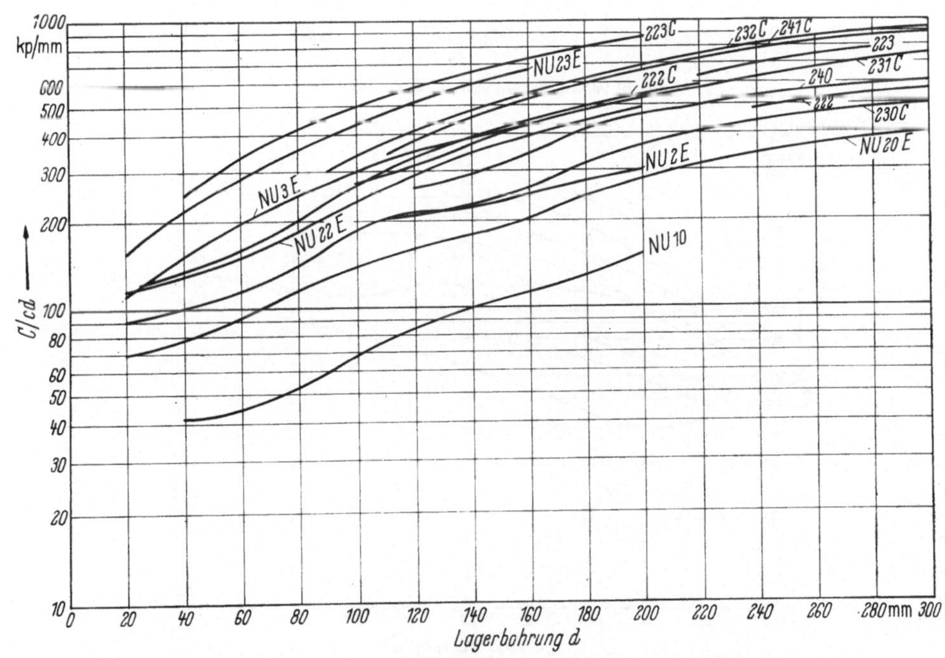


Abb. 74. Dynamische Tragfähigkeit von Rollenlagern bei rein radialer Belastung

Die Diagramme veranschaulichen die Unterschiede zwischen den verschiedenen Lagerarten und -reihen und sollen die Auswahl unter dem Gesichtspunkt der Tragfähigkeit erleichtern. Sie zeigen auch, daß die Tragfähigkeit wesentlich stärker als proportional zum Lagerdurchmesser zunimmt. Die höchste Tragfähigkeit bei gleichem Bohrungsdurchmesser haben nach Abb. 74 Pendelrollenlager und Zylinderrollenlager der neuesten verstärkten Ausführung.

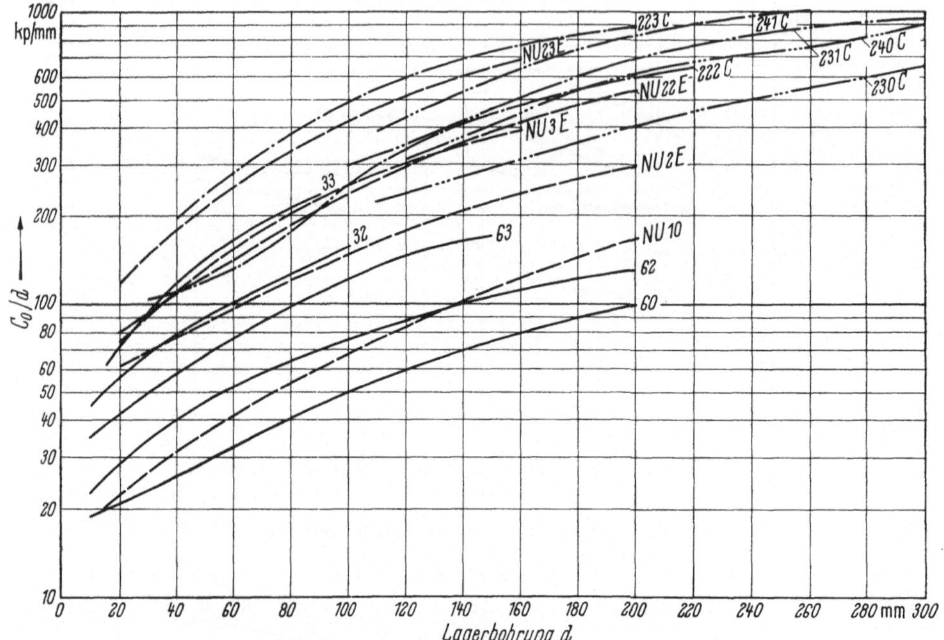


Abb. 75. Statische Tragfähigkeit bei radialer Belastung

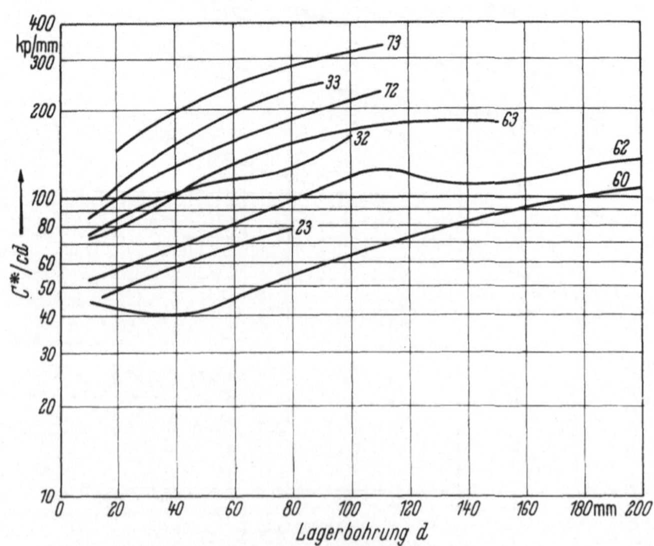


Abb. 76. Dynamische Tragfähigkeit von Kugellagern bei radialer *und* axialer Belastung ($F_a = 1{,}25\,F_r$)

In Abb. 75 sind, ebenfalls auf den Bohrungsdurchmesser bezogen, die statischen Tragzahlen dargestellt. Die Abhängigkeit vom Lagerdurchmesser und die

Relationen zwischen den Lagerarten gleichen denen bei den dynamischen Tragzahlen.

Für Belastungen, die sich aus einer Radialkraft und einer Axialkraft zusammensetzen, ergeben Schräglager den günstigsten Kraftfluß durch das Lager, und zwar um so günstiger, je besser der Druckwinkel zu dem Lastwinkel paßt. Je größer der axiale Belastungsanteil ist, um so günstiger ist ein großer Berührungswinkel. Abb. 76 und 77 zeigen die auf gleiche innere Beanspruchungen und gleiche Lebensdauer bezogene „äquivalente" Tragfähigkeit $C*$ verschiedener Lagerbauarten bei einem bestimmten Verhältnis $F_a/F_r$. Der für die Diagramme gewählte Wert

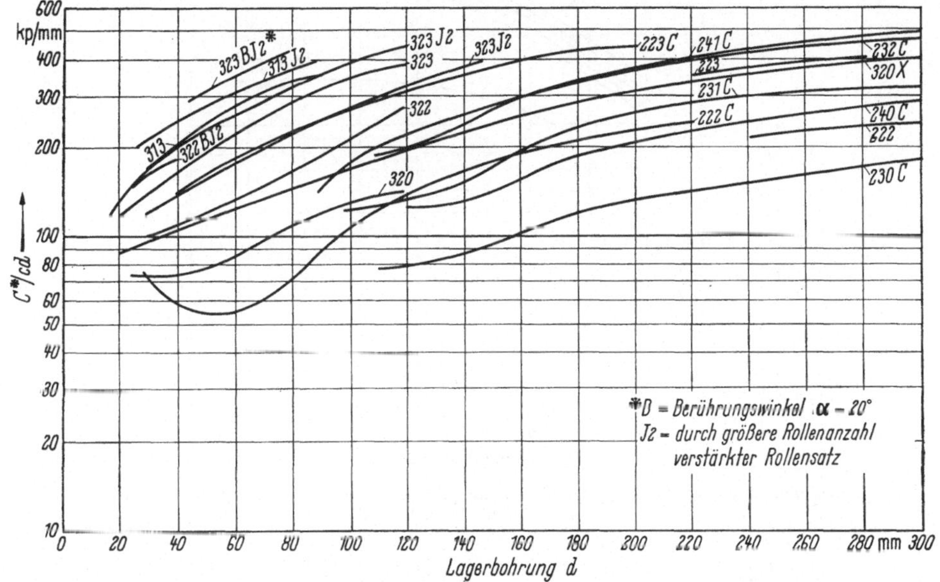


Abb. 77. Dynamische Tragfähigkeit von Rollenlagern bei radialer *und* axialer Belastung ($F_a = 1{,}25\,F_r$)

$F_a/F_r = 1{,}25$ ist verhältnismäßig hoch. Deshalb erscheinen die Lager mit großem Berührungswinkel am günstigsten, und die höchsten Werte von $C*/(cd)$ werden von den Kegelrollenlagern mit mittlerem und steilem Kegelwinkel (Reihen 323 B und 313) erreicht.

Bezüglich der dynamischen Tragzahlen ist ein direkter Vergleich zwischen Kugellagern und Rollenlagern wegen der unterschiedlichen Exponenten $p = 3$ bzw. $p = 10/3$ in der Lebensdauergleichung, s. Abschn. 7.3, Gl. (24), nicht möglich, vielmehr ist der Verhältniswert $C/P$ zu berücksichtigen, wie in Abb. 78 an einem Beispiel gezeigt wird.

Innerhalb ihrer Drehzahlgrenzen eignen sich für *Axial*kräfte mittlerer Größe Axial-Rillenkugellager oder Axial-Schrägkugellager. Auch Radial-Rillenkugellager sind axial belastbar und können insbesondere auch für hohe Drehzahlen eingesetzt werden. Unter der Axiallast entsteht ein Berührungswinkel $> 0°$, so daß das Lager wie ein Schrägkugellager wirkt. Durch erhöhte Radialluft kann die axiale Tragfähigkeit gesteigert werden. Auch andere Radiallagerbauarten (ein- und zweireihige Schrägkugellager, Kegelrollenlager, Pendelrollenlager und Zylinderrollenlager der Bauformen NJ und NUP) können Axialkräfte aufnehmen, hauptsächlich in Verbindung mit Radialkräften. Bei sehr hohen Axialbelastungen und mäßigen Drehzahlen verwendet man vorwiegend Axial-Pendelrollenlager und Axial-Zylinderrollenlager.

Bei anteilmäßig großer Axialbelastung ergibt vielfach eine kombinierte Lagerung (Lagergruppe), bei der die Axiallast getrennt von der Radiallast durch ein Axiallager aufgenommen wird, die günstigste Lösung. Bei hoher Drehzahl tritt an die Stelle eines reinen Axiallagers ein zur Aufnahme von Axialkräften geeignetes Radiallager, z. B. ein Rillenkugellager oder ein zweiseitig wirkendes Schrägkugel-

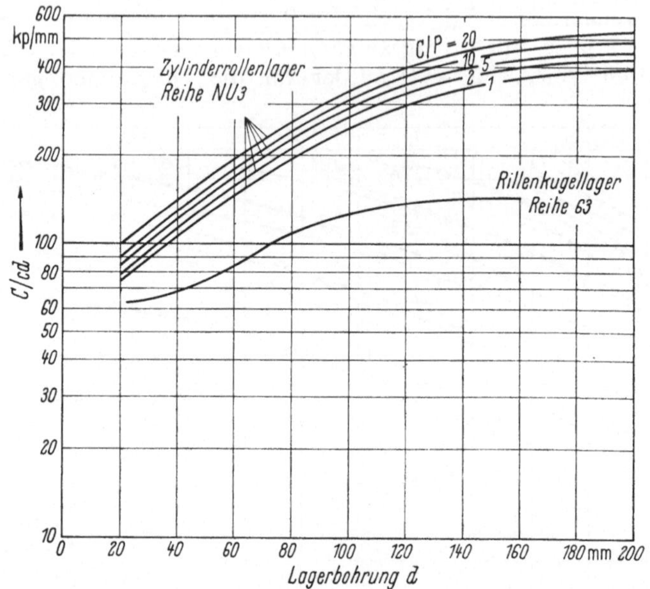


Abb. 78. Vergleich der dynamischen Tragfähigkeit von Kugellagern und Rollenlagern.
Beispiel: Reihe 63 und NU 3

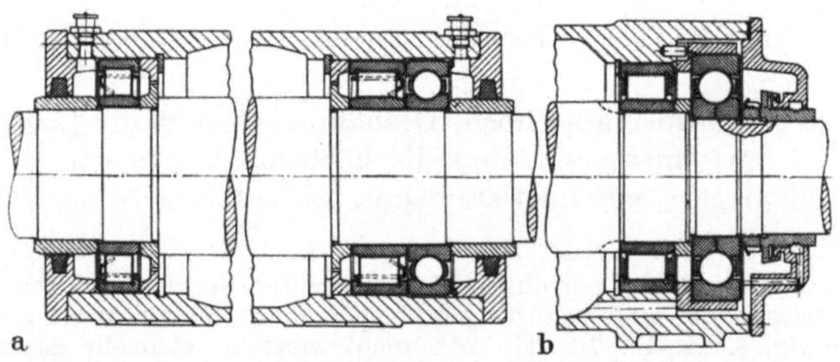


Abb. 79. Lagerung einer Gebläsewelle
a) axiale Führung durch Rillenkugellager, Fettschmierung; b) axiale Führung durch Vierpunktlager, Ölschmierung

lager, Abb. 79. Damit die Lagerung statisch bestimmt ist und das axiale Führungslager wirklich nur Axialkräfte aufnimmt, wird einer der beiden Laufringe mit radialem Spiel eingebaut. Zum einwandfreien Funktionieren dieser Anordnung im Sinne des Konstruktionsprinzips ist ein sorgfältiger Einbau notwendig. Der radial freigelegte Laufring darf seitlich nicht zu fest eingespannt werden. Andererseits muß das Mitlaufen verhindert werden, wozu ein mäßiges seitliches Festspannen, ein radial oder seitlich angedrückter O-Ring, s. Abb. 79a, ein aufgeschrumpfter und gegen Verdrehen gesicherter Ring, Abb. 79b, oder Haltenuten im Außenring mit Stiftsicherung dienen können.

Momente, die von einem einzigen Lager aufgenommen werden sollen, erfordern eine starre Lagerbauart. Hierfür eignen sich insbesondere zweireihige Schrägkugellager sowie gepaarte Schräglager in O-Anordnung.

Ein spezieller Belastungsfall liegt vor, wenn die Lager im Stillstand Erschütterungen ausgesetzt sind. Hierbei besteht die Gefahr der Riffelbildung, wobei Rollenlager empfindlicher sind als Kugellager. Man wählt deshalb in derartigen Fällen nach Möglichkeit Kugellager, die spielfrei oder mit Vorspannung angestellt werden.

### 12.32 Lagerwahl und Gestaltung unter dem Gesichtspunkt der Winkelbeweglichkeit

Eine winkelbewegliche Lagerung ist immer dann notwendig, wenn Schiefstellungen zwischen Innen- und Außenring auftreten, wie in folgenden Fällen:

Fluchtungsfehler,
Wellendurchbiegungen,
Gehäuseverzug.

Mit Fluchtungsfehlern ist vor allem zu rechnen, wenn der Lagerabstand groß ist oder wenn die Lager in getrennten Stehlagergehäusen untergebracht sind, insbesondere wenn die Lagergehäuse auf voneinander unabhängigen Fundamenten oder einer geschweißten Stahlkonstruktion stehen. Das genaue Fluchten ist auch dann nicht gewährleistet, wenn die Bearbeitung der Lagersitzflächen nicht in einer Aufspannung vorgenommen werden kann.

Die Winkelbeweglichkeit kann auf zwei Arten erreicht werden:

a) außerhalb des Lagers durch winkelbewegliche Gehäuse,

b) im Lager selbst durch kugelige Ausbildung der Rollbahnen.

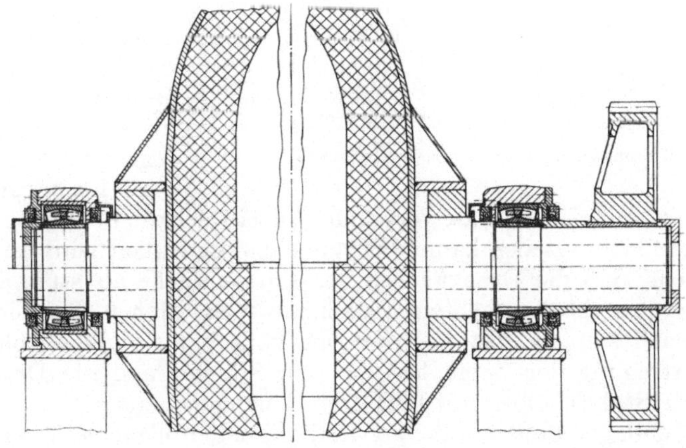

Abb. 80. Konverterlagerung

Ein Beispiel für eine Lagerung, die besonders unempfindlich gegen Schrägstellungen sein muß, ist die Lagerung von Konvertern für Stahlwerke. Hier können größere Schiefstellungen infolge der Schwierigkeiten des Ausrichtens der weit voneinander entfernten Lagergehäuse auftreten. Außerdem muß mit einem ungleichmäßigen Absinken der Fundamente und mit bleibenden Verformungen am Konverter gerechnet werden. Man verwendet deshalb, wie in Abb. 80 gezeigt, Pendelrollenlager in Festlager-Loslager-Anordnung. Zur Verbesserung der ebenfalls wich-

tigen axialen Verschiebbarkeit des Loslager-Außenrings wird dieser nicht unmittelbar in das geteilte Gehäuse gesetzt, sondern entweder in eine einteilige Guß-
eisenbüchse oder in eine gerollte Büchse aus Gleitblech (Stahlrücken mit poröser
Bronzeschicht, Poren mit PTFE + Blei gefüllt und Deckschicht aus dem gleichen Material). Die Lager werden mit Fett geschmiert und mit federbelasteten,
radial selbst nachstellenden Wellendichtungen aus Teflon-Asbest abgedichtet.

Ein winkelbewegliches Gehäuse ist erforderlich, wenn nicht winkelbewegliche Lager verwendet werden. Rillenkugellager, Zylinderrollenlager und Kegelrollenlager lassen nur sehr geringe Schiefstellungen zu.

Für die Walzenlagerungen von Drahtstraßen wählt man wegen der hohen Drehzahlen Zylinderrollenlager. Auch die Belastung kann für die Wahl von Zylinderrollenlagern, die sich vor allem in mehrreihiger Ausführung mit großer Breite sehr tragfähig gestalten lassen, ausschlaggebend sein. Vierreihige Zylinderrollenlager werden im Walzwerksbau für große Block- und Brammengerüste sowie für die Stützwalzen von Quartogerüsten verwendet. Da diese Lager sehr starr sind,

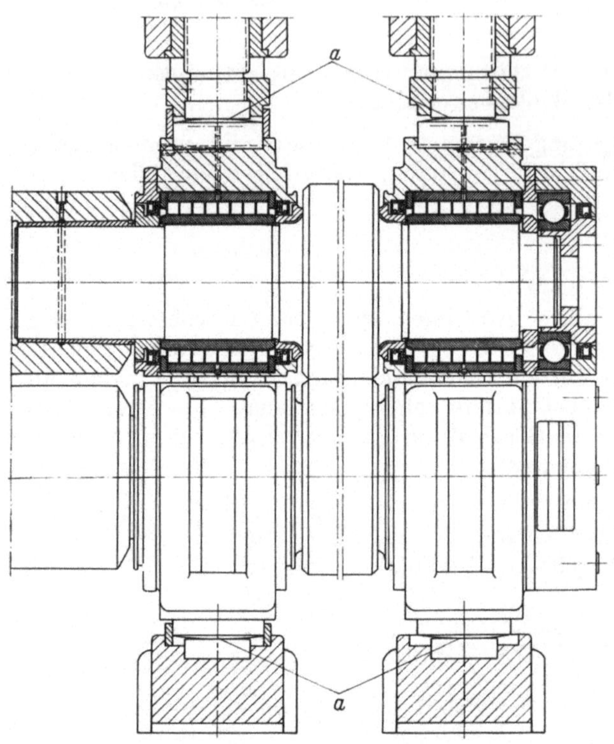


Abb. 81. Walzenlagerung eines Duo-Kaltwalzgerüstes

werden winkelbewegliche Gehäuse verwendet, so daß sich die Belastung gleichmäßig
auf alle Rollenreihen verteilen kann. Die Winkelbeweglichkeit wird bei Walzwerken
dadurch erreicht, daß die Druckflächen der Einbaustücke als stumpfe Schneiden
ausgebildet werden, die im rechten Winkel zur Walze stehen. Bei dem Duo-Kalt-
walz-Gerüst nach Abb. 81 mit mehrreihigen vollrolligen Zylinderrollenlagern erfolgt die Übertragung der Zapfenlast auf den Ständer und die Druckschrauben
durch gehärtete Stahlscheiben mit kugeliger Einstellfläche (a).

Auch die Zweilager-Bauart mit zwei Radial-Pendelrollenlagern, wie sie bei den
UIC-Güterwagen-Achslagern angewendet wird, ist starr, obwohl die Einzellager
einstellbar sind. Die notwendige Einstellbarkeit des Gehäuses wird in diesem Fall
durch die gelenkig ausgebildete Federaufhängung erzielt.

Rillenkugellager mit kugeliger Mantelfläche, Abb. 82, sind um mehrere Winkel-
grade beweglich und können größere Fluchtungsfehler ausgleichen. Sie haben als
Festlager, meist in Verbindung mit nachgiebigen Blechwänden, im Landmaschinenbau größere Verbreitung gefunden, eignen sich aber auch für andere Einbaustellen,
bei denen die Gegenstücke aus Preisgründen keine hohe Präzision aufweisen, wie
z. B. bei Baumaschinen, Textilmaschinen und einfachen Ventilatoren. Die Gehäuse-

sitzfläche muß entsprechend hohlkugelig ausgeführt werden. Die Lager können auch komplett mit Flansch- oder Stehlagergehäusen bezogen werden.

Die Winkelbeweglichkeit dieser Lager ist aber nicht dafür gedacht und geeignet, Taumelbewegungen der Welle aus-zugleichen. Hierfür wählt man Pen-delkugellager, Pendelrollenlager oder Axial-Pendelrollenlager, bei denen sich der Einstellvorgang zwischen den Wälzkörpern und einer Roll-bahn abspielt und die deshalb — bei gleichzeitiger Drehung — laufend Schwenkbewegungen bei sehr ge-ringem Bewegungswiderstand und ohne Verschleiß ausführen können.

Bei Kalanderwalzen treten wegen der großen Walzenlänge und Lager-abstände Schiefstellungen an den Lagern infolge von Fluchtungsfeh-lern und Durchbiegungen auf. Die Walzen werden deshalb mit Pendel-rollenlagern gelagert, Abb. 83.

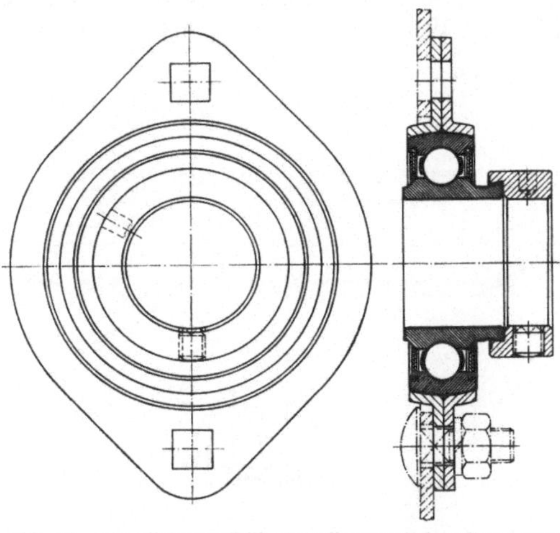

Abb. 82. Abgedichtetes Rillenkugellager mit kugeligem Mantel, exzentrischem Befestigungsring und Blechflanschgehäuse

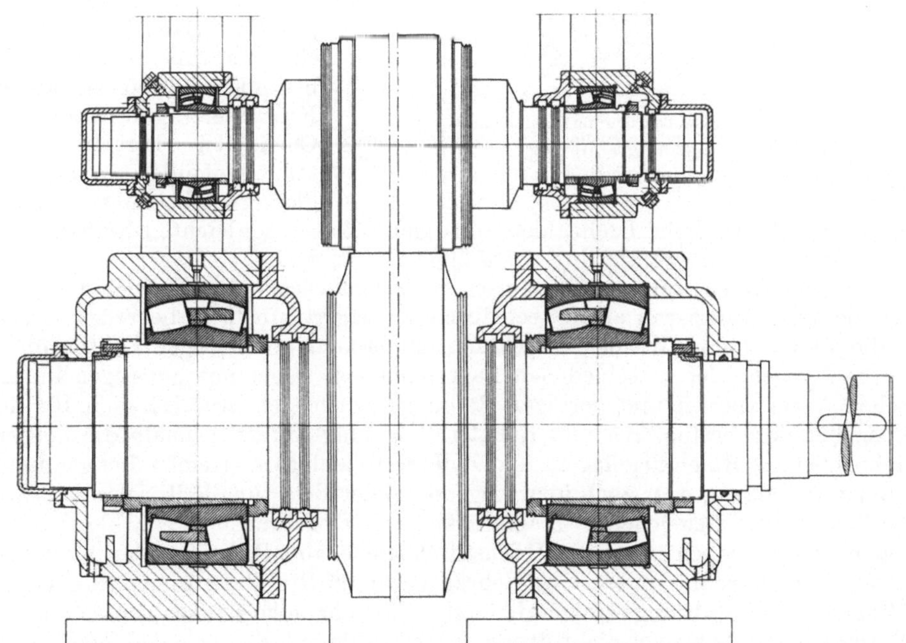

Abb. 83. Kalanderlagerung einer Papiermaschine

Bei Schiffen treten infolge der Verformungen des Schiffskörpers bei Seegang und unterschiedlicher Beladung Durchbiegungen der Welle auf, weil die Lager-fundamente für die Wellenleitung, Abb. 84, mit dem Schiffskörper fest verbunden, meist verschweißt sind und deshalb dessen Verformungen folgen. Dadurch entstehen

Schiefstellungen an den Lagerstellen, weshalb sich auch für diesen Zweck die einstellbaren Pendelrollenlager am besten bewährt haben. Bei dem bereits in Abb. 56 gezeigten Schiffsdrucklager, das zur Aufnahme des Propellerschubs dient und aus einem Axial-Pendelrollenlager und einem Radial-Pendelrollenlager besteht, wird die volle Winkelbeweglichkeit der Lagergruppe mit einem Lagerabstand erzielt, bei dem die Mittelpunkte der sphärischen Laufbahnen im Außenring des Radial-Pendelrollenlagers und in der Gehäusescheibe des Axial-Pendelrollenlagers zusammenfallen.

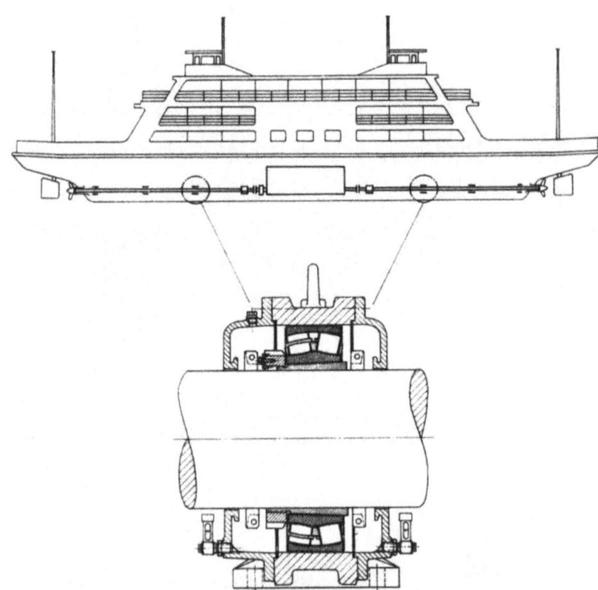

Abb. 84. Schiffswellenlagerung für eine Fähre.
Die Lauflager sind Loslager und tragen die von der Antriebsmaschine zum Propeller führende Welle. Die Welle ist aus Herstellungs- und Montagegründen unterteilt und durch Kupplungen verbunden

## 12.33 Lagerwahl im Hinblick auf die Drehzahl

Die Drehzahlgrenzen der verschiedenen Lagerbauarten sind in Abschn. 11 angegeben. Wegen der kleineren Masse der Wälzkörper lassen die leichten Lagerreihen höhere Drehzahlen zu als die schweren Reihen derselben Bauart. In der Regel sind die äußeren Kräfte, insbesondere soweit sie aus der Kraftübertragung oder von Gewichten herrühren, bei schnellaufenden Maschinen kleiner als bei langsam laufenden, so daß die für hohe Drehzahlen günstigeren Lager der leichten Reihen im allgemeinen auch in bezug auf ihre Tragfähigkeit ausreichen.

Die Drehzahlen werden teils durch die mechanischen Beanspruchungen, insbesondere des Käfigs, vor allem aber durch die Lagertemperatur begrenzt. Deshalb ist die Reibung und Wärmeentwicklung ein besonders wichtiger Faktor für die Drehzahlgrenzen der verschiedenen Lagerbauarten. Lager mit günstigen kinematischen Verhältnissen und geringer Reibung eignen sich grundsätzlich für hohe Drehzahlen am besten. Bei rein radialer Belastung werden deshalb die höchsten Drehzahlen mit Rillenkugellagern und Zylinderrollenlagern erreicht. Bei gemischter radialer und axialer oder auch überwiegend axialer Belastung läßt sich mit Schrägkugellagern eine ausreichende Tragfähigkeit mit einer hohen Drehzahlgrenze verbinden, wobei jedoch nicht die Höchstdrehzahlen von Rillenkugellagern erreicht werden. Die Drehzahlgrenze ist bei Schräglagern auf Grund der kinematischen Verhältnisse vom Berührungswinkel abhängig. Für sehr hohe Drehzahlen soll der Berührungswinkel 20 bis 25° nicht überschreiten, während die normalen Schrägkugellager einen Berührungswinkel von 40° haben. In vielen Fällen lassen sich jedoch Spezial-Schrägkugellager durch Verwendung von Radial-Rillenkugellagern vermeiden, die ebenfalls Axialbelastungen aufnehmen können. Je nach Größe der Axialbelastung muß dafür gesorgt werden, daß die Rillenkugellager im eingebauten und betriebswarmen Zustand noch eine genügend große Radialluft haben, damit sich ein den Belastungsverhältnissen entsprechender günstiger Berührungswinkel ausbilden kann. Die Funktion des Rillenkugellagers entspricht dann derjenigen eines Schrägkugellagers mit kleinem Berührungswinkel.

Bei Pendelkugellagern, Pendelrollenlagern und Kegelrollenlagern ist zu berücksichtigen, daß die kinematischen Verhältnisse bei überwiegender Axialbelastung ungünstig werden und daß deshalb die Drehzahlgrenze von dem Verhältnis Axiallast zu Radiallast abhängt, s. Tab. 20. Auch bei axial belasteten Zylinderrollenlagern besteht eine Abhängigkeit zwischen Axiallast und zulässiger Drehzahl, s. Abschn. 9.

Wenn die *normale* Drehzahlgrenze der betreffenden Lagerbauart nach Abschn. 11 überschritten wird, ist eine geeignete Lager- und insbesondere Käfigausführung festzulegen, s. Abschn. 12.4. Wenn keine Wärmezuführung von außen (Fremderwärmung) erfolgt, ist ein mit der Drehzahl zunehmendes Temperaturgefälle zwischen Welle bzw. Innenring und Gehäuse bzw. Außenring vorhanden. Zum Ausgleich der unterschiedlichen Wärmedehnungen und wegen fester Passungen für beide Laufringe muß deshalb bei schnellaufenden Lagern die Anfangsluft in der Regel größer als normal sein.

### 12.34 Lagerwahl unter dem Gesichtspunkt der genauen und starren Führung

In bestimmten Einbaufällen ist eine besonders genaue, spielfreie oder starre Führung der Welle notwendig. Typische Einbaufälle sind:

Arbeitsspindeln von Werkzeugmaschinen, mit denen eine hohe Oberflächengüte sowie Maß- und Formgenauigkeit am Werkstück erzielt werden soll,

hochtourige Wellen, z. B. für Gasturbinen, Turbo-Verdichter und andere Strömungsmaschinen,

Profilwalzwerke, Walzwerke für Folien, Drahtstraßen,

hochtourige Getriebewellen, insbesondere bei bogenverzahnten Kegelrädern und bei hohen Forderungen an geräuscharmen Lauf.

Die Forderungen, die hierbei an die Lagerung gestellt werden, sind:

genaue Einstellmöglichkeit der Lagerluft und möglichst kleine Lagerluft bzw. Spielfreiheit im Betriebszustand,

geringe Federung,

hohe Laufgenauigkeit,

speziell bei Werkzeugmaschinen geringe Temperaturschwankungen.

Eine radial spielfreie Führung läßt sich mit Radiallagern dadurch erreichen, daß die Anfangsluft und die Passungen so aufeinander abgestimmt werden, daß die Radialluft im eingebauten Zustand verschwindet. Eine gewisse Streuung infolge des Zusammentreffens mehrerer Toleranzen muß jedoch in Kauf genommen werden.

Zylinderrollenlager haben größere Radialluft als Rillenkugellager. Man wählt deshalb für Werkzeugmaschinenspindeln Zylinderrollenlager mit kleinerer Radialluft als normal.

Bei Lagern mit kegeliger Bohrung kann die Radialluft durch axiales Verschieben auf dem Kegel, wobei der Innenring aufgeweitet wird, beliebig reguliert und, falls erwünscht, beseitigt werden.

Eine gleichzeitig radiale und axiale Spielfreiheit läßt sich am einfachsten mit Schräglagern (Schulterkugellager, Schrägkugellager, Kegelrollenlager) erzielen, die beim Einbau axial angestellt werden. Auch Rillenkugellager können in dieser Weise spielfrei gemacht werden. Die Anstellung kann federnd, z. B. durch Tellerfedern, oder durch „starre" Festlegung der Laufringe erfolgen, wobei darauf zu achten ist, daß die seitlichen Anlageflächen, insbesondere auch von Muttern und Scheiben, einen möglichst geringen Axialschlag haben. Die federnde Anstellung hat den Vor-

74      12. Gestaltung der Lagerstellen

teil, daß keine axiale Verspannung der Lagerung beim Einbau oder infolge von Wärmedehnungen im Betrieb auftreten kann.

Eine nur axiale Spielfreiheit, unabhängig vom Radialspiel, läßt sich mit zusätzlich zu den Radiallagern angeordneten Axiallagern erreichen, die spielfrei oder mit Vorspannung angestellt werden. Anstelle von Axiallagern können auch solche

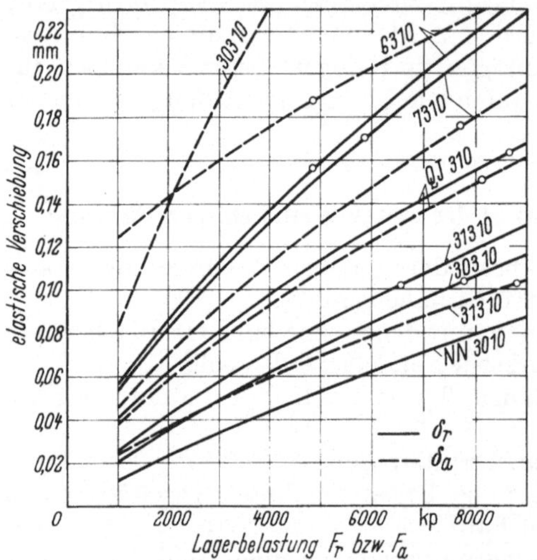



Abb. 85. Vergleich der elastischen Verschiebungen $\delta_r$ in radialer Richtung und $\delta_a$ in axialer Richtung in Abhängigkeit von rein radialen bzw. rein axialen Belastungen bei verschiedenen Lagerbauarten mit demselben Bohrungsdurchmesser von 50 mm

Radiallagerbauarten verwendet werden, die für die axiale Führung geeignet sind und ein geringes Axialspiel haben, wie z. B. zweireihige Schrägkugellager oder gepaarte Schräglager und Rillenkugellager. Dabei wird das axiale Führungslager mit radialem Spiel eines der beiden Rollbahnringe eingebaut, so daß es sich radial frei einstellen kann.

Für Werkzeugmaschinenspindeln verwendet man Lager mit höherer Laufgenauigkeit als normal, wobei die Gegenstücke mit einer entsprechenden Genauigkeit bearbeitet sein müssen. An die Gegenstücke ist die Forderung zu stellen, daß die Formgenauigkeit zwei bis drei Qualitätsstufen der IT-Grundtoleranzen, Tab. 27,

Tabelle 27. ISO-Grundtoleranzen für Längenmaße (Durchmesser, Längen, Breiten)

| Nennmaß über mm | bis mm | IT (Werte in µm) | | | | | | | | | | | | | | | | | | |
|---|---|---|---|---|---|---|---|---|---|---|---|---|---|---|---|---|---|---|---|
| | | 0 | 1 | 2 | 3 | 4 | 5 | 6 | 7 | 8 | 9 | 10 | 11 | 12 | 13 | 14 | 15 | 16 | 17 | 18 |
| 1 | 3 | 0,5 | 0,8 | 1,2 | 2 | 3 | 4 | 6 | 10 | 14 | 25 | 40 | 60 | 100 | 140 | 250 | 400 | 600 | — | — |
| 3 | 6 | 0,6 | 1 | 1,5 | 2,5 | 4 | 5 | 8 | 12 | 18 | 30 | 48 | 75 | 120 | 180 | 300 | 480 | 750 | — | — |
| 6 | 10 | 0,6 | 1 | 1,5 | 2,5 | 4 | 6 | 9 | 15 | 22 | 36 | 58 | 90 | 150 | 220 | 360 | 580 | 900 | 1500 | — |
| 10 | 18 | 0,8 | 1,2 | 2 | 3 | 5 | 8 | 11 | 18 | 27 | 43 | 70 | 110 | 180 | 270 | 430 | 700 | 1100 | 1800 | 2700 |
| 18 | 30 | 1 | 1,5 | 2,5 | 4 | 6 | 9 | 13 | 21 | 33 | 52 | 84 | 130 | 210 | 330 | 520 | 840 | 1300 | 2100 | 3300 |
| 30 | 50 | 1 | 1,5 | 2,5 | 4 | 7 | 11 | 16 | 25 | 39 | 62 | 100 | 160 | 250 | 390 | 620 | 1000 | 1600 | 2500 | 3900 |
| 50 | 80 | 1,2 | 2 | 3 | 5 | 8 | 13 | 19 | 30 | 46 | 74 | 120 | 190 | 300 | 460 | 740 | 1200 | 1900 | 3000 | 4600 |
| 80 | 120 | 1,5 | 2,5 | 4 | 6 | 10 | 15 | 22 | 35 | 54 | 87 | 140 | 220 | 350 | 540 | 870 | 1400 | 2200 | 3500 | 5400 |
| 120 | 180 | 2 | 3,5 | 5 | 8 | 12 | 18 | 25 | 40 | 63 | 100 | 160 | 250 | 400 | 630 | 1000 | 1600 | 2500 | 4000 | 6300 |
| 180 | 250 | 3 | 4,5 | 7 | 10 | 14 | 20 | 29 | 46 | 72 | 115 | 185 | 290 | 460 | 720 | 1150 | 1850 | 2900 | 4600 | 7200 |
| 250 | 315 | 4 | 6 | 8 | 12 | 16 | 23 | 32 | 52 | 81 | 130 | 210 | 320 | 520 | 810 | 1300 | 2100 | 3200 | 5200 | 8100 |
| 315 | 400 | 5 | 7 | 9 | 13 | 18 | 25 | 36 | 57 | 89 | 140 | 230 | 360 | 570 | 890 | 1400 | 2300 | 3600 | 5700 | 8900 |
| 400 | 500 | 6 | 8 | 10 | 15 | 20 | 27 | 40 | 63 | 97 | 155 | 250 | 400 | 630 | 970 | 1550 | 2500 | 4000 | 6300 | 9700 |

höher als die Maßgenauigkeit ist. Außerdem ist darauf zu achten, daß Fluchtungs- und Winkelversatzfehler sowie Planparallelitätsfehler der Anlageflächen für die Rollbahnringe so klein wie möglich gehalten werden.

Für die zweireihigen Zylinderrollenlager der Reihe NN 30 K in Hochgenauigkeitsausführung für Werkzeugmaschinen wird eine Maßgenauigkeit der Gehäusebohrung nach K 6 empfohlen, jedoch muß die Formgenauigkeit innerhalb IT 3 liegen. Die Vorschrift für die Bearbeitung der Gehäusebohrung lautet demnach K 6/IT 3. Für die kegelige Sitzfläche auf der Spindel wird eine Formtoleranz nach IT 2 verlangt.

Die Federung von Wälzlagern ist gering, so daß sie bei den meisten Anwendungsfällen keine Rolle spielt. In bestimmten Fällen sind jedoch die Starrheitsverhältnisse von ausschlaggebender Bedeutung. Lager mit Linienberührung (Zylinderrollenlager, Kegelrollenlager) haben eine geringere Federung als Lager mit Punktberührung (Kugellager). Die Federung kann nach Abschn. 6 berechnet werden. Abb. 85 zeigt vergleichsweise die rechnerisch ermittelten elastischen Verschiebungen für verschiedene *Radial*lager.

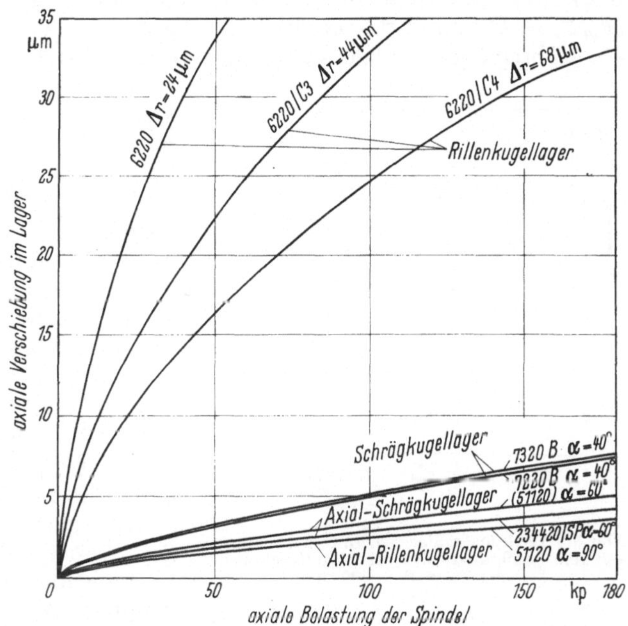


Abb. 86. Axiale elastische Verschiebung bei verschiedenen Lagerbauarten in Abhängigkeit von der Belastung

Die Starrheit einer Lagerung kann durch Vorspannung wesentlich erhöht werden. Wenn eine besonders starre Lagerung in Längsrichtung der Welle verlangt wird und die Drehzahl innerhalb der für diese Lager zulässigen Grenzen liegt, sind Axiallager am geeignetsten. Die Unterschiede der *axialen* Federung verschiedener Lagerbauarten zeigt Abb. 86, aus der auch der Einfluß der Radialluft bei Rillenkugellagern, die zur axialen Führung herangezogen werden, zu ersehen ist. Größere Radialluft führt bei Rillenkugellagern zu einem größeren Berührungswinkel und größerer Starrheit.

Die gesamte Verlagerung der Welle, im besonderen an der maßgebenden Stelle, z. B. bei einer Arbeitsspindel am Werkzeug oder bei einem Getriebe am Zahneingriff, setzt sich aber nicht nur aus der Federung der Lager, sondern auch aus der Nachgiebigkeit der Gegenstücke zusammen. Die Gegenstücke, d. h. die Welle und das Gehäuse, müssen deshalb ebenfalls eine für den betreffenden Zweck ausreichende Starrheit besitzen. Auch ist zu beachten, daß sich die Lagerringe den Sitzflächen weitgehend anpassen. Örtliche Unterbrechungen der Sitzflächen sind zu vermeiden, weil sie die Rundform der Rollbahn verschlechtern und zu Federungen und Schwingungen führen.

Auch bei Hochleistungsgetrieben wird eine spielfreie und starre Lagerung der Wellen verlangt, wenn auch die Ansprüche an die Laufgenauigkeit nicht so hoch sind wie bei Werkzeugmaschinenspindeln. Es kommt vor allem darauf an, daß auch bei hohen zu übertragenden Drehmomenten die Abdrängungen am Zahneingriff in radialer und axialer Richtung möglichst klein sind. Deshalb wählt man für die in dieser Hinsicht besonders empfindlichen spiralverzahnten Kegelradgetriebe Lagerbauarten, die unter den gegebenen Belastungsverhältnissen die größte Starrheit ergeben, und erhöht die Starrheit noch dadurch, daß die Lager vorgespannt werden.

Bei Schräglagern werden die elastischen Verformungen vom Berührungswinkel beeinflußt. Bei den der Abb. 87 zugrunde liegenden Belastungsverhältnissen ($F_a/F_r = 1$) nimmt die axiale Federung mit wachsendem Berührungswinkel stark ab, während die radiale Federung nur wenig zunimmt. Bei dem in Abb. 88 gezeigten Hypoid-Achsgetriebe eines Personenkraftwagens liegt eine hohe Axialkraft am Ritzel vor. Auf Grund der Belastungsverhältnisse sind für die Lagerung der Ritzelwelle Kegelrollenlager mit einem Berührungswinkel von ca. 20° günstig. Dies bezieht sich sowohl auf den Kraftfluß durch das Lager und die damit zusammenhängende dynamische Lebensdauer als auch auf die radiale und axiale Federung sowie die Abstützung und Einspannung des fliegend gelagerten Kegelritzels.

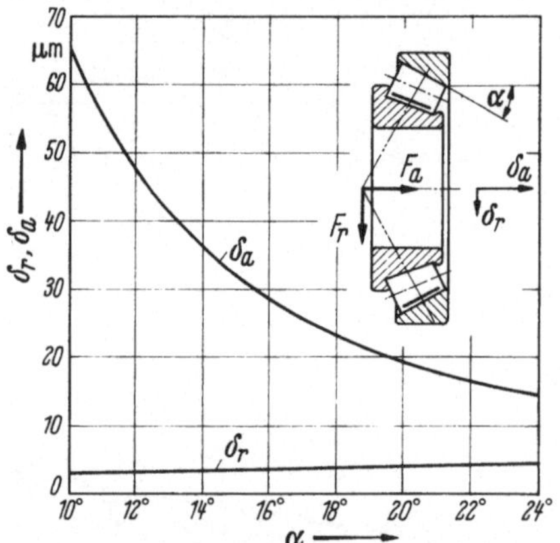



Abb. 87. Axiale und radiale Federung in Abhängigkeit vom Berührungswinkel bei einem Kegelrollenlager, $F_a = F_r = 500$ kg

Der Werkzeugmaschinenbau hat den Begriff der Spindelstarrheit $R_b$ [kp/μm] geprägt. Es handelt sich dabei um die Kraft, die an einer festgelegten Stelle der Spindel (früher in Spindelmitte, neuerdings meist im Lastangriffspunkt am Spindelende) eine Auslenkung von 1 μm hervorruft. Dabei wird ein spielfreier Einbau der Lager vorausgesetzt. Die Starrheit kann bei Schräglagern auch durch die Lageranordnung beeinflußt werden. Die O-Anordnung erhöht die Steifigkeit gegenüber Kippbeanspruchungen. Die Starrheit in axialer Richtung ist um so größer, je größer der Berührungswinkel des Lagers ist. Die Arbeitsspindel nach Abb. 89 ist axial mit einem zweiseitig wirkenden Axial-Schrägkugellager, das einen Berührungswinkel von 60° hat, geführt.

Bei Präzisionswerkzeugmaschinen ist man bestrebt, die Eigenschwingungsfrequenz der Spindel so hoch wie möglich zu legen. Zum Beispiel sind Diamanten als Drehwerkzeug besonders schwingungsempfindlich, und ihre Standzeit hängt in erster Linie vom Schwingungsverhalten der Arbeitsspindel ab. Das Schwingungsverhalten wird durch die Anordnung von zwei Rollenreihen nebeneinander, die um eine halbe Teilung in Umfangsrichtung versetzt sind, Reihen NN 30 und NNU 49, wesentlich verbessert. Mehr als zwei Rollenreihen nebeneinander würden indes bei kegeliger Bohrung zu breit bauen und deshalb unzulässige Unterschiede in der Aufweitung des Innenrings und der Radialluft über die Lagerbreite ergeben.

Die niedrigen Reibungswerte von Kugellagern und Zylinderrollenlagern bedeuten bei Werkzeugmaschinen einen besonderen Vorteil, weil der Spindelkasten keine höhere Temperatur als 50 bis 60 °C annehmen soll, damit Form- und Lageänderungen zwischen den verschiedenen Betriebszuständen so klein wie möglich bleiben und das Schwingungsverhalten der Maschine sich nicht ändert.

Bei hohen Anforderungen an genauen Rundlauf sind feste Passungen notwendig, auf jeden Fall ist Passungsspiel zu vermeiden. Passungsspiel führt zu Lagefehlern und begünstigt die Entstehung von Passungsrost, der die Genauigkeit der Lagerung im Lauf des Betriebs zunehmend verschlechtert. Tab. 28 gibt geeignete Passungen und Tab. 29 Formtoleranzen für Werkzeugmaschinenspindeln an.

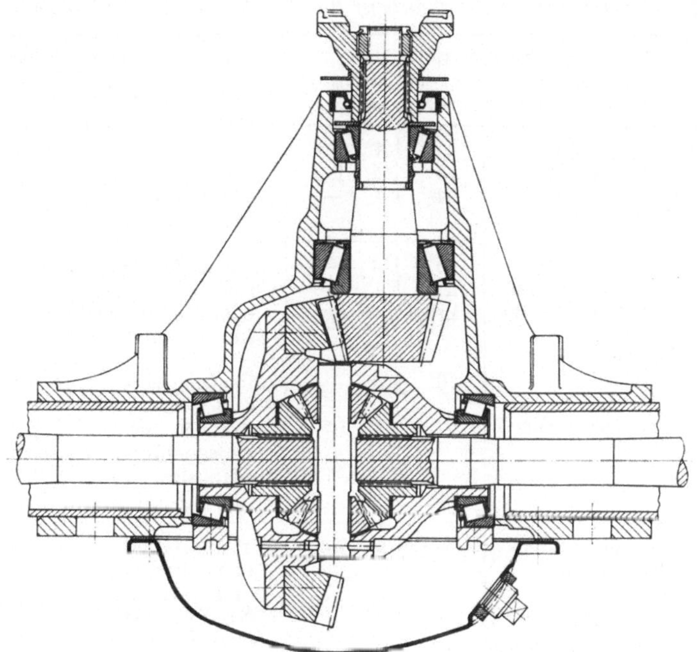

Abb. 88. Hypoid-Hinterachsantrieb für Personenkraftwagen

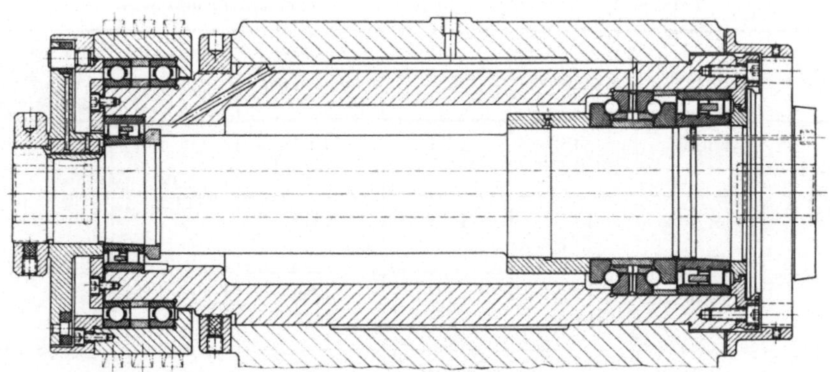

Abb. 89. Werkstückspindellagerung einer Schleifmaschine

Dem Bestreben, feste Passungen zu wählen, trotzdem aber den axialen Wärmedehnungsausgleich zu ermöglichen, entsprechen die in sich axial verschiebbaren Bauarten von Zylinderrollenlagern am besten. Rasch laufende Innenschleifspindeln mit Rillenkugellagern oder Schrägkugellagern erfordern dagegen, daß der Außenring des Loslagers verschiebbar ist. Da sowohl Passungsspiel als auch starke Pressung in der Paßfuge vermieden werden müssen, bleibt bei diesen Lagern nur der Weg, die Toleranzen für Gehäusebohrung und Wälzlager-Außendurchmesser einzuengen.

Tabelle 28. *Einbautoleranzen der Wälzlager für Hauptspindeln von Werkzeugmaschinen*

| | Lagerbauform | Welle (zylindrischer Sitz) | | | | Gehäuse (alle Durchmesser) | | | |
|---|---|---|---|---|---|---|---|---|---|
| | | Wellen-durchmesser | Genauigkeitsklasse P6 | SP P5 | UP | Voraussetzung | Genauigkeitsklasse P6 | SP P5 | UP |
| Radiallager | Rillenkugel-lager | $\leqq$18 (18) bis 100 >100 | h5 j5 k5 | h4 js4 k4 | h3 js3 — | Punktlast für Außenring Umfangslast für Außenring | J6 M6 | Js5 M6 | Js4 M4 |
| | Zylinder-rollenlager | $\leqq$40 (40) bis 140 (140) bis 200 | j5 k5 m5 | js4 k4 m5 | — — — | NormaleBelastungen Große Belastung oder Umfangslast für Außenring | K6 M6 | K5 M5 | K4 M4 |
| | Kegelrollen-lager | $\leqq$40 (40) bis 200 | j6 k6 | j5 k5 | — – | Außenring ver-schiebbar Außenring nicht verschiebbar Umfangslast für Außenring | J6 K6 M6 | Js5 K5 M5 | — — — |
| Axiallager | Axial-Schrägkugel-lager | alle Durch-messer | — | h5 | h4 | Gemeinsamer Ge-häusesitz mit Zy-linderrollenlager NN30K oder NNU49K | K6 | K5 | K4 |
| | Axialkugel-lager | alle Durch-messer | h6 | h5 | — | | H8 | H7 | — |

Tabelle 29. *Formtoleranzen für Werkzeugmaschinenspindeln*

| Toleranz-klasse | Sitzfläche | Maß-genauigkeit | Unrundheit | Zulässige Kegeligkeit bezogen auf Lagerbreite | Seitenschlag der Anlagefläche | Fluchtungs-fehler $\mu$m/300 mm $\leq$80 $\varnothing$   >80 $\varnothing$ |
|---|---|---|---|---|---|---|
| normal und P6 | Welle | IT6 (IT5) | IT4 | $\dfrac{\text{IT4}}{2}$ | IT4 (IT3) | — — |
| | Gehäuse | IT7 (IT6) | IT5 | $\dfrac{\text{IT5}}{2}$ | | |
| P5 | Welle | IT4 (IT5) | IT2 | $\dfrac{\text{IT2}}{2}$ | IT2 | 3 bis 5   5 bis 10 |
| | Gehäuse | IT5 (IT6) | IT3 | $\dfrac{\text{IT3}}{2}$ | | |
| P4 | Welle | IT3 | IT1 (IT0) | $\dfrac{\text{IT1}}{2}$ | IT1 | 2 bis 3   3 bis 5 |
| | Gehäuse | IT4 | IT1 $\left(\dfrac{\text{IT1}}{2}\right)$ | IT1 $\left(\dfrac{\text{IT1}}{2}\right)$ | | |

### 12.35 Lagerwahl mit Rücksicht auf den Ein- und Ausbau

Die Ein- und Ausbaumöglichkeit kann einen ausschlaggebenden Einfluß auf die Lagerwahl haben. Dabei kann es sich um die eigentliche Lagermontage oder um den Ein- und Ausbau anderer Teile oder Baugruppen handeln, wenn dieser von den Lagern beeinflußt wird.

Große Ein- und Ausbaukräfte dürfen nicht über die Wälzkörper geleitet werden, damit nicht bleibende Eindrückungen in den Laufbahnen entstehen. Bei nicht zerlegbaren Lagern ist es zum Teil schwierig, diese Bedingung zu erfüllen, insbesondere wenn die Betriebsbedingungen feste Passungen für beide Laufringe erfordern und keine Möglichkeit besteht, bei der Montage beide Laufringe *gleichzeitig* mit einer geeigneten Vorrichtung auf ihre Sitze zu pressen. In solchen Fällen wird der Ein- und Ausbau durch Verwendung von zerlegbaren Lagern (Schulterkugellager, Zylinderrollenlager, Kegelrollenlager) wesentlich erleichtert. Abb. 90 zeigt die Kurbelwellenlagerung eines kleinen Einzylindermotors mit einem in Längsrichtung geteilten Kurbelgehäuse aus Leichtmetall. Beide Rollbahnringe müssen mit Rücksicht auf die Belastungsverhältnisse und die größere Wärmeausdehnung des Leichtmetalls feste Passungen haben. Man hat deshalb Schulterkugellager gewählt, deren Ringe

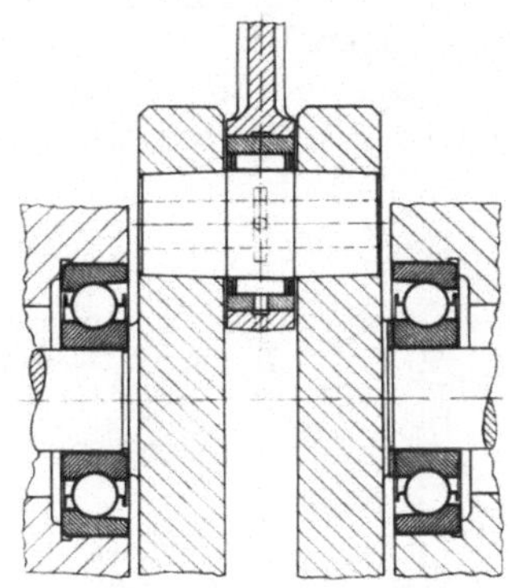

Abb. 90. Kurbelwellenlagerung
eines Mopedmotors

getrennt auf die Welle bzw. in das Gehäuse gepreßt werden. Dann werden die beiden Gehäusehälften axial zusammengeführt und verschraubt.

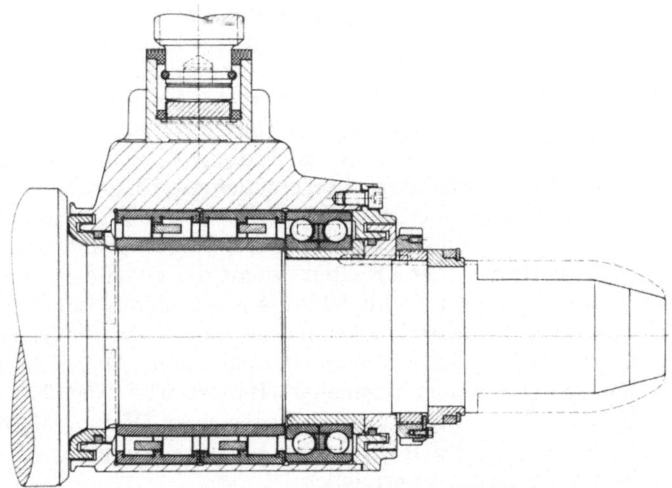

Abb. 91. Walzenlagerung (Festlagerseite) einer Drahtstraße

Ähnliche Probleme liegen bei Maschinen vor, die häufig zerlegt werden müssen. Abb. 91 zeigt die Walzenlagerung einer Drahtstraße. Zum Nacharbeiten der Walzen, das in kurzen Intervallen, unter Umständen täglich, erfolgt, müssen die Walzen ausgebaut werden. Durch Verwendung von Zylinderrollenlagern mit freiem Innenring (Bauart NU) kann das Einbaustück seitlich ausgefahren werden, ohne daß die Lagerringe abgezogen werden. Nach Entfernen des zweiteiligen Stützrings kann das Einbaustück mit dem Außenring und dem Rollensatz des Zylinderrollenlagers über den auf der Welle verbleibenden Innenring geschoben werden. Das Axiallager, in diesem Fall ein zweireihiges Schrägkugellager, und die Dichtung brauchen ebenfalls nicht ausgebaut zu werden.

Bei der Ritzelwellenlagerung nach Abb. 92 wurde ritzelseitig deswegen ein Zylinderrollenlager der Bauart N, also mit freiem Außenring, gewählt, damit die Ritzelwelle außerhalb des Gehäuses zusammengebaut und komplett ein- und ausgebaut werden kann. Mit einem Lager der Bauart NU wäre dies nicht möglich, weil der Durchmesser des Kegelritzels größer als der innere Hüllkreisdurchmesser des Lagers ist.

Lager mit kegeliger Bohrung lassen sich ebenfalls leicht ein- und ausbauen und haben den Vorteil, daß gröbere Durchmessertoleranzen für die Welle zugelassen werden können. Der gewünschte Sitzcharakter wird durch entsprechendes axiales Aufpressen bei der Montage hergestellt. Der feste Sitz kann auch leicht wieder gelöst werden. Bedingung ist bei kegeligen Sitzen, daß die Kegel von Zapfen und Lagerbohrung gut übereinstimmen.

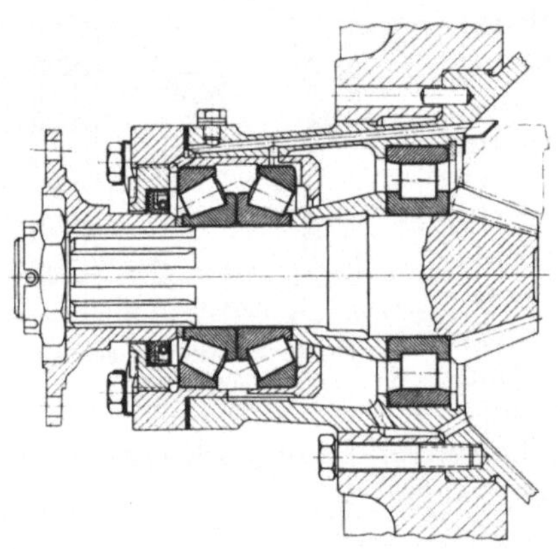

Abb. 92. Ritzelwellenlagerung für den Achsantrieb eines Lastkraftwagens

### 12.36 Lagerwahl unter dem Gesichtspunkt der Schmierung und Wartung

Wenn Ölschmierung vorgesehen ist, kann unter dem Gesichtspunkt der Schmierung und Wartung jede Lagerbauart gewählt werden. Bestimmte Lagerbauarten, vor allem Axial-Pendelrollenlager, stellen jedoch besondere Ansprüche an die Eigenschaften, vor allem an die Zähigkeit des Schmieröls.

Bei Fettschmierung bestehen zwischen den verschiedenen Lagerbauarten größere Unterschiede bezüglich der Nachschmierfrist und der Drehzahlgrenze. Zylinderrollenlager haben kürzere Schmierfristen als Radial-Kugellager. Pendelrollenlager und Kegelrollenlager haben wiederum kürzere Schmierfristen als Zylinderrollenlager. Axial-Pendelrollenlager sollen nach Möglichkeit mit Öl geschmiert werden.

Sehr anspruchslos bezüglich der Schmierung und Wartung sind Rillenkugellager, die auch dann noch betriebssicher arbeiten, wenn die zugeführte Schmiermittelmenge sehr klein ist oder wenn nur mit Öldunst geschmiert wird. Rillenkugellager werden deshalb u. a. für Lagerstellen bevorzugt, bei denen die Nachschmierung schwierig ist oder nur selten durchgeführt werden kann. Abgedichtete und vom Hersteller mit Fett gefüllte Rillenkugellager (Bauart 2RS und 2Z) ermöglichen auf besonders einfache Weise wartungsfreie Lagerungen. Voraussetzung ist lediglich, daß die Schmierfrist unter den gegebenen Betriebsbedingungen ausreicht, um die gewünschte Gebrauchsdauer zu erreichen.

Kegelrollenlager, Pendelrollenlager, axial belastete Zylinderrollenlager und Axial-Pendelrollenlager verlangen eine gute Schmierung und regelmäßige Wartung.

## 12.4 Lagerausführung

Eine von der normalen abweichende Lagerausführung ist nur erforderlich, wenn außergewöhnliche Betriebsbedingungen vorliegen oder wenn von der Lagerung spezielle Eigenschaften verlangt werden.

Normale Lager mit Normaltoleranz und Normalluft werden durch das Lagerkurzzeichen allein, d. h. ohne Zusatz, (z. B. 6208) bezeichnet. Abweichungen von der Normalausführung werden durch Zusatzzeichen zum Lagerkurzzeichen gekennzeichnet und betreffen hauptsächlich folgende Einzelheiten der Ausführung:

Lagerluft,
Käfigbauart,
Maß-, Form- und Laufgenauigkeit,
Wärmebehandlung,
Geräuschverhalten,
Paarung.

Die häufigste Variante ist die Lagerluft, die sich nach den Passungen und den Betriebsbedingungen richtet, s. Abschn. 4.

Die verschiedenen Käfigbauarten unterscheiden sich hinsichtlich der Herstellungsart, der Festigkeit und der Art der Zentrierung. Bei schwierigen Betriebsbedingungen, vor allem bei hohen Drehzahlen, starken Drehzahlschwankungen, Schwingungen oder Erschütterungen, aber auch bei hoher Axialbelastung von Radiallagern oder mangelhafter Schmierung, genügt vielfach der normale Blechkäfig nicht mehr und muß durch einen Massivkäfig ersetzt werden. Die Zusatzzeichen für Massivkäfige, die an das Lagerkurzzeichen angehängt werden, sind nach DIN 623 genormt. Sie bezeichnen den Werkstoff und die Art der Zentrierung. M, F, L, T und TN bedeuten wälzkörpergeführte Massivkäfige aus Messing, Eisen, Leichtmetall, Kunststoff mit Gewebeeinlage und Polyamid. Die Art der Käfigführung und sonstige Kennzeichnung der Käfigbauart wird durch einen weiteren Buchstaben bezeichnet. Hierbei bedeutet A und B Führung im Außenring bzw. auf dem Innenring, P einen einteiligen Fensterkäfig und H einen Schnappkäfig. Zum Beispiel bedeutet 6208 MA ein Rillenkugellager mit einem auf den Schultern des Außenrings geführten Messingmassivkäfig. Zum Teil, vor allem bei größeren Lagern, gehört der Massivkäfig zur Normalausrüstung, weil die Fertigung eines Massivkäfigs bei kleinen Stückzahlen wirtschaftlicher ist als diejenige eines Blechkäfigs, der auf Grund seiner Herstellung bestimmte Mindeststückzahlen voraussetzt. Andererseits ist zu beachten, daß die Konstruktion und Festigkeit der Blechkäfige je nach Lagerbauart verschieden ist. So haben z. B. die Blechkäfige von Kegelrollenlagern infolge ihrer günstigen Form eine praktisch für alle Beanspruchungen — innerhalb der in Abschn. 11 und Tab. 20 angegebenen Drehzahlgrenzen — ausreichende Festigkeit.

Für Lagerungen, von denen eine besonders hohe Führungsgenauigkeit verlangt wird, wie z. B. für Werkzeugmaschinenspindeln, sind Lager mit erhöhter Maß-, Form- und Laufgenauigkeit erforderlich. Die Kennzeichnung erfolgt nach Abschnitt 3.22 durch Anhängen der Zusatzzeichen P6, P5 und P4 (z. B. 6208/P5). Wird gleichzeitig eine von der Normalluft abweichende Luft verlangt, so werden die Zusatzzeichen zusammengezogen, Tab. 30.

Die Wärmebehandlung normaler Lager wird so durchgeführt, daß bis zu einer Dauer-Betriebstemperatur von 100 °C bei Kugellagern und 150 °C bei Rollenlagern keine unzulässigen Maßänderungen eintreten. Bei höheren Temperaturen ist eine besondere Wärmebehandlung, die auch als Maßstabilisierung oder künstliche Alterung bezeichnet wird, erforderlich. Je nach der Höhe der Betriebstemperatur wird die Maßstabilisierung verschieden durchgeführt. Sie hat einen Härteabfall und eine Verminderung der Tragfähigkeit zur Folge, weshalb man zweckmäßigerweise nicht über die für die tatsächlich auftretende Betriebstemperatur ausreichende Stabilisierungsstufe hinausgeht. Dies setzt voraus, daß die Betriebstemperatur so genau wie möglich erfaßt wird. Dabei ist zu beachten, daß die Lagertemperatur im allgemeinen über der Öltemperatur im Ölsumpf bzw. über der Ölzuflußtemperatur liegt.

Die Zusatzzeichen für maßstabilisierte Lager sind in Tab. 31 angegeben.

Tabelle 30. *Zusatzzeichen für erhöhte Genauigkeit und von der Normalluft abweichende Lagerluft*

| Luftgruppe | Genauigkeitsklasse | | |
|---|---|---|---|
| | P 6 | P 5 | P 4 |
| C 1 | P 61 | P 51 | P 41 |
| C 2 | P 62 | P 52 | P 42 |
| normal | P 6 | P 5 | P 4 |
| C 3 | P 63 | P 53 | P 43 |

Tabelle 31. *Zusatzzeichen für maßstabilisierte Lager [1]*

| Höchste Dauertemperatur im Betrieb in °C | Zusatzzeichen |
|---|---|
| 150 | S 0 |
| 200 | S 1 |
| 250 | S 2 |
| 300 | S 3 |

[1] *Anmerkung:* Zum Teil werden die Rollbahnringe von Radial- und Axial-Rollenlagern, insbesondere solchen großer Abmessungen, in der Normalausführung bereits so wärmebehandelt, daß sie bis zu einer Betriebstemperatur von 150°C maßstabil sind. Hier braucht deshalb das Zusatzzeichen S0 nicht angegeben zu werden.

Für Lager, an die erhöhte Forderungen bezüglich geräuscharmen Laufs gestellt werden, es handelt sich vorwiegend um Rillenkugellager, verwenden die einzelnen Wälzlagerhersteller verschiedene Zusatzbezeichnungen.

Werden zwei Radial-Zylinderrollenlager gleicher Art und Größe dicht nebeneinander eingebaut, so müssen sie im eingebauten Zustand möglichst gleiche Radialluft haben, damit sie die Belastung gleichmäßig aufnehmen. Hierzu werden paarweise zusammengesuchte Lager verwendet, die möglichst gleiche Istmaße von Bohrung, Manteldurchmesser und Radialluft haben. Lager, die ohne den „freien" Rollbahnring eingebaut werden (RNU, RN), werden auf möglichst gleiche Hüllkreisdurchmesser gepaart. Die Kennzeichnung dieser und anderer Paarungen, z. B. von Rillenkugellagern und Schrägkugellagern mit bestimmter Anordnung oder Axialluft, erfolgt nach Werksvorschriften der Hersteller.

Sonderausführungen bedingen zum Teil erhebliche Preiszuschläge und sollten schon aus diesem Grund auf Anwendungsfälle beschränkt werden, für die keine Lösung mit normalen Lagern möglich ist.

## 12.5 Befestigung der Laufringe

Es ist zwischen der radialen und axialen Befestigung der Laufringe auf der Welle bzw. im Gehäuse zu unterscheiden. Von Ausnahmefällen abgesehen, ist vor allem zu verhindern, daß die Rollbahnringe in Umfangsrichtung wandern oder sich mitdrehen.

### 12.51 Radiale Befestigung

Die radiale Befestigung des Innenrings auf der Welle bzw. des Außenrings im Gehäuse erfolgt durch zweckmäßige Wahl der Passungen. Das Wandern von Ringen mit Umfangslast kann auf die Dauer nur durch eine feste Passung, jedoch nicht durch seitliches Festspannen verhindert werden. Eine feste Passung hat neben der sicheren Befestigung den Vorteil, daß die verhältnismäßig dünnwandigen Rollbahnringe auf ihrem ganzen Umfang unterstützt werden, was eine wesentliche Voraussetzung dafür ist, daß die Tragfähigkeit und Lebensdauer der Lager voll ausgenützt werden kann. Mit Rücksicht auf den einfachen Ein- und Ausbau sowie auf die Verschiebbarkeit bei Loslagern können jedoch nicht in allen Fällen feste Passungen angewendet werden.

**12.511 Befestigung von Lagern mit zylindrischer Bohrung.** Bei der Wahl der Passungen sind die Einbau- und Betriebsverhältnisse zu beachten, hauptsächlich

> Umlaufverhältnisse,
> Art und Größe der Belastung,
> Werkstoff und Gestalt der Gegenstücke, Oberflächengüte der Sitzflächen,
> Temperaturverhältnisse,
> Anforderungen an die Laufgenauigkeit der Lagerung,
> Ein- und Ausbau,
> Verschiebbarkeit des Loslagers.

Der Lagerring, der im Verhältnis zur Richtung der Radialbelastung umläuft (Umfangslast), hat die Tendenz, in Umfangsrichtung zu wandern, wenn Passungsspiel vorhanden ist. Man kann einen lose sitzenden Innenring mit einem auf einer umlaufenden Welle hängenden Schmierring vergleichen, dessen Eigengewicht eine Kraft mit unveränderlicher Richtung darstellt und der sich auf der Welle so abwälzt, daß die Umfangsgeschwindigkeiten eines Punktes der Bohrung und der Welle gleich sind. Da der Bohrungsdurchmesser eines Innenringes bei Passungsspiel größer ist als der Wellendurchmesser, hat der Ring eine geringere Drehzahl als die Welle. Die Relativbewegung ist um so schneller, je größer das Passungsspiel ist. Der Abwälzbewegung sind Mikrogleitbewegungen überlagert, die zu Verschleiß und Passungsrost führen.

Damit das Wandern vermieden wird, darf der Lagerring bei Umfangslast kein Passungsspiel haben, wobei der *Betriebs*zustand maßgebend ist.

Bei reiner Punktlast besteht keine Tendenz zum Wandern, weshalb, abgesehen von den Nachteilen, die ein Passungsspiel auf die Beanspruchungen und die Genauigkeit hat, eine lose Passung zulässig ist. Von der Möglichkeit einer losen Passung bei Punktlast wird vor allem Gebrauch gemacht, wenn ein leichter Ein- und Ausbau oder bei Loslagern die axiale Verschiebbarkeit eines Lagerrings erreicht werden soll. Auch bei geteilten Gehäusen, bei denen die Gefahr besteht, daß der Außenring bei fester Passung unrund gedrückt wird, ist eine lose Passung oder eine Übergangspassung, z. B. das Toleranzfeld H oder J bei Stahl- und Gußgehäusen und K bei Leichtmetallgehäusen, angebracht.

Wenn jedoch keine derartigen Gründe für eine lose Passung vorliegen, ist eine feste Passung, auch bei Punktlast, im Hinblick auf die gute Unterstützung des Laufrings und die Beanspruchungen vorzuziehen.

Wenn beide Rollbahnringe umlaufen oder wenn die Lastrichtung bezüglich beider Ringe schwankt, sei es durch veränderliche äußere Belastungen, Erschütterungen oder infolge von Unwuchten bei schnellaufenden Maschinen, *müssen* beide Laufringe feste Passungen haben. Diese Fälle werden unter „unbestimmte Lastrichtung" zusammengefaßt. Dabei erhalten die Innenringe die für Umfangslast empfohlene Passung. Eine etwas weniger feste Passung als für Umfangslast kann für den Außenring vorgesehen werden, wenn dieser im Gehäuse axial verschiebbar sein soll und die Belastung nicht groß ist, weil die Sitzfläche des Außenrings größer ist als diejenige des Innenrings.

Je größer und stoßartiger die Belastung ist, um so fester muß bei Umfangslast die Passung sein, weil der Innenring in Umfangsrichtung gedehnt wird und die Passung demzufolge loser wird als ohne Last.

Die Verminderung des Passungsübermaßes durch die Belastung beträgt ungefähr

$$\Delta d_F = 0{,}25 \sqrt{\frac{d}{B}\, F_r} \quad [\mu\mathrm{m}]. \tag{80}$$

Hierbei ist

$d$    Bohrungsdurchmesser des Innenrings in mm,
$B$    Breite des Lagerrings in mm,
$F_r$   Radialbelastung in kp.

Auch eine Temperatursteigerung im Betrieb wirkt beim Innenring gewöhnlich im Sinne einer Verminderung der Pressung in der Paßfuge.

Je nach Härte und Oberflächengüte können beim Zusammenbau die Paßflächen mehr oder weniger große Veränderungen durch plastische Verformungen erfahren, die den Sitzcharakter beeinflussen. Dabei spielt auch eine Rolle, in welcher Weise montiert wird. Beim Kaltaufpressen ist die Glättung größer, als wenn der Innenring warm aufgesetzt oder das Gehäuse vor dem Einführen des Außenrings erwärmt wird. Bei Leichtmetallgehäusen empfiehlt es sich, entweder Stahlbüchsen vorzusehen oder die Sitzflächen zu verdichten.

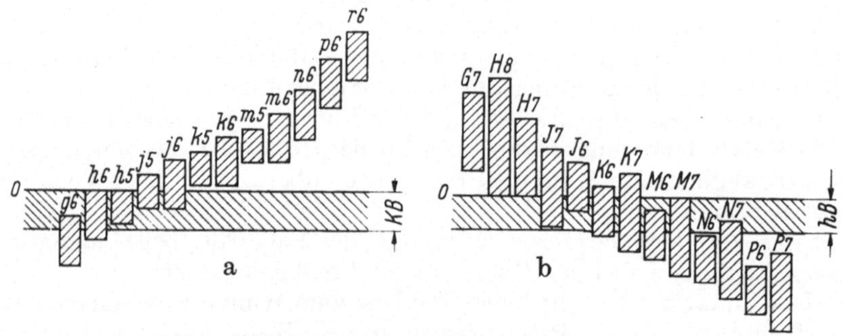


Abb. 93. Lage der ISA-Toleranzen im Vergleich zur Bohrungstoleranz KB und Manteltoleranz hB der Wälzlager
a) Wellentoleranzen; b) Gehäusetoleranzen

Die Durchmessertoleranzen der Wälzlager sind genormt, s. Abschn. 3.21. Die gewünschte Passung wird durch entsprechende Tolerierung der Gegenstücke erreicht. Hierfür benutzt man am besten die internationalen ISO-Toleranzfelder. Von diesen kommt für die Passung der Wälzlager eine beschränkte Auswahl in Betracht, deren Lage im Vergleich zu den Maßtoleranzen KB und hB der Wälzlager in Abb. 93 dargestellt ist.

Für die Innenringe ergibt das Toleranzfeld g6 eine lose Passung. h6, j5, j6, k5, k6 usw. ergeben in dieser Reihenfolge zunehmend festere Passungen. Für die Außenringe ergeben die Toleranzfelder G6, G7, H6 und H7 lose Passungen; J6, J7, K6 gelten als Übergangspassungen, während M6, N6, N7 überwiegend feste und P6, P7 usw. feste Passungen ergeben.

Das größte zulässige Übermaß der Welle ist begrenzt und richtet sich nach der Lagerart und -größe. Für ganz kleine Kugellager geht man über das Toleranzfeld j5 nicht hinaus. Die Toleranzfelder n6, p6 oder r6 sind nur für große Rollenlager zulässig.

Durch die Summierung der Durchmessertoleranzen können sich zwischen den Grenzfällen des Passungsübermaßes größere Unterschiede des Sitzcharakters ergeben. Die Wahrscheinlichkeit des Zusammentreffens der Grenzmaße ist jedoch gering, so daß für die Beurteilung des Sitzcharakters mit einem Passungsübermaß im Bereich der größten Häufigkeit gerechnet werden kann. Unter der Voraussetzung, daß bei der Fertigung die Gutseiten angestrebt werden, liegt dieses von der Gutseite um etwa ein Drittel der Toleranz entfernt.

Tab. 32 und 33 enthalten allgemeine Empfehlungen für die Wahl der Wellen- und Gehäusetoleranzen. Auf einigen Anwendungsgebieten können auf Grund der praktischen Erfahrungen hiervon mehr oder weniger abweichende Passungen zweckmäßig sein. So sind bei hohen Stoßbelastungen festere Passungen und bei genauen Lagerungen eine höhere Qualität, z. B. m5 anstelle von m6 oder K6 anstelle von K7, erforderlich.

Teilweise kommt es auf eine hohe Formgenauigkeit an. Diese wird durch Hinzufügen einer entsprechenden IT-Grundtoleranz, s. Abschn. 12.34, Tab. 27, festgelegt.

**12.512 Befestigung von Lagern mit kegeliger Bohrung.** Für die Passung des Außenrings im Gehäuse gilt dasselbe wie für Lager mit zylindrischer Bohrung.

Die radiale Befestigung des Innenrings erfolgt dadurch, daß der Ring entweder unmittelbar auf einem kegeligen Zapfen oder mittels einer kegeligen Hülse auf einer zylindrischen Welle befestigt wird. Die Passung wird durch mehr oder weniger weites Auftreiben auf den Kegel bestimmt. Hierbei wird in der Regel keine Rücksicht darauf genommen, ob Punktlast oder Umfangslast für den Innenring vorliegt.

Die unmittelbare Befestigung auf einem kegeligen Zapfen ist bezüglich der Wellenbeanspruchung günstiger, weil der Zapfendurchmesser größer ist als bei Verwendung einer Spann- oder Abziehhülse. Gleichzeitig entfällt die Minderung der Laufgenauigkeit des eingebauten Lagers, die durch die Hülse verursacht werden kann. Die genaue Fertigung des kegeligen Zapfens ist jedoch schwierig, weil die Kegeligkeit von Sitzfläche und Lagerbohrung gut übereinstimmen muß.

Bei Verwendung von Spann- oder Abziehhülsen können größere Durchmessertoleranzen für die Welle zugelassen werden. Im allgemeinen wird für alle Größen die Wellentoleranz h9 verwendet. Die Formtoleranzen sind jedoch enger zu halten, weil Ungenauigkeiten in der geometrischen Form von den Hülsen nicht ausgeglichen werden. Die Unrundheit und Kegeligkeit werden deshalb auf mindestens die Hälfte der Maßtoleranz eingeschränkt, was etwa den Grundtoleranzen IT5 bis IT7 entspricht. Die Schreibweise für eine derartige Tolerierung eines Wellensitzes lautet z. B. h9/IT5.

Selbst bei einer solchen Einengung der Formtoleranzen muß bei Verwendung von Hülsen noch damit gerechnet werden, daß sich die Laufgenauigkeit verschlechtert und nicht ebenso hohe Drehzahlen wie mit Lagern mit zylindrischer Bohrung erreicht werden, weil sich die Ungenauigkeiten von Welle, Hülse und Lagerbohrung summieren können.

Bei der Montage von Pendelrollenlagern und Zylinderrollenlagern mit kegeliger Bohrung wird anhand der Luftverminderung festgestellt, wann die richtige Passung erreicht ist. Tab. 42 (s. Abschn. 15.3) enthält Angaben für Pendelrollenlager über die Verminderung der Lagerluft und den entsprechenden axialen Verschiebeweg sowie die kleinste Lagerluft, die nach dem Einbau verbleiben soll.

**12.513 Befestigung der Außenringe in Büchsen.** Die Befestigung des Außenrings in einer Büchse kann vorteilhaft sein

  bei geteilten Gehäusen,
  bei Leichtmetallgehäusen,
  aus Montagegründen,
  zur besseren axialen Verschiebbarkeit.

Bei geteilten Gehäusen hat die Büchse vor allem den Zweck, ein Unrunddrücken des Außenrings zu verhindern. Deshalb erhält die Büchse gegenüber dem Gehäuse

Tabelle 32. *Wahl des Toleranzfeldes für den Wellensitz*

Wellen für Radiallager

Gilt für Vollwellen aus Stahl

| Anforderungen | Beispiele | Wellendurchmesser in mm | | | Toleranzfeld | Anmerkungen |
|---|---|---|---|---|---|---|
| | | Kugellager | Zylinderrollenlager, Kegelrollenlager | Pendelrollenlager | | |
| **Lager mit zylindrischer Bohrung** | | | | | | |
| **Punktlast für Innenring** | | | | | | |
| Leichte Verschiebbarkeit des Innenrings erforderlich | Räder auf stillstehender Achse (Losräder) | Alle Durchmesser | | | g 6 | |
| Leichte Verschiebbarkeit des Innenrings nicht erforderlich | Spannrollen, Seilrollen | Alle Durchmesser | | | h 6 | |
| **Innenring oder unbestimmte Lastrichtung** | | | | | | |
| Kleine und veränderliche Belastungen | Elektrische Geräte, Werkzeugmaschinen, Pumpen, Gebläse, Förderwagen | $\leqq 18$ | — | — | h 5 | Unter kleinen Belastungen werden solche verstanden, die in der Regel nicht größer als 7% der Tragzahl $C$ sind. Bei sehr genauen Einbauten soll man j 5, k 5, m 5 statt j 6, k 6, m 6 verwenden. |
| | | (18) bis 100 | $\leqq 40$ | $\leqq 40$ | j 6 | |
| | | (100) bis 200 | (40) bis 140 | (40) bis 100 | k 6 | |
| | | — | (140) bis 200 | (100) bis 200 | m 6 | |
| Normale und große Belastungen | Allgemeiner Maschinenbau, Elektrische Maschinen, Turbinen, Pumpen, Verbrennungsmotoren, Zahnradgetriebe, Holzbearbeitungsmaschinen | $\leqq 18$ | — | — | j 5 | Für Kegelrollenlager kann man in der Regel k 6 und m 6 statt k 5 und m 5 verwenden, da die Rücksichtnahme auf die Verminderung der Lagerluft wegfällt. |
| | | (18) bis 100 | $\leqq 40$ | $\leqq 40$ | k 5 | |
| | | (100) bis 140 | (40) bis 100 | (40) bis 65 | m 5 | |
| | | (140) bis 200 | (100) bis 140 | (65) bis 100 | m 6 | |
| | | (200) bis 280 | (140) bis 200 | (100) bis 140 | n 6 | |
| | | — | (200) bis 400 | (140) bis 280 | p 6 | |
| | | — | — | (280) bis 500 | r 6 | |
| | | — | — | $> 500$ | r 7 | |

| Umfangslast für | Große Belastungen und Stoß-belastungen bei schweren Betriebsverhältnissen | Achslager für Lokomotiven und andere schwere Schienenfahrzeuge, Fahrmotoren | -- | (50) bis 140 | (50) bis 100 | n 6 | Es sind Lager mit größerer Lagerluft zu verwenden. |
|---|---|---|---|---|---|---|---|
| | | | — | (140) bis 200 | (100) bis 140 | p 6 | |
| | | | — | — | (140) bis 200 | r 6 | |
| | | | — | — | (200) bis 500 | r 7 | |
| Reine Axialbelastungen | | Lagerungen aller Art | Alle Durchmesser | | | j 6 | |

Lager mit kegeliger Bohrung und kegeliger Hülse

| Beliebige Belastungen | Allgemeiner Maschinenbau, Achslager für Schienenfahrzeuge | Alle Durchmesser | h 9/IT 5 | Die Zeichen IT 5 und IT 7 nach dem Toleranzfeld bedeuten, daß die Abweichungen der Welle von der genauen geometrischen Form, z. B. ihre Unrundheit und Kegeligkeit, die Toleranzen der fünften bzw. siebenten Qualität nicht überschreiten dürfen. |
|---|---|---|---|---|
| | Einfache Betriebsverhältnisse, z. B. Transmissionswellen | Alle Durchmesser | h 10/IT 7 | |

Wellen für Axiallager

| Anforderungen | | Wellendurchmesser in mm | Toleranzfeld |
|---|---|---|---|
| Reine Axialbelastungen | | Alle Durchmesser | j 6 |
| Zusammengesetzte axiale und radiale Belastung für Axial-Pendelrollenlager | Punktlast für Wellenscheibe | Alle Durchmesser | j 6 |
| | Umfangslast für Wellenscheibe oder unbestimmte Lastrichtung | ≦ 200 | k 6 |
| | | (200) bis 400 | m 6 |
| | | > 400 | n 6 |

Tabelle 33. *Wahl des Toleranzfeldes für den Gehäusesitz*

### Gehäuse für Radiallager

Gilt für Gehäuse aus Gußeisen oder Stahl. Für Gehäuse aus Leichtmetall wählt man gewöhnlich eine Toleranz, die eine festere Passung ergibt als die Toleranzen gemäß der Tabelle.

| | | Anforderungen | Beispiele | Toleranz-feld | Anmerkungen [1] |
|---|---|---|---|---|---|
| Ungeteilte Gehäuse | Umfangslast für Außenring | Große Belastung von Lagern in dünnwandigen Gehäusen, große Stoßbelastungen | Radnaben mit Rollenlagern, Pleuellager | P 7 | Der Außenring ist nicht verschiebbar |
| | | Normale und große Belastungen | Radnaben mit Kugellagern, Pleuellager, Kranlaufräder | N 7 | |
| | | Kleine und veränderliche Belastungen | Förderrollen, Seilrollen, Riemenspannrollen | M 7 | |
| Geteilte oder ungeteilte Gehäuse | Unbestimmte Lastrichtung | Große Stoßbelastungen | Elektrische Fahrmotoren | M 7 | Der Außenring ist in der Regel nicht verschiebbar |
| | | Große und normale Belastungen, Verschiebbarkeit des Außenrings nicht erforderlich | Elektromotoren, Pumpen, Kurbelwellenhauptlager | K 7 | |
| | | Normale und kleine Belastungen, Verschiebbarkeit des Außenrings erwünscht | Mittelgroße elektrische Maschinen, Pumpen, Kurbelwellenhauptlager | J 7 | Der Außenring ist in der Regel verschiebbar |
| | Punktlast für Außenring | Stoßbelastungen, zeitweilige vollkommene Entlastung | Achslager für Schienenfahrzeuge | J 7 | |
| | | Beliebige Belastungen | Allgemeiner Maschinenbau, Achslager für Schienenfahrzeuge | H 7 | |
| | | Normale und kleine Belastungen bei einfachen Betriebsverhältnissen | Transmissionen | H 8 | Der Außenring ist leicht verschiebbar |
| | | Wärmezufuhr durch die Welle | Trockenzylinder, große elektrische Maschinen mit Pendelrollenlagern | G 7 | |

| Ungeteilte Gehäuse | | | |
|---|---|---|---|
| Genauer bzw. geräuscharmer Lauf | Rollenlager für Arbeitsspindeln in Werkzeugmaschinen | K 6 [2] | Der Außenring ist in der Regel nicht verschiebbar |
| | Kugellager für Schleifspindeln, kleine elektrische Maschinen | J 6 | Der Außenring ist verschiebbar |
| | Kleine elektrische Maschinen | H 6 | Der Außenring ist leicht verschiebbar |

Für zweireihige Schrägkugellager ist im allgemeinen keine festere Passung als J 6 vorzusehen.

Gehäuse für Axiallager

| Anforderungen | | Toleranz-feld | Anmerkungen |
|---|---|---|---|
| Reine Axialbelastungen | Axialkugellager | H 8 | Für weniger genaue Lagerungen radiales Spiel bis 0,001 $D_g$ |
| | Axial-Pendelrollenlager, wenn ein anderes Lager radial führt | — | Die Gehäusescheibe wird mit radialem Spiel (bis 0,001 $D_g$) eingebaut |
| Zusammengesetzte axiale und radiale Belastungen für Axial-Pendelrollenlager | Punktlast für Gehäusescheibe oder unbestimmte Lastrichtungen | J 7 | |
| | Umfangslast für Gehäusescheibe | K 7 | Für allgemeine Fälle |
| | Umfangslast für Gehäusescheibe | M 7 | Bei verhältnismäßig hoher Radialbelastung |

[1] Die Angaben über die Verschiebbarkeit des Außenrings dienen zur Beurteilung der Eignung der betreffenden Toleranz für selbsthaltende Lager, die als Loslager eingebaut werden.

[2] In bestimmten Fällen ist eine festere Passung für den Außenring erforderlich. Diese erhält man mit den Toleranzen M 6 oder N 6.

eine lose Passung. Die axiale Festlegung der Büchse erfolgt in bekannter Weise durch einen Bund, durch Deckel, Sprengringe oder durch Stifte.

Der Außendurchmesser von Stahlbüchsen soll bei ungeteilten Gehäusen mindestens $1,12D$ ($D$ = Außendurchmesser des Lagers), bei geteilten Gehäusen mindestens $1,15D$ betragen.

Bei Leichtmetallgehäusen verwendet man Stahlbüchsen, am besten mit Flansch, zur Vermeidung der Passungsschwierigkeiten, die durch die größere Wärmeausdehnung des Leichtmetalls entstehen können. Außerdem haben Stahlbüchsen den Vorteil, daß das häufig beobachtete „Ausschlagen" der Lagersitzfläche in Leicht-

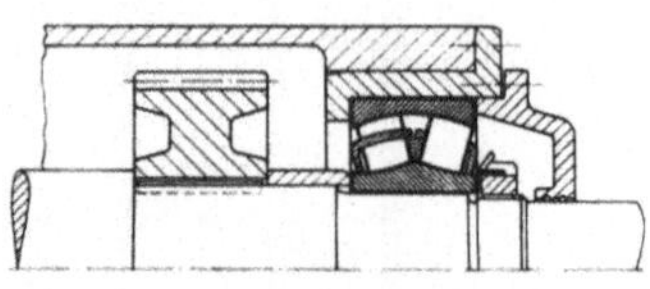

Abb. 94. Anordnung einer Büchse aus Montagegründen

metallgehäusen verhindert wird. Flanschbüchsen sind deswegen vorzuziehen, weil einfache eingegossene oder eingeschrumpfte Stahlbüchsen, sofern sie dünnwandig sind, den Wärmedehnungen des Leichtmetallgehäuses weitgehend folgen, so daß der Sitzcharakter des Wälzlagerrings trotzdem lose wird und lediglich der Vorteil der höheren Verschleißfestigkeit der Stahlbüchse übrigbleibt. Starkwandige eingegossene Büchsen befriedigen ebenfalls nicht immer, weil es vorkommt, daß sich die Verbindung zwischen Büchse und Gehäuse bei Erwärmung löst.

In anderen Fällen werden Hülsen aus Montagegründen verwendet. In Abb. 94 dient die Hakenbüchse nicht nur zur axialen Festlegung des Außenrings des Festlagers in Verbindung mit einer fertigungsmäßig günstigen, durchgehenden Gehäuse-

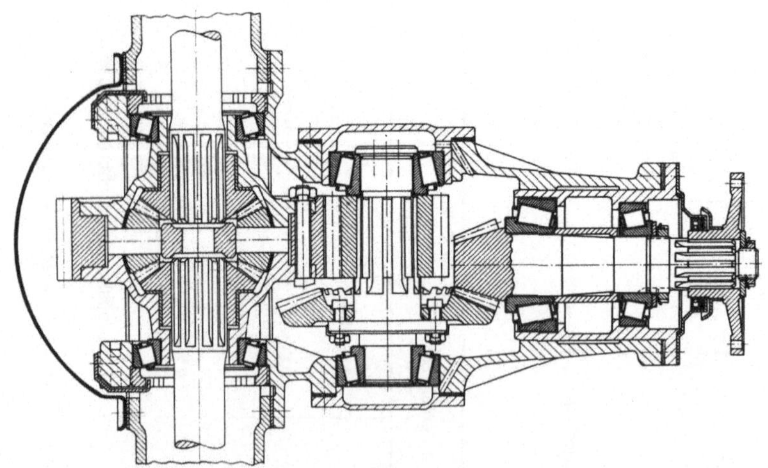

Abb. 95. Lkw-Hinterachsantrieb mit doppelter Untersetzung

bohrung, sondern ermöglicht auch, daß das Zahnrad durch die vergrößerte Bohrung ein- und ausgebaut werden kann. Die Welle kann mit den Zahnrädern und Lagern außerhalb des Gehäuses zusammengebaut und als Einheit in das Gehäuse eingebaut bzw. als Ganzes wieder ausgebaut werden. Abb. 95 zeigt ein weiteres Beispiel, bei dem es durch die Flanschbüchse möglich ist, die Kegelritzelwelle außerhalb des Achsgehäuses — einschließlich des Anstellens der Kegelrollenlager — fertig zu montieren.

Auch eines der Kegelrollenlager auf der Zwischen- und Tellerradwelle sitzt nicht unmittelbar im Gehäuse, sondern in dem Deckel, über den die Lagerung angestellt wird. Dadurch ist es möglich, den Außenring dieses Lagers mit einer festen Passung einzubauen und trotzdem die für das Anstellen erforderliche leichte Verschiebbarkeit über eine lose Passung des Deckels im Gehäuse zu erreichen.

### 12.52 Axiale Befestigung der Laufringe

Die axiale Befestigung eines Laufrings durch eine feste Passung allein ist bedingt möglich, sofern keine Axialkräfte zu übertragen sind und lediglich das selbsttätige seitliche Abwandern des Rings verhindert werden soll. In der Regel wird jedoch eine axiale Befestigung oder Sicherung vorgesehen. Werden selbsthaltende Lager als

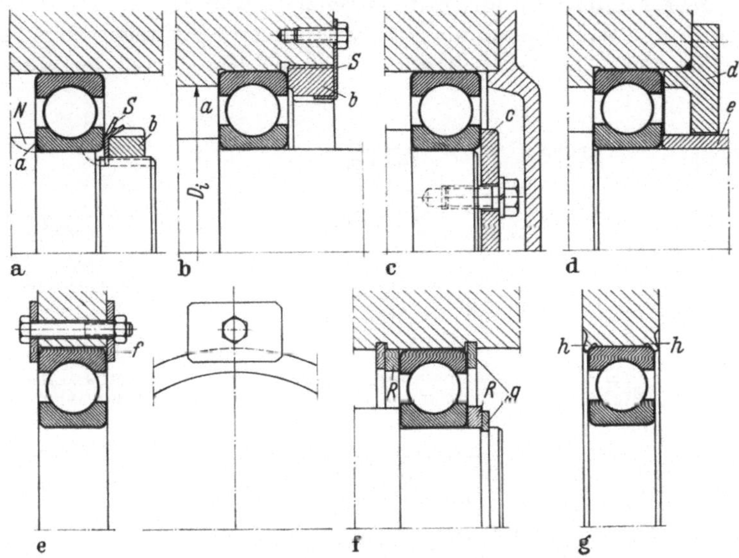

Abb. 96. Axiale Befestigung der Wälzlagerringe

Loslager verwendet, so wird nur der Laufring mit der festeren Passung festgelegt. Bei Festlagern müssen beide Laufringe nach beiden Seiten festgehalten werden. Bei der Stützlageranordnung genügt die Festlegung der Laufbahnringe jeweils nach einer Seite. Wie Abb. 57 zeigt, ergeben sich dabei Ersparnisse an Baubreite, Bearbeitung und Montageaufwand, weil die Außenringe nach dem Gehäuseinnern zu nicht gehalten werden müssen, sondern sich diagonal über die Wälzkörper und den Innenring an der Welle abstützen.

Gebräuchliche Befestigungsmittel sind in Abb. 96 dargestellt. Es handelt sich um

Bunde oder Schultern an Wellen und Gehäusen (*a*),
Muttern und Gewinderinge (*b*),
Scheiben, die an der Stirnseite von Achsen oder Wellen befestigt sind (*c*),
Deckel (*d*),
Abstands- oder Zwischenhülsen (*e*),
Pratzen (*f*),
Sprengringe (*g*),
Verstemmen (*h*).

Bei Laufringen, die an Bunden oder Schultern anliegen, wird der Ausbau erleichtert, wenn zwei gegenüberliegende Nuten *N* vorgesehen oder die Durchmesser,

z. B. $D_i$, so gewählt werden, daß ein Abziehwerkzeug angesetzt werden kann. Für die Sicherung von Muttern und Gewinderingen werden meistens formschlüssige Blechsicherungen $S$ verwendet. Bei leichtem Sitz des Innenrings, insbesondere wenn auf Grund der Belastungsverhältnisse die Möglichkeit des Wanderns in Umfangsrichtung besteht, wird eine Scheibe zwischen Wälzlagerring und Wellenmutter gelegt, die mit einer Nase in eine Nut der Welle faßt und dadurch die Übertragung von Reibkräften auf die Mutter und ein Abscheren des Splints oder der Sicherungslappen verhindert, s. Abb. 170.

Bei erhöhten Genauigkeitsanforderungen ist auf besonders geringen Axialschlag der Anlageflächen zu achten. Der Schlag von Gewindemuttern kann durch — nicht zu kurze — Zwischenbüchsen unschädlich gemacht werden.

Wenn ein fester Wellenbund aus Montagegründen oder wegen zu großen Fertigungsaufwands unerwünscht ist, besteht die Möglichkeit, einen geteilten Ring zu

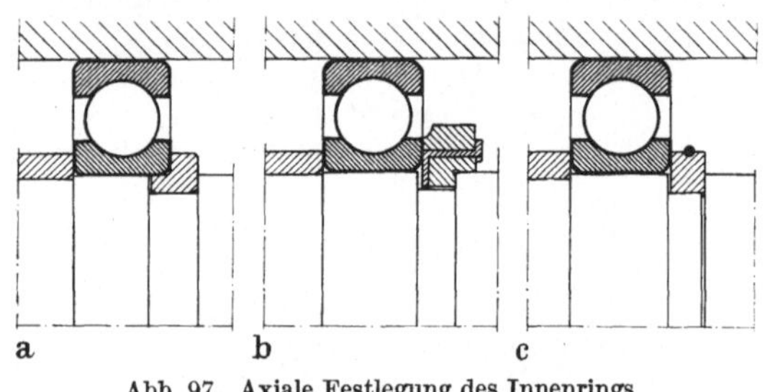

a          b          c

Abb. 97. Axiale Festlegung des Innenrings
mit einem geteilten Ring

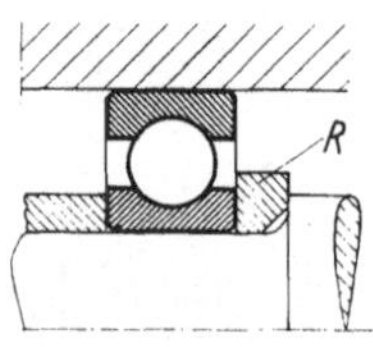


Abb. 98. Anordnung
eines Zwischenrings

verwenden, Abb. 97. Dieser wird in eine Nut in der Welle eingelegt und entweder durch den Lagerinnenring (a), einen übergeschobenen ungeteilten Ring (b) oder einen Stahlfederring (c) zusammengehalten.

Ein Wellenabsatz ist beanspruchungsmäßig um so günstiger, je kleiner der Durchmesserunterschied und je größer der Übergangsradius ist. Wenn ein Wälzlager an einer hoch beanspruchten Stelle der Welle sitzt und ein größerer Übergangsradius als nach Tab. 34 erforderlich ist, kann mit Hilfe eines Stützrings $R$, Abb. 98, der erwünschte größere Übergangsradius an der Welle mit einer guten Anlage der Stirnseite des Lagerinnenrings verbunden werden. Auch wenn Gehäuseschultern aus irgendwelchen Gründen nicht so hoch ausgeführt werden können, wie es für eine gute Anlage der Ringe notwendig ist, werden Stützringe angeordnet. Bei den Stütz- oder Abstandsringen ist jedoch darauf zu achten, daß der Kantenübergang so groß gehalten ist, daß er nicht in der Hohlkehle aufsitzt.

Zwischenhülsen, über die wechselnde Axialkräfte geleitet werden, sollen hochvergütet oder an den Stirnseiten gehärtet und geschliffen sein.

Die seitliche Festlegung der Wälzlagerringe mit Sprengringen ermöglicht eine schmale und leichte Bauweise, einen schnellen Ein- und Ausbau, und vereinfacht die Bearbeitung der Gegenstücke. Konstruktiv ist jedoch dafür zu sorgen, daß die Sprengringe gut zugänglich sind. Wenn größere Axialkräfte zu übertragen sind, wird ein Stützring $R$ zwischen Lagerring und Sprengring gelegt, Abb. 96f, der den radialen Kantenabstand des Lagerrings überbrückt und verhindert, daß sich der Sprengring infolge des Biegemoments konisch verformt bzw. umstülpt.

Sprengringe ergeben keine völlig spielfreie und starre Festlegung. Falls erforderlich, kann das axiale Spiel durch Sprengringe oder Stützringe verschiedener Dicke oder durch zusätzliche Paßscheiben auf ein Kleinstmaß verringert, jedoch nicht ganz ausgeschaltet werden. Es gibt konische oder gewölbte Sprengringe, die einen elastischen Spielausgleich ermöglichen.

Bei größeren Axialkräften muß die Festigkeit sowohl der Nut als auch des Sprengrings überprüft werden[1].

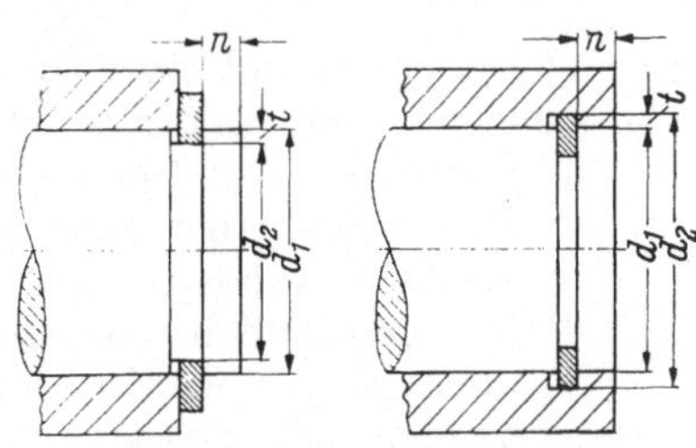

Abb. 99. Bezeichnungen der Maße bei Befestigung mit Sicherungsringen

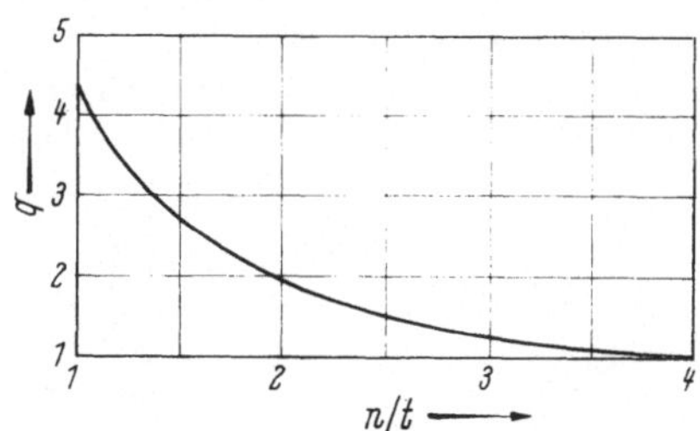

Abb. 100. Beanspruchungszahl $q$

Für die Nut gilt:

$$P_N = \sigma_s \frac{F}{q}. \tag{81}$$

Hierbei ist

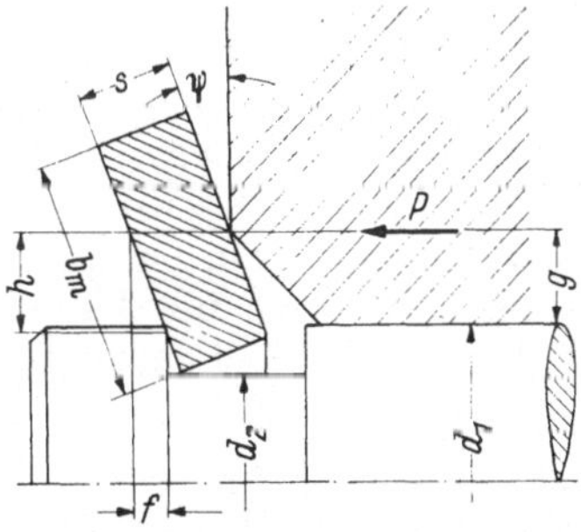

$F = \pi \, (d_1{}^2 - d_2{}^2)/4$ Nutfläche, s. Abb. 99,

$\sigma_s$  Streckgrenze in kp/mm²,

$q$  Beanspruchungszahl, abhängig vom sog. Bundlängenverhältnis $n/t$, s. Abb. 100. (In der Regel wird $n/t = 3$ gewählt. Hierfür ist $q = 1,2$.)

Für den Ring gilt:

$$P_R = \frac{\psi K}{h}. \tag{82}$$

Abb. 101. Umstülpen von Sicherungsringen durch das Biegemoment

Hierbei ist

$\psi$  Umstülpwinkel, s. Abb. 101,

$h$  Hebelarm, der je nach Größe der Fase oder Abrundung variiert.
In der Praxis werden folgende Werte angenommen:
bei scharfkantiger Anlage $\qquad\qquad h = 0,3 + 0,002 d_1$ [mm],
bei Anlagefläche mit Fase $g \qquad\qquad h = 0,05 + g$ [mm],
bei Anlagefläche mit Abrundung $r \qquad h = 0,05 + 0,75 r$ [mm],

$K = \pi \, E \, s^3/6 \cdot \ln (1 + 2 b_m/d_2)$,

$s$  Dicke des Sicherungsringes,

$b_m$  mittlere Ringbreite.

Der Umstülpwinkel $\psi = f/h$ wird im allgemeinen auf 15° begrenzt. Da der Umstülpwinkel der Ringbreite annähernd umgekehrt proportional ist, ist die axiale Belastbarkeit des Sicherungsringes proportional dem Quadrat seiner Dicke. Bei den handelsüblichen gestanzten Ringen ist aber die Dicke aus stanztechnischen Gründen begrenzt.

Aus Gl. (82) geht hervor, daß die axiale Belastbarkeit der Ringe auch durch Verkleinerung des Hebelarms erhöht werden kann. Durch die bereits erwähnten Stützringe $R$, Abb. 96f, die meistens aus gehärtetem Federstahl angefertigt werden, ergibt sich die unter diesem Gesichtspunkt günstige scharfkantige Anlage.

---

[1] Hübener, R.: Der Seeger-Ring bei hohen axialen Belastungen. Z. Konstruktion Bd. 15 (1963), S. 362.

7*

Besonders einfach ist die Befestigung von Rillenkugellagern mit Ringnut im Außenring nach DIN 616, womit vor allem auch Baubreite eingespart werden kann. Bei geteilten Gehäusen erübrigen sich Anlageschultern und Deckel im Gehäuse, Abb. 102a. Die Gehäusewandstärke braucht nicht größer zu sein als die Lagerbreite. Bei ungeteilten Gehäusen wird das Lager gegen den Sprengring und das Gehäuse mittels des Deckels verspannt, Abb. 102b, so daß das Spiel zwischen Nut und Sprengring beseitigt wird. Diese Anordnung ist von besonderem Vorteil, wenn die Welle, wie z. B. bei synchronisierten Kraftfahrzeuggetrieben, mit möglichst geringem Axialspiel geführt, und daher jedes zusätzliche Axialspiel, wie es für gewöhnlich zwischen Sprengring und Nut vorhanden ist, ausgeschaltet werden soll. Die Sprengringe sind nach DIN 5417 genormt.

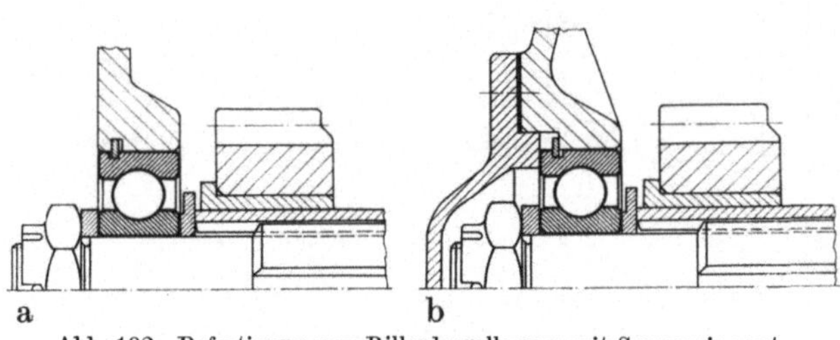

Abb. 102. Befestigung von Rillenkugellagern mit Sprengringnut am Außenringmantel
a) im geteilten Gehäuse; b) im ungeteilten Gehäuse

Bei Leichtmetall-, Guß- oder Stahlgehäusen mit einer Festigkeit unter 100 kp/mm² kann der Außenring auch durch Verstemmen, d. h. durch Herumdrücken des Gehäusewerkstoffs um den Kantenübergang des Laufrings axial gesichert werden, Abb. 96g. Die zulässige Axialkraft in kp ist bei Aluminium- oder Stahlgehäusen gleich $6D$, bei Gehäusen aus Magnesiumlegierungen etwa $3D$, wenn $D$ der Außendurchmesser des Lagers in mm ist. Man kann auch eine Anzahl einzelner Verstemmungen am Umfang der Gehäusebohrung anbringen. Dieses letztere Verfahren eignet sich für Aluminium-Knetlegierungen und Stähle, jedoch nicht für Gußlegierungen, bei denen mit radialen Rissen gerechnet werden muß.

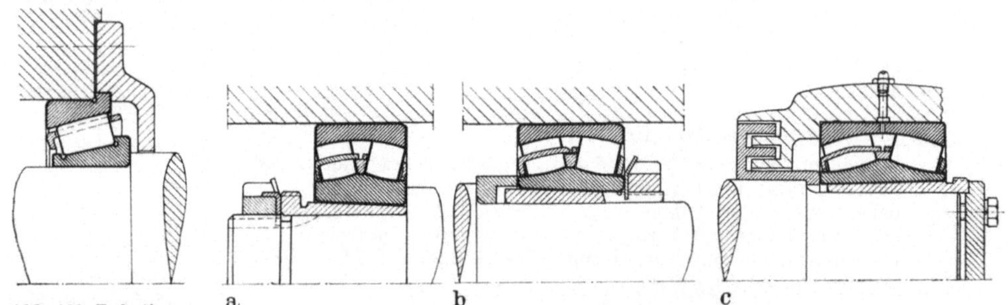

Abb. 103. Befestigung eines Kegelrollenlagers mit Bund (Flansch) am Außenring

Abb. 104. Befestigung von Lagern mit kegeliger Bohrung mittels Hülsen und gegen festen Anschlag
a) Abziehhülse; b) Spannhülse und Abstandsring; c) Abziehhülse und Abstandsring

Im Landmaschinenbau und für einfache Zwecke werden Rillenkugellager verwendet, deren verlängerter Innenring mittels eines Stell- oder Exzenterrings auf der Welle befestigt wird, Abb. 82. Dabei genügt im allgemeinen die Verwendung gezogener oder geschälter Wellen. Bei hoher Axialbelastung ist eine zusätzliche Sicherung gegen axiales Verschieben angebracht.

In Sonderfällen werden Außenringe mit Bund verwendet, Abb. 103.

Bei Abziehhülsen kann die Hülsenstellung nach dem Einpressen durch eine Wellenmutter gesichert werden, Abb. 104a. Um Lager auf Spann- oder Abziehhülsen in Achsrichtung genau festzulegen und gegen Verschieben bei hoher Axialbelastung zu sichern, wird der Innenring gegen einen festen Anschlag montiert, der in Abb. 104b als Abstandsring ausgebildet und in Abb. 104c mit dem Labyrinthring kombiniert ist.

## 12.53 Anschlußmaße

Bei der Bemessung der an das Lager angrenzenden Bauteile sind bestimmte Bedingungen zu erfüllen:

Die Halbmesser von Hohlkehlen müssen kleiner sein als die Kantenabstände $r$ am Lager. Ferner müssen ausreichende seitliche Anlageflächen für die Laufringe vorhanden sein. Die zulässigen Werte für die Rundungshalbmesser ohne und mit Hinterstechung sowie die Kleinstmaße für die Schulterhöhen sind in Tab. 34 angegeben.

Tabelle 34. *Rundungen und Schulterhöhen nach DIN 5418*

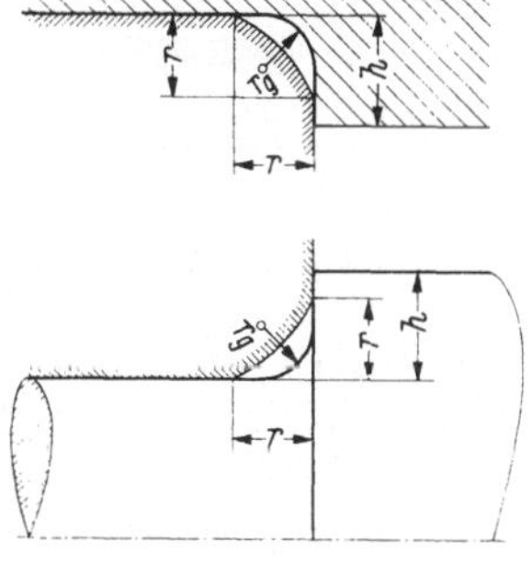

| Kantenabstand $r$ am Lager Nennmaß | Radial- und Axiallager | Radiallager (bei Axiallagern soll die Schulter bis etwa Mitte der Wellen- bzw. Gehäusescheibe reichen) | | |
|---|---|---|---|---|
| | Halbmesser $r_g$ für Hohlkehle an Welle und Gehäuse | Schulterhöhe $h$ für Welle und Gehäuse Kleinstmaß Durchmesserreihe nach DIN 616 | | |
| | Größtmaß | 0, 9, 0 | 1, 2, 3 | 4 |
| 0,2 | 0,1 | 0,5 | 0,8 | — |
| 0,3 | 0,1 | 0,6 | 1 | — |
| 0,4 | 0,2 | 0,6 | 1 | — |
| 0,5 | 0,3 | 0,9 | 1,3 | — |
| 0,8 | 0,5 | 1,3 | 1,8 | — |
| 1 | 0,6 | 1,6 | 2,1 | — |
| 1,2 | 0,8 | 1,9 | 2,4 | — |
| 1,5 | 1 | 2,3 | 2,8 | — |
| 2 | 1 | 3 | 3,5 | 4,5 |
| 2,5 | 1,5 | 3,7 | 4,5 | 5,5 |
| 3 | 2 | 4,5 | 5,5 | 6,5 |
| 3,5 | 2 | 5,1 | 6 | 7 |
| 4 | 2,5 | 5,8 | 7 | 8 |
| 5 | 3 | 7,3 | 8,5 | 10 |
| 6 | 4 | 8,5 | 10 | 12 |
| 8 | 5 | 11,5 | 13 | 15 |
| 10 | 6 | 14 | 16 | 19 |
| 12 | 8 | 17 | 20 | 23 |
| 15 | 10 | 21 | 24 | 28 |
| 18 | 12 | 25 | 29 | 33 |

Die umlaufenden Teile des Lagers müssen ausreichende Bewegungsfreiheit haben. Bei Kegelrollenlagern steht der Käfig über die Stirnseiten des Außenrings vor. Deshalb müssen in den Gehäusen oder Deckeln Aussparungen vorgesehen und die in Abb. 105 bezeichneten Kleinst- und Größtmaße der Anschlußteile nach DIN 5418, Seite 3, berücksichtigt werden.

Bei Radiallagern mit Spannhülse muß genügend Platz für die Mutter und die Sicherungselemente vorhanden sein, damit ein Anlaufen am Gehäuse vermieden wird, Abb. 106. Auf der der Mutter abgewandten Seite muß Raum für die überstehende Hülse freigelassen werden, s. DIN 5418, Seite 4 bis 6.

Bei Zylinderrollenlagern ergeben sich zweckmäßige Ein- und Ausbaumöglichkeiten, wenn der Laufring mit den festen Borden zusammen mit dem Rollensatz und den Dichtungen ohne Abziehen des freien Laufrings ein- und ausgebaut, d. h. in Einbaurichtung über die anschließenden Büchsen oder Wellenschultern geschoben

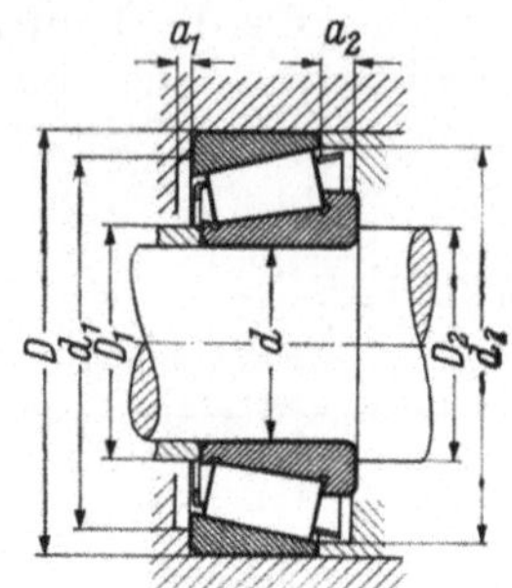

Abb. 105. Anschlußmaße für Kegelrollenlager

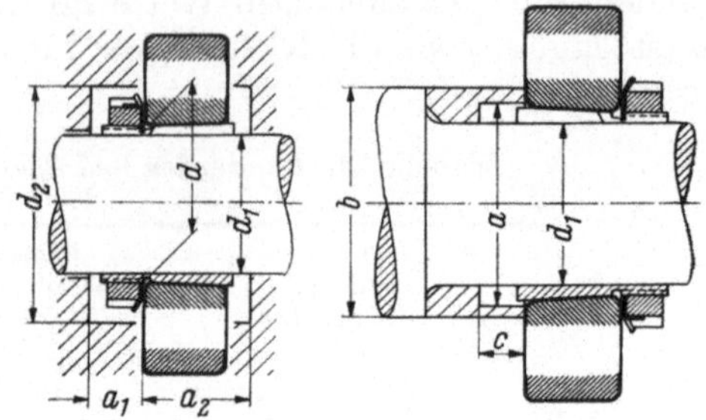

Abb. 106. Anschlußmaße bei Lagern mit Hülsen

werden kann. Hierzu ist der Hüllkreisdurchmesser (das Maß $F$ bei Lagern der Ausführung NU, NJ und NUP bzw. das Maß $E$ bei Lagern der Ausführung N) sowie der Borddurchmesser bei Lagern der Ausführung NJ und NUP zu beachten, Abb. 107. Die Maße $D_1$, $D_2$ und $D_3$ sind dem DIN-Blatt 5418, Seite 2, zu entnehmen.

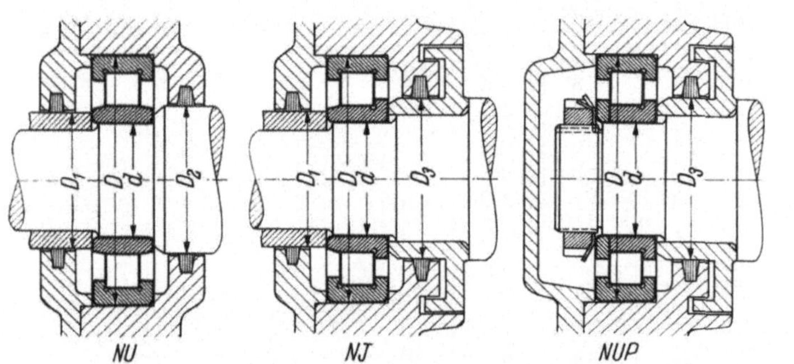

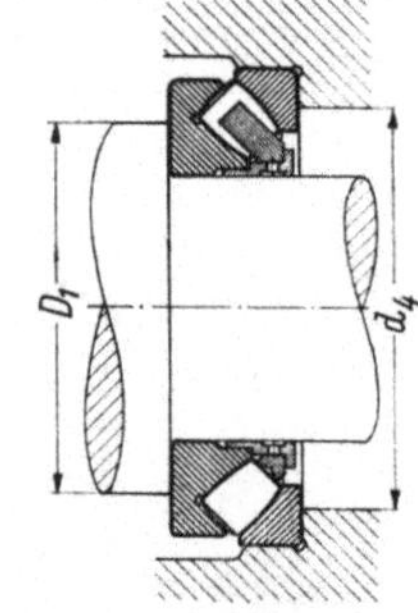

Abb. 107. Anschlußmaße für Zylinderrollenlager

Abb. 108. Anschlußmaße
für Axial-Pendelrollenlager

Bei Radiallagern mit Ringnut am Außenringmantel bestimmt der Abstand der Ringnut von der Lagerstirnfläche die axiale Lage der Gehäusenut, deren Querschnitt sich nach den Maßen und Toleranzen der zu den Ringnuten der Wälzlager passenden Sprengringe richtet, s. DIN 5417 und Wälzlagerkataloge.

Die Wellenscheibe der Axial-Pendelrollenlager soll bis zum Durchmesser $D_1$, s. Abb. 108, unterstützt werden. Bei sehr hohen Belastungen, wie sie insbesondere bei Anwendungsfällen vorkommen, in denen die Lager statisch belastet werden, sollte die Stützfläche größer gewählt werden. Für die Unterstützung der Gehäusescheibe wird das Maß $d_4$ empfohlen. $D_1$ und $d_4$ können den Wälzlagerkatalogen entnommen werden.

## 12.54 Formgenauigkeit der Gegenstücke

Die Rollbahnringe der Wälzlager sind verhältnismäßig dünnwandig und passen sich in der belasteten Zone — bei Preßpassung auf dem ganzen Umfang — der Form der Gegenstücke weitgehend an. Formfehler der Gegenstücke übertragen sich deshalb zu einem großen Teil auf die Rollbahnen. Die Belastungsverteilung und die Bewegungsverhältnisse im Lager sowie die Rundlaufgenauigkeit hängen daher stark von der Gestalt und Formgenauigkeit der Gegenstücke ab.

Die Formfehler, die auf die Rollbahn übertragen werden können, sind Unrundheit, die bei geteilten Gehäusen auch durch Versatz der Gehäusehälften entstehen kann, ferner Kegeligkeit und Welligkeit. Die verschiedenen Lagerbauarten sind mehr oder weniger empfindlich gegenüber der einen oder anderen Art von Formfehlern. Zylinderrollenlager sind vor allem gegenüber Kegeligkeit, Kegelrollenlager gegenüber Unrundheit *und* Kegeligkeit der Sitzflächen empfindlich. Frühzeitige Ermüdung durch Kantenbelastung, „Schieben" der Rollen und Verschleiß können die Folgen derartiger Formfehler sein.

Nach DIN 7182, Blatt 1, kann die zulässige Abweichung von der vorgeschriebenen geometrischen Form gleich oder kleiner als die Maßtoleranz sein. Die Formabweichungen dürfen jedoch an keiner Stelle die Grenzmaße des Werkstücks überschreiten. Für Wälzlagersitze empfiehlt es sich, keine größere Formtoleranz als die *Hälfte* der Maßtoleranz zuzulassen. Bei sehr genauen Lagerungen, z. B. für Arbeitsspindeln von Feinbearbeitungsmaschinen, und bei hohen Drehzahlen muß die Formtoleranz gegenüber der Maßtoleranz noch weiter eingeschränkt werden. Insbesondere ist auch die Verwendung von Lagern mit erhöhter Laufgenauigkeit nur in Verbindung mit einer entsprechend hohen Genauigkeit der Gegenstücke sinnvoll.

Die Vorschrift einer erhöhten Formgenauigkeit wird durch Hinzufügen der IT-Grundtoleranz nach Tab. 27 zur Maßtoleranz ausgedrückt. Zum Beispiel bedeutet die Schreibweise k 5/IT 2, daß die Durchmessertoleranz der Welle der fünften ISO-Qualität entsprechen soll, während die Abweichungen von der gedachten geometrischen Form, z. B. die Unrundheit und Kegeligkeit, die Toleranzwerte nach IT 2 nicht überschreiten dürfen. In Tab. 29 sind geeignete Formtoleranzen von Wellen- und Gehäusesitzen in Abhängigkeit von der Toleranzklasse des Lagers angegeben.

Wichtig ist auch, daß die Sitzflächen vor allem in der belasteten Zone keine örtlichen Unterbrechungen, z. B. durch Schmierkanäle, den Auslauf von Keilprofilen oder Verzahnungen, haben. An den nicht unterstützten Stellen der Laufringe tritt nämlich eine Durchfederung beim Überrollen durch die belasteten Wälzkörper auf, wodurch die Lebensdauer, die Laufgenauigkeit und die Laufruhe beeinträchtigt werden. Bei geteilten Gehäusen müssen die Kanten zwischen Trennfläche und Bohrung gebrochen sein, damit der Wälzlagerring nicht verklemmt wird.

Neben den zylindrischen Sitzflächen der Laufringe sind die seitlichen Anlageflächen von Einfluß. Durch nicht winkelrechte Anlageflächen können die Ringe schräg verspannt werden, was sich in einem Axialschlag der Rollbahn bei Kugellagern oder der Führungsborde bei Zylinderrollenlagern auswirkt. Bei Kegelrollenlagern kann sowohl ein Axialschlag der Rollbahn als auch des Führungsbords entstehen. Der axiale Schlag der Anlageschultern an der Welle soll bei Durchmessern bis 50 mm 0,02 bis 0,03 mm, bei Durchmessern bis 250 mm 0,03 bis 0,04 mm nicht überschreiten. Der Axialschlag von Gehäuseschultern soll nicht größer als 0,04 bis 0,05 mm sein. Bei sehr hohen Ansprüchen an die Laufgenauigkeit, wie z. B. bei schnellaufenden Präzisions-Werkzeugmaschinenspindeln soll der Axialschlag von Abstandshülsen und Anlageschultern innerhalb 2 μm bei Wellendurchmessern bis

100 mm und 4 µm bei größeren Durchmessern liegen. Ähnliche Nachteile wie durch zu großen Axialschlag der Anlageflächen ergeben sich auch, wenn die Gehäusebohrungen oder die Sitzflächen auf der Welle bei nicht winkelbeweglichen Lagern Fluchtungsfehler aufweisen. Der radiale Versatz der Sitzflächen soll nicht größer als 0,05 mm auf 100 mm Lagerabstand sein. Bei sehr hohen Ansprüchen und in Verbindung mit Hochgenauigkeitslagern wird für die Wellensitze sogar nur ein radialer Versatz von höchstens 2 µm für kleinere und 3 µm für größere Wellendurchmesser zugelassen.

## 12.55 Oberflächengüte der Sitz- und Anlageflächen

Mit der Angabe des ISO-Toleranzfeldes ist die Größe der Toleranz und ihre Lage zum Nennmaß eindeutig festgelegt. Grundsätzlich sind Toleranz und Rauhtiefe voneinander unabhängig. Praktisch besteht allerdings ein Zusammenhang durch das Bearbeitungsverfahren, das von der Größe der Toleranz beeinflußt wird.

Rauhe Sitzflächen können dazu führen, daß die Pressung in der Paßfuge durch plastische Zusammendrückung der Unebenheiten unter der Betriebsbelastung im Laufe der Zeit nachläßt. Damit die festgelegte Passung auf lange Zeit erhalten bleibt, muß die Oberflächengüte der Sitzflächen bestimmten Mindestanforderungen genügen. Falls die geforderte Oberflächengüte mit dem zur Anwendung gelangenden Bearbeitungsverfahren nicht erreichbar ist, muß durch Wahl einer festeren Passung der beabsichtigte Sitzcharakter sichergestellt werden. Tab. 35 enthält Richtwerte für die zulässige Rauhtiefe $R_t$.

Wenn Mikrobewegungen in der Paßfuge oder an den Anlageflächen zu befürchten sind, empfiehlt es sich, die Sitz- und Anlageflächen zu härten oder hoch zu vergüten, damit der Verschleiß auf ein Mindestmaß verringert wird.

Tabelle 35. *Zulässige Rauhtiefe der Lagersitzflächen*

| Toleranzklasse | Sitzfläche | Durch- messer mm | Zulässige Rauhtiefe $R_t$ in µm | | |
|---|---|---|---|---|---|
| | | | Schiebe- und Haftsitz | Fest- und Preßsitz | Seitliche Anlagefläche |
| Normal und P 6 | Welle | bis 120 | 4 | 5 | 4 |
| | | über 120 | 5 | 6 | 5 |
| | Gehäuse | bis 300 | 6 | 10 | 5 |
| | | über 300 | 10 | 20 | 10 |
| P 5 und P 4 | Welle | bis 300 | 2,5 | 4 | 3 |
| | | über 300 | 4 | 5 | 4 |
| | Gehäuse | bis 300 | 4 | 6 | 4 |
| | | über 300 | 5 | 8 | 5 |

## 12.56 Einfluß der Formgebung der Gegenstücke

Die Lastverteilung auf die einzelnen Wälzkörper wird durch das elastische Verhalten von Welle und Gehäuse beeinflußt. Neben der Formgebung und den Querschnittsverhältnissen spielt dabei die Lasteinleitung eine Rolle.

Die Tragzahlangaben für Wälzlager setzen eine bestimmte Belastungsverteilung voraus. Die theoretische Belastungsverteilung für rein radial belastete Lager zeigt Abb. 109. Der belastete Umfang erstreckt sich über einen Winkel von 180°. Diese Belastungsverteilung setzt ein spielfreies Lager und ein absolut starres und kreisrundes Gehäuse voraus. In der Praxis sind die Gehäuse mehr oder weniger elastisch; außerdem schwankt im allgemeinen der Querschnitt über dem Umfang. Rippen einerseits und Bohrungen oder Aussparungen andererseits ergeben örtliche Unregelmäßigkeiten des elastischen Verhaltens. Bei hohen Ansprüchen an die Laufgenauigkeit der Lagerung werden deshalb bei der Konstruktion der Gehäuse möglichst gleichmäßige Wanddicken angestrebt. Abweichungen von der herstellungsmäßig erreichten Form können auch durch ungleichmäßige Wärmedehnungen im Betrieb auftreten. Bei Gußstücken oder gehärteten Teilen ist mit Maß- und Formänderungen infolge Freiwerdens von Eigenspannungen zu rechnen. Dies kann durch eine geeignete Wärmebehandlung (künstliche Alterung) verhindert werden.

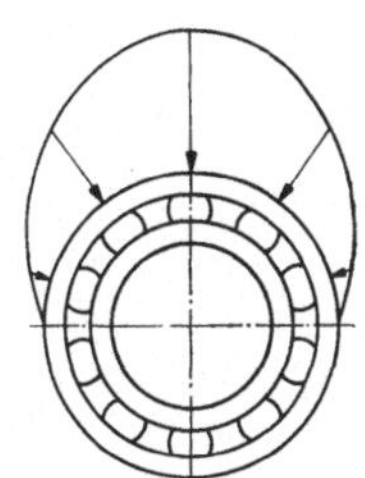

Abb. 109. Theoretische Belastungsverteilung in einem radial belasteten spielfreien Lager, $\varepsilon = 0,5$

Typische Beispiele für Einbaufälle, bei denen die elastische Verformung der Gegenstücke eine erhebliche Rolle spielt, sind vor allem die Konstruktionen des Leichtbaus, speziell des Fahrzeugbaus, aber auch Laufrollen, Lagerungen in Walzgerüsten, Schwingenlager in Backenbrechern, Pleuellager in Verbrennungskraftmaschinen und Gehäuse für Werkzeugmaschinenspindeln.

Mit Hilfe der Spannungsoptik und anderer Methoden (Meßlager mit Dehnmeßstreifen) wurde die Lastverteilung bei verschiedenen Gehäuseformen, -wandstärken und Arten der Lasteinleitung untersucht. Abb. 110 stellt die Auswertung einer Versuchsreihe dar, bei der an einem Gehäuse mit rechteckigem Querschnitt der Abstand der Lastangriffspunkte verändert wurde. Wird die Belastung in einem Punkt in der Mitte eingeleitet ($b_m/D = 0$), so ist die belastete Zone kleiner als theoretisch und die Scheitelrolle entsprechend höher belastet. Dadurch wird sowohl die Ermüdungslebensdauer als auch die statische Tragsicherheit herabgesetzt. Wird die Belastung an zwei weit auseinanderliegenden Punkten eingeleitet, so erreicht die Belastungszone annähernd die theoretische Ausdehnung, und die größte Wälzkörperbelastung ist nur wenig größer als theoretisch. Sie tritt allerdings zweimal am Umfang auf. Abb. 111 zeigt den Einfluß der Gehäusewandstärke auf die Belastungsverteilung bei Lasteinleitung in der Mitte (a) und an zwei entfernten Punkten (b).

Abb. 112 zeigt die Belastungsverteilung bei einem Pleuelrollenlager eines Kolbenmotors. Das Pleuel wird im Betrieb abwechselnd auf Druck und Zug beansprucht. Bei Druckbeanspruchung ist die belastete Zone kleiner und der höchste Rollendruck größer als bei der theoretischen Belastungsverteilung. Bei Zugbelastung

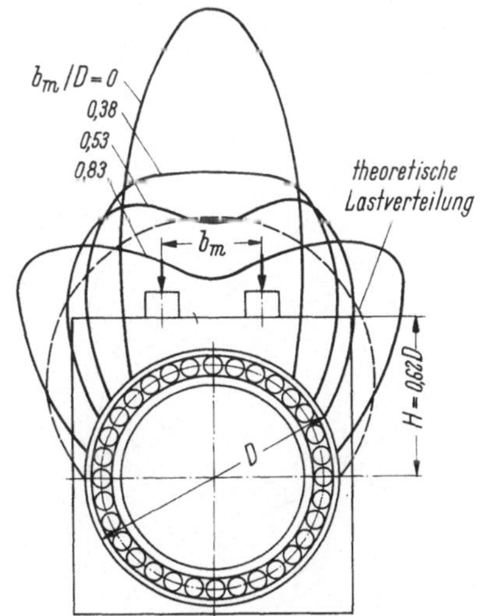


Abb. 110. Einfluß der Lasteinleitung auf die Wälzkörperdrücke

ist die belastete Zone größer als 180°. Die höchsten Rollendrücke liegen in diesem Fall senkrecht zur Belastungsrichtung und sind etwas kleiner als der höchste theoretische Rollendruck, treten aber zweimal am Umfang auf.

Abb. 113 zeigt den Einfluß der Belastungsverteilung und der Ausdehnung der Belastungszone auf die äquivalente Lagerbelastung.

Die elastischen Verformungen der Gegenstücke können sich noch in anderer Hinsicht auf die Lager auswirken. Wellendurchbiegungen und Schrägstellungen von Gehäusewänden führen zu Schrägstellungen zwischen Innen- und Außenring und damit bei nicht einstellbaren Lagern zu Verkantungen, wodurch die Laufeigenschaften und die Lebensdauer stark beeinträchtigt werden können.

Die axiale Federung von Gehäusen spielt insbesondere bei Lagerungen, die axial vorgespannt werden, eine Rolle und ist mitbestimmend für die Starrheit der

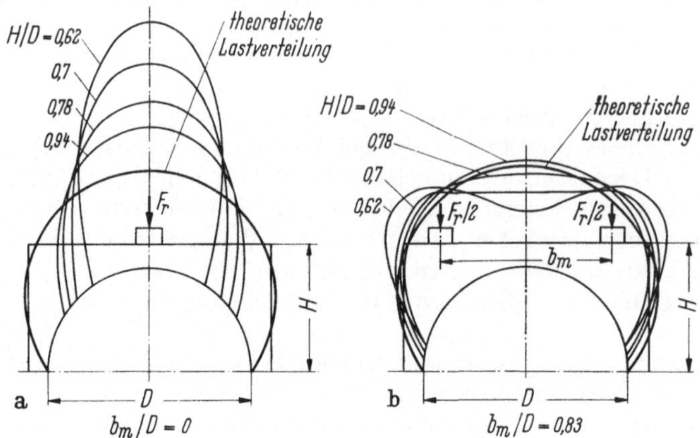


Abb. 111. Einfluß der Lasteinleitung und der Gehäusewandstärke auf die Lastverteilung im Lager. Ergebnisse spannungsoptischer Untersuchungen an rechteckigen Gehäusemodellen a) Lasteinleitung in der Mitte; b) Lasteinleitung an zwei Punkten

Lagerung. Ein Beispiel hierfür ist die Lagerung des Differentials in Kraftfahrzeug-Achsgetrieben. Die Formgebung des nach einer Seite offenen Gehäuses und die am Zahneingriff des Tellerrads auftretenden hohen Kräfte ergeben eine verhältnismäßig

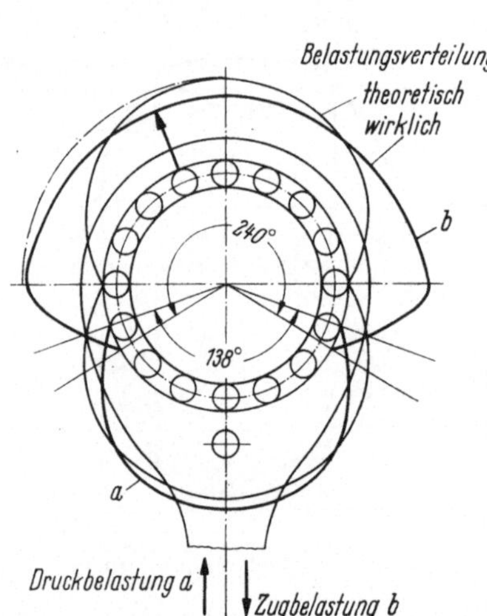


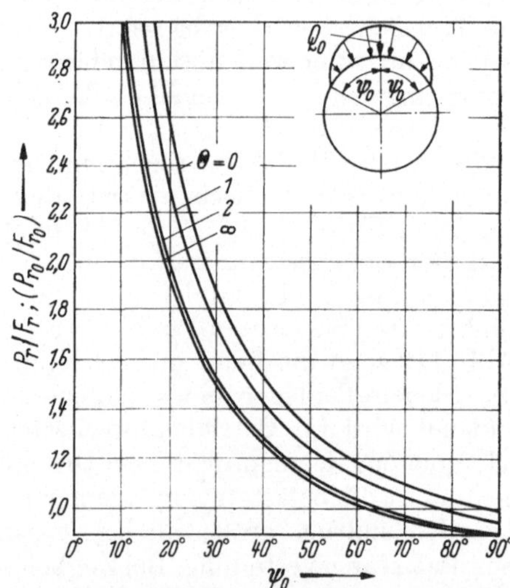


Abb. 112. Druckverteilung und Ausdehnung der belasteten Zone beim Pleuellager eines Viertaktmotors

Abb. 113. Einfluß der Größe der Belastungszone auf die äquivalente Lagerbelastung bei sinusförmiger Belastungsverteilung

$Q = C_1 \cos[\pi/2(\psi/\psi_0)]$, $\Theta = C_2/C_1$, $C_1$ Tragzahl des im Verhältnis zur Belastung umlaufenden Ringes, $C_2$ Tragzahl des im Verhältnis zur Belastung stillstehenden Ringes; $\Theta = 0$ und $\Theta = \infty$ sind theoretische Grenzwerte

große Nachgiebigkeit. Bei hohen Ansprüchen an die Tragfähigkeit und Laufruhe empfiehlt es sich, die unter Belastung auftretende Verlagerung des Tragbildes der Verzahnung infolge der sich überlagernden Federungen von Gehäuse und Lagern zu

messen und entsprechende Folgerungen für die Gestaltung der Gehäuse sowie die
Auswahl und Bemessung der Lager zu ziehen. Es gibt auch Getriebekonstruktionen,
bei denen die axiale Gehäusefederung zur Erzeugung der Vorspannung für Schräglager ausgenutzt wird.

## 12.6 Lagerungen für besondere Anforderungen

### 12.61 Geräuscharme Lagerungen

Das Laufgeräusch normaler Wälzlager ist infolge der hohen Herstellungs-
genauigkeit so gering, daß es in der Regel gegenüber dem allgemeinen Maschinen-
geräusch nicht in Erscheinung tritt. Die Verwendung besonders geräuschgeprüfter
Lager ist deshalb heute nur noch in Ausnahme-
fällen notwendig. Es gibt jedoch Fälle, in denen
die Lagerung das Geräuschverhalten *indirekt* beeinflußt, z. B. bei Kraftfahrzeug-Achsgetrieben
mit bogenverzahnten Kegelrädern, wo eine Verlagerung des Tragbildes der Verzahnung ein ver-
stärktes Getriebegeräusch hervorrufen kann. Hieraus leiten sich bestimmte Forderungen bezüglich
der Spielfreiheit und Starrheit derartiger Lagerungen ab. Das Eigengeräusch der Lager ist auch in
diesem Fall von untergeordneter Bedeutung.

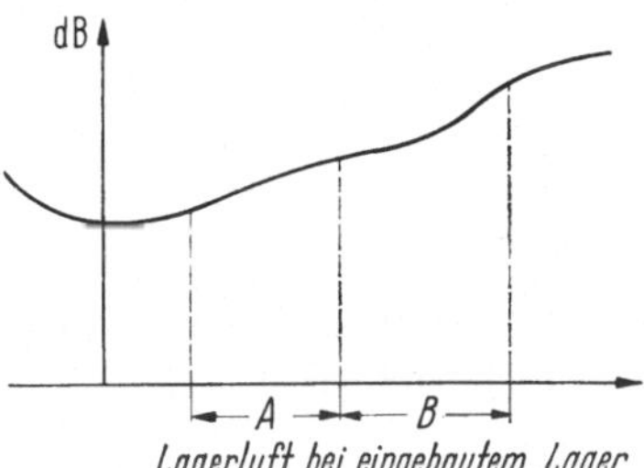


Abb. 114. Abhängigkeit des Motorgeräu-
sches von der Lagerluft bei einem Elektro-
motor, im Frequenzband 400 bis 800 Hz
Luftbereich mit C2-Lagern (*A*) und mit
Normalluft-Lagern (*B*) bei normalen
Passungen

Für bestimmte Zwecke werden höhere Anforderungen als normal an den geräuscharmen Lauf
der Lager selbst gestellt. Beispiele hierfür sind
Elektrogeräte, kleine Elektromotoren, Haushalt-
geräte, medizinische Geräte, Umwälzpumpen für Zentralheizungsanlagen und An-
triebsaggregate für Personenaufzüge. Es handelt sich dabei in erster Linie um
kleine Lager, überwiegend Rillenkugellager bis zu einem Bohrungsdurchmesser von
ca. 50 mm.

Die Ursachen des Lagergeräuschs sind teils der von den umlaufenden Teilen
des Lagers ausgehende Körperschall, teils die Auswirkung von Kräften, die von
außen in das Lager eingeleitet werden, wie z. B. magnetische Wechselkräfte bei
Elektromotoren oder Unwuchtkräfte und Schwingungen bei schnellaufenden
Maschinen.

Einen entscheidenden Einfluß auf das Laufgeräusch von Wälzlagern hat die
Sauberkeit. Bei fettgeschmierten Lagern ist darauf zu achten, daß beim Befüllen
der Schmiergeräte und beim Abschmieren keine Verunreinigungen in das Fett und
damit in die Lager gelangen. Vorteilhaft ist es, das Fett vor dem Befüllen des
Lagers nochmals zu filtern. Bei Ölumlaufschmierung empfiehlt es sich, Feinstfilter
in den Ölkreislauf einzubauen.

Das Laufgeräusch des eingebauten Lagers kann sich von dem des nichteinge-
bauten Lagers wesentlich unterscheiden, und es kann beeinflußt werden. Ein
wesentlicher Faktor ist die Lagerluft, Abb. 114. Zu große Luft führt vielfach zu
dumpfen, polternden oder ratternden Geräuschen. Zu starke Vorspannung kann
singende oder pfeifende Geräusche zur Folge haben.

Das geringste Geräusch wird erzielt, wenn sich sämtliche Wälzkörper, ohne verspannt zu sein, in Kontakt mit den Laufbahnen befinden. Am günstigsten ist daher
eine spielfreie Anstellung, s. Abschn. 12.34, oder eine mäßige axiale Vorspannung.

Spielfreiheit im eingebauten Zustand kann auf verschiedene Weise erreicht werden:

a) durch Abstimmung der Lagerluft und der Passungen so, daß sich im eingebauten Zustand eine Lagerluft um den Wert Null ergibt. Die Streuung infolge des Zusammentreffens mehrerer Toleranzen muß in Kauf genommen werden.

b) durch axiale Anstellung mittels Federn. Bei Rillenkugellagern soll die Vorspannkraft in kp $V = 0{,}5d$ bis $1{,}0d$ betragen, wobei $d$ der Bohrungsdurchmesser

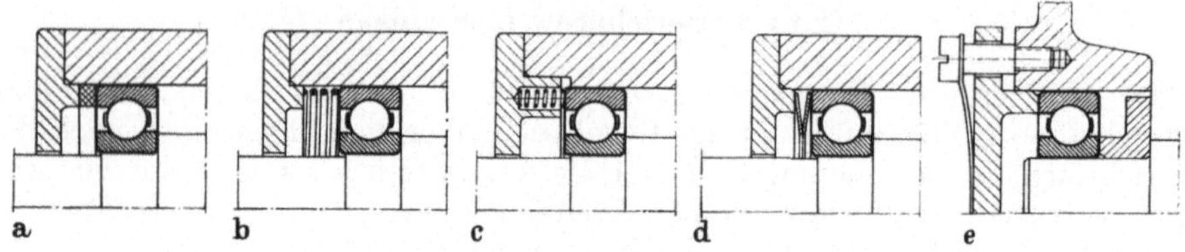


Abb. 115. Federnde Anstellung

des Lagers in mm ist. Bei Lüftermotoren werden Vorspannkräfte bis $V = 2d$ gewählt. Bei Schräglagern richtet sich die axiale Vorspannkraft nach dem Berührungswinkel des Lagers, der Radialbelastung und der Drehzahl, s. Abschn. 10.

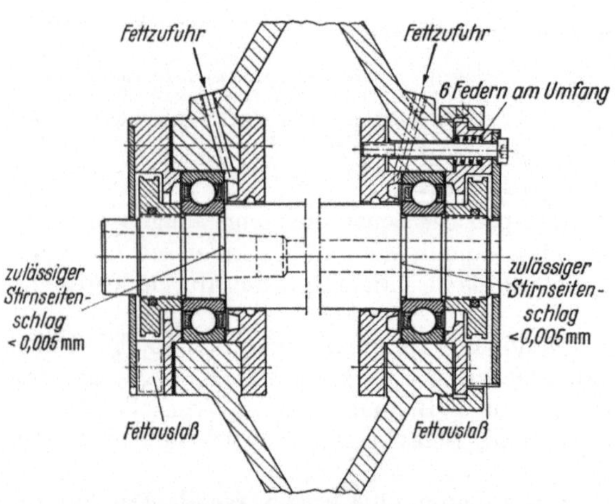


Abb. 116. Fräsmotor mit federnder Anstellung
der Rillenkugellager

Der Laufring, über den die Federkraft eingeleitet wird, meistens der Außenring, muß einen Schiebesitz haben. Voraussetzung für die federnde Anstellung ist, daß der Läufer gut ausgewuchtet ist, weil sonst der lose gepaßte Außenring wandert und der Lagersitz verschleißt.

Abb. 115 zeigt verschiedene Möglichkeiten der federnden Anstellung. Die Lagerung des hochtourigen Fräsmotors nach Abb. 116 wird durch sechs gleichmäßig am Umfang verteilte Schraubenfedern vorgespannt. Bei Instrumenten- und Gerätelagerungen wird die federnde Anstellung angewendet, sowohl um den genauen Rundlauf der Wellen als auch die höchste Laufruhe zu erhalten. Zum Teil werden Gummiringe als Federelemente verwendet, die eine schwingungsdämpfende Wirkung haben.

Die Gegenstücke können sowohl durch ihre Form als auch durch die Genauigkeit der Lagersitze das Geräuschverhalten stark beeinflussen. Reichlich dimensionierte gußeiserne Lagerschilde wirken dämpfend, dünne Schilde, insbesondere solche aus Leichtmetall, neigen dazu, die Geräusche zu verstärken.

Rundlauffehler (Ovalität und Welligkeit der Wellensitze) rufen Schwingungen hervor. Unrunde Gehäusebohrungen führen zu örtlichen Verengungen und Störungen der gleichmäßigen Abwälzbewegung. Bei geteilten Gehäusen ist die Gefahr der Unrundheit nach dem Zusammenbau besonders groß.

Die Formgenauigkeit der Lagersitzflächen soll bei höheren Ansprüchen an geräuscharmen Lauf für Wellensitze innerhalb IT 3 und für Gehäusesitze innerhalb IT 4 liegen.

Einen weiteren großen Einfluß hat die Fluchtgenauigkeit der Lagersitze. Bei Winkelfehlern werden die Lagergeräusche verstärkt, Abb. 117. Bei Lagern bis $d = 30$ mm sollen die Winkelfehler 2 Win- kelminuten, über $d = 30$ bis $d = 60$ mm 3 Winkelminuten nicht überschreiten, was voraussetzt, daß die Lagersitze und Zentrieransätze samt den Anlageflächen in einer Aufspannung fertig bearbeitet werden.

Wenn ein zur leichten Verschiebbar- keit mit einer losen Passung eingebauter Außenring auf Grund der Belastungsver- hältnisse zum Wandern neigt, sind kon- struktive Maßnahmen notwendig, um dies zu verhindern. Das Wandern des Außen- rings führt dazu, daß Passungsrost und Verschleiß entsteht, so daß der Lagersitz „ausschlägt", wodurch sich das Geräusch- verhalten im Laufe des Betriebs zu- nehmend verschlechtert. Außerdem kön- nen die Verschleißpartikel in das Lager gelangen. Eine einfache Lösung zur Ver hinderung des Wanderns oder Mitlaufens ergibt sich mit eingelegten O-Ringen, die als Bremse wirken. Leichtmetallgehäuse werden am besten mit Stahl- oder Guß- eisenbüchsen versehen.

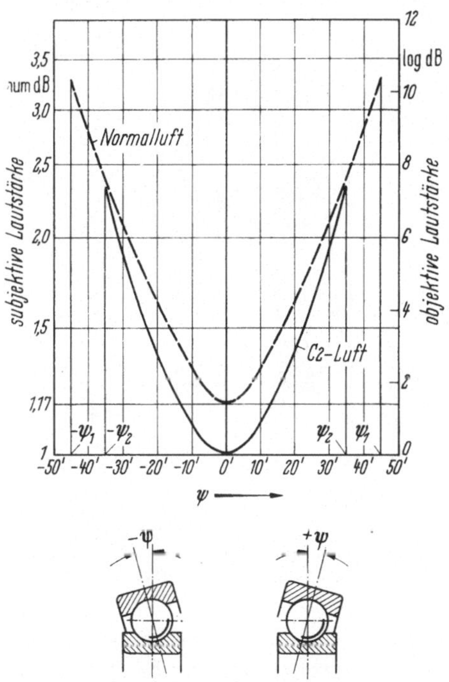

Abb. 117. Geräuschzunahme bei Schiefstellung zwischen Innenring und Außenring von Rillenkugellagern

Es wurde schon daran gedacht, eine zusätzliche geräuschdämpfende Wirkung dadurch zu erzielen, daß die Lager nicht unmittelbar im Gehäuse, sondern in einer Büchse oder Membran aus Kunststoff befestigt werden. Derartige Lösungen konnten sich jedoch in der Praxis wegen des größeren Aufwands bisher nicht durchsetzen.

## 12.62 Lagerungen für senkrechte Wellen

Bezüglich der Belastungsverhältnisse besteht der Unterschied gegenüber waage- rechten Wellen darin, daß das Führungslager das Läufergewicht als Axialbelastung mit aufnehmen muß. Wenn die Tragfähigkeit des Festlagers ausreicht, kann für eine senkrechte Welle eine Lageranordnung mit einem Festlager und einem Los- lager wie für eine waagerechte Welle gewählt werden, Abb. 118. Zur Erzielung eines ruhigen Laufs empfiehlt es sich, die radiale Betriebsluft des Loslagers so klein wie möglich zu halten. Wenn jedoch das Läufergewicht sehr groß ist oder wenn eine äußere Axialkraft hinzukommt, kann die Anordnung eines besonderen Axiallagers, z. B. eines Axial-Rillenkugellagers oder Axial-Pendelrollenlagers, zusätzlich zu dem Radiallager notwendig sein, wie z. B. bei der senkrechten Wasserturbine nach Abb. 119. Andererseits besteht unter bestimmten Voraussetzungen die Möglichkeit, mit einem Axialschräglager, z. B. einem Axial-Pendelrollenlager, allein, also ohne zusätzliches Radiallager auszukommen und das Axiallager gleichzeitig zur axialen und radialen Führung der Welle heranzuziehen. Als Beispiel hierfür zeigt Abb. 58 (Abschn. 12.1) die Halslagerung eines Generators, die allein aus einem Axial-Pendelrollenlager besteht. Vorausset-zung ist, daß die radiale Belastung bei allen Betriebszuständen nicht größer als 55% der gleichzeitig wirkenden axi-

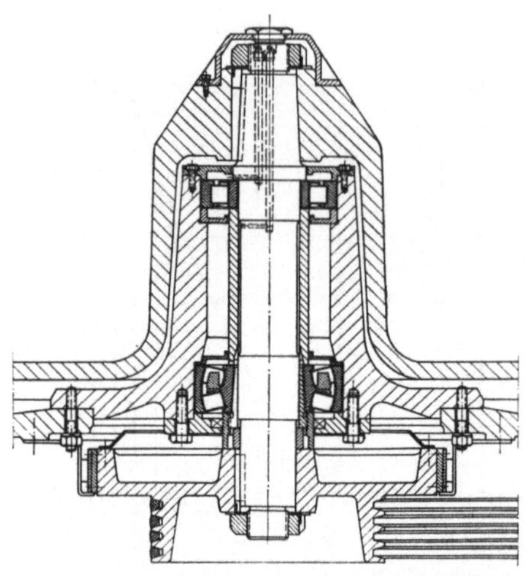

Abb. 118. Trockenschleuder. Die Lager werden mit Fett geschmiert. Die Stauringe zwischen den Lagern verhin-dern, daß das obere Lager seinen Fettvorrat verliert und zuviel Fett in das untere Pendelrollenlager gelangt

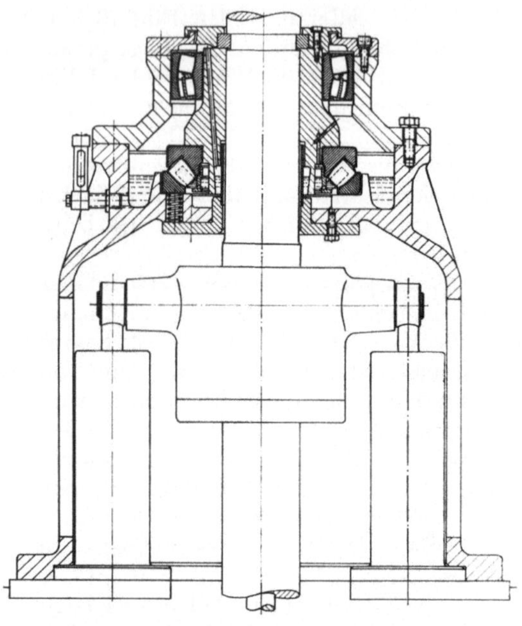

Abb. 119. Senkrechte Wasserturbine. Das Schmieröl für das obere Lager steigt bei laufender Maschine infolge der Fliehkraft in dem geneigten Kanal aufwärts

alen Belastung ist. Wenn diese Bedingung nicht erfüllt wird, muß außer dem Axial-Pendelrollenlager ein Radiallager angeordnet werden, Abb. 119 und 120, wo-bei die Gehäusescheibe des Axial-Pendelrollenlagers mit radialem Spiel von etwa $0,001\,D_g$ eingebaut wird.

Wenn zeitweise nach oben ge-richtete Axialkräfte auftreten kön-nen, muß ein Gegenführungslager

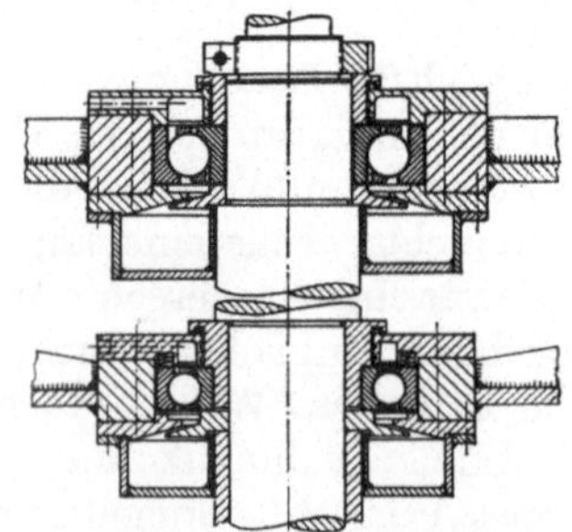

Abb. 120. Mittelfrequenz-Umformer

Abb. 121. Vertikal-Elektromotor

angeordnet und die Lagerung spielfrei angestellt werden. Bei dem Vertikal-motor nach Abb. 121 wird ein Schrägkugellager als Traglager und ein mit

Federn angestelltes Rillenkugellager als Gegenführungslager (unten) verwendet.

Bei dem Spülkopf eines Tiefbohrgeräts, Abb. 122, werden die nach oben gerichteten Axialkräfte von einem Radial-Pendelrollenlager aufgenommen. Die Gehäusescheibe des Axial-Pendelrollenlagers, die außen frei liegt, ist mit Federn angestellt, damit die Lagerung auch im Augenblick der nach oben gerichteten Axialkraft spielfrei ist, der Rollensatz mitgenommen wird und Anschmierungen an den Rollbahnen vermieden werden. Auch die Lagerung der senkrechten Wasserturbine nach Abb. 119 ist in dieser Weise angestellt.

Wenn sowohl die Drehzahl als auch die Axialbelastung hoch

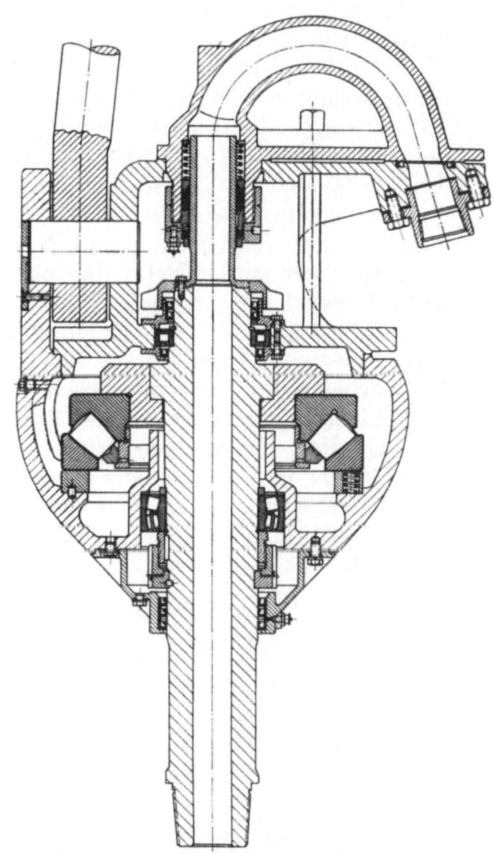

Abb. 122. Spülkopf eines Tiefbohrgerätes

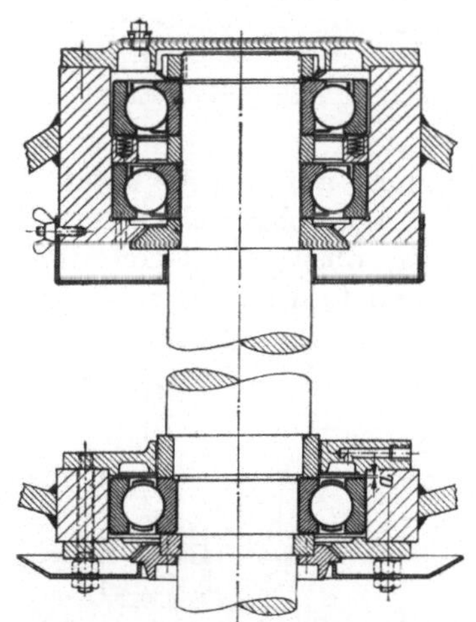

Abb. 123. Vertikalmotor mit zwei Schrägkugellagern in Tandem-Anordnung zur Axiallastaufnahme. Der Außenring des oberen Lagers ist mit radialem Spiel eingebaut

sind, ist die in Abb. 123 gezeigte Anordnung geeignet. Hierbei tragen zwei Rillenkugellager oder zwei Schrägkugellager die Axialbelastung gemeinsam. Der Außenring des einen Lagers, der mit radialem Spiel eingebaut ist, wird durch eine Anzahl Schraubenfedern angestellt. Die Federkraft wird so abgestimmt, daß sich eine möglichst gleichmäßige axiale Belastung beider Lager ergibt.

Für eine gemeinsame Aufnahme von Axialkräften können auch vom Wälzlagerhersteller gepaarte Lager in Tandem-Anordnung verwendet werden. Bei diesen Lagern, s. a. Abschn. 2.518 und Abb. 27, werden bei der Herstellung besondere Maßnahmen ergriffen, um eine gleichmäßige Belastungsverteilung zu erreichen.

Besondere Maßnahmen sind bei der Lagerung senkrechter oder schräger Wellen bezüglich der Schmierung und Abdichtung notwendig, s. Abschn. 14.4 und Abb. 151.

### 12.63 Lagerungen für große Längsverschiebungen und Changierbewegungen

Maschinen, bei denen große Wärmedehnungen zwischen den Lagern auftreten, z. B. Konverter, Sintermaschinen, Trockner oder beheizte Glättzylinder von

Papiermaschinen, erfordern, insbesondere wenn die gelagerten Teile groß und schwer sind, besondere Maßnahmen, damit die Lager nicht axial verspannt werden. Das Loslager muß sich auch im Betrieb in Achsrichtung leicht verschieben können.

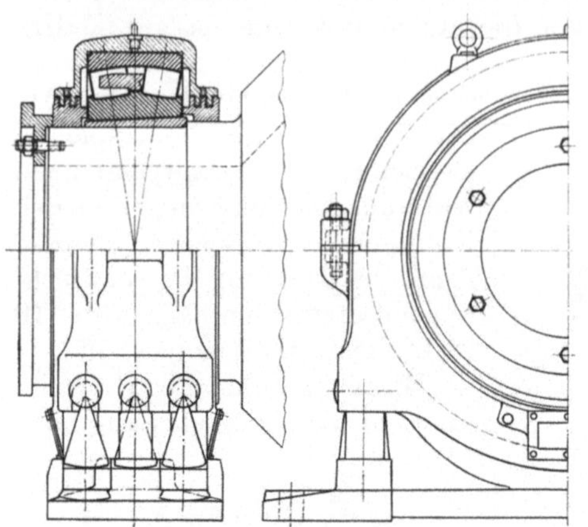

Die Verschiebbarkeit ist von der Reibung, der Schmierung und der Oberflächenbeschaffenheit in der Paßfuge abhängig. Vor allem muß Fressen verhindert werden. Hierbei spielt die Werkstoffpaarung eine Rolle. Bei Stahlgehäusen empfiehlt es sich, Graugußbüchsen einzuziehen. Breite Lager verschieben sich leichter als schmale. Eine Schmierung der Flächen kann durch Behandlung mit Molybdän-Disulfid, durch Drucköl oder durch Fett, das unter Druck gesetzt wird, erfolgen.

Bei Schräglagern und Pendelrollenlagern besteht die Gefahr, daß sich der Außenring radial aufweitet, wenn die Verschiebekraft eine bestimmte Größe überschreitet. Es tritt eine Art Selbst-

Abb. 124. Halslager einer Rohrmühle auf Schneiden

hemmung auf, die die axiale Verschiebung verhindert und sehr hohe Verspannkräfte zur Folge haben kann. Man geht deshalb in schwierigen Fällen zu Anordnungen über, bei denen die Verschiebung zwischen Gehäuse und Fundament stattfindet. Abb. 124 zeigt das Halslager einer Rohrmühle, dessen Lagergehäuse

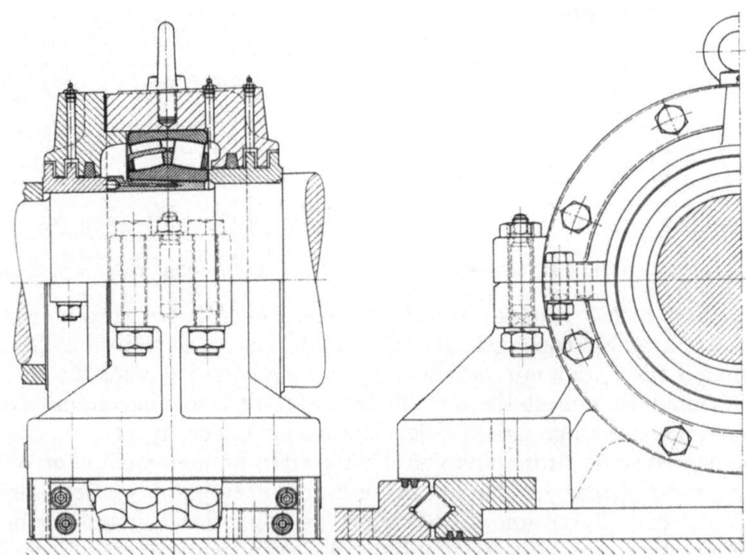

Abb. 125. Hubradlagerung eines Sinterbandes mit Loslagerverschiebung auf einer Kreuzrollenführung

auf drei Stahlschneiden, eine auf der einen und zwei auf der anderen Seite, ruht. Bei anderen Konstruktionen stützt sich das Gehäuse auf Zylinderrollen ab. Die Anordnung als Kreuzrollenführung, Abb. 125, wird bevorzugt, wenn ein Schrägzug wirkt.

Es gibt weitere Anwendungsfälle, bei denen Wellen außer der Drehbewegung laufend axial hin- und hergehende Bewegungen ausführen. Beispiele hierfür sind Walzen zum Verreiben der Farben in Druckereimaschinen, Walzen in Bandschleifmaschinen und Lederschleifmaschinen sowie Walzen für bestimmte Arbeitsgänge in der Textilindustrie. Die oszillierende Bewegung kann dabei, je nach der Art ihrer Erzeugung, von der Drehzahl der Welle abhängig oder unabhängig sein.

Wenn die axiale Bewegung mit einer Drehung der Welle verbunden ist, eignen sich vor allem Zylinderrollenlager, deren freier Laufring verlängert ist, damit die axiale Verschiebbarkeit größer ist.

Auf Grund der praktischen Erfahrungen ist es erforderlich, Lager mit um so größerer statischer Tragzahl zu wählen, je größer das

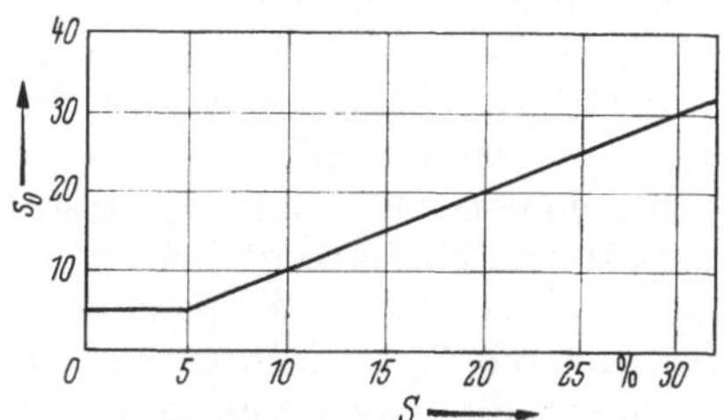
Abb. 126. Statische Tragsicherheit $s_0$ in Abhängigkeit vom Schlupf $S$

relative Gleiten ist. Das relative Gleiten $S$ ist als Verhältnis der Gleitstrecke $a$ zur Rollstrecke $r$ definiert, d. h.

$$S = 100 \cdot \frac{a}{r} \quad [\%].$$

Die statische Tragsicherheit soll in keinem Fall kleiner als 5 sein. Aus Abb. 126 kann der erforderliche Kleinstwert für $s_0$ in Abhängigkeit von dem relativen Gleiten abgelesen werden.

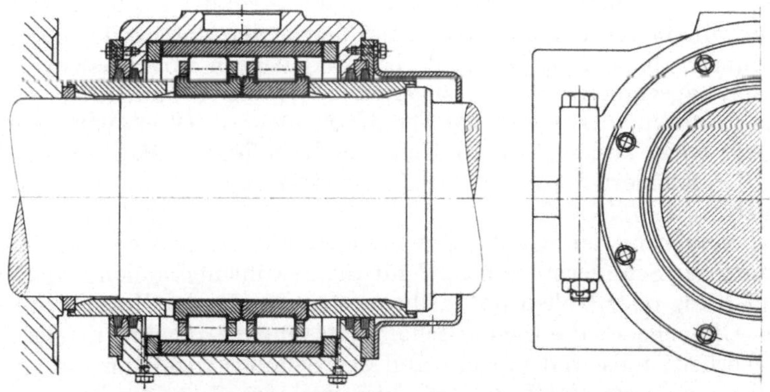
Abb. 127. Lagerung der Mittelwelle einer Diesellokomotive

Nichtperiodische, zum Teil stoßweise Changierbewegungen treten z. B. bei der Mittelachse von Diesellokomotiven auf, Abb. 127. Die Lagerung besteht aus je 2 Zylinderrollenlagern der Bauart N, wobei die für das Durchfahren enger Kurven erforderliche seitliche Verschiebung von ±8 mm auf dem verlängerten Außenring vor sich geht. Die Lager werden mit Fett geschmiert. Die statische Tragsicherheit beträgt bei dem gezeigten Beispiel $s_0 = 7{,}2$.

Wenn die Oszillationsfrequenz im Vergleich zur Drehbewegung der Welle sehr hoch ist oder wenn eine rein axiale Bewegung, ohne daß sich das Lager dabei dreht, stattfindet, sind Zylinderrollenlager nicht geeignet. In diesen Fällen verwendet man Kugelhalter in Verbindung mit rein zylindrischen Innen- und Außenlaufbahnen bzw. Kugelbüchsen.

# 13. Schmierung

Die Schmierung von Wälzlagern hat vor allem den Zweck, die unmittelbare metallische Berührung an den Wälz- und Gleitflächen im Lager zu verhindern sowie sämtliche Oberflächen vor Korrosion zu schützen.

Wälzlager können mit Fett, Öl oder in Sonderfällen mit Festschmierstoffen geschmiert werden. Die Bereiche für die Anwendung der einen oder anderen Art von Schmierstoffen sind nicht starr abgegrenzt. Die Temperaturgrenze für Fette auf Mineralölbasis liegt bei etwa 130 °C im Dauerbetrieb. Mineralöle können bis etwa 250 °C, an der Lagerstelle gemessen, verwendet werden. Mit Syntheseölen läßt sich die Temperaturgrenze auf ca. 300 °C erhöhen.

Wenn die Lager aus betriebstechnischen Gründen mit einer Flüssigkeit geschmiert werden, die eine schlechte Schmierfähigkeit hat, wie z. B. Kraftstoffe oder schwer entflammbare Hydraulikflüssigkeiten, ist zu beachten, daß die Lebensdauer stark abfällt und teilweise nur noch einen Bruchteil der nach Abschn. 7 berechneten Lebensdauer beträgt.

Fett hat gegenüber Öl den Vorteil, daß es sich leichter abdichten läßt und auf einfache Weise den gleichzeitigen Schutz des Lagers gegen das Eindringen von Verunreinigungen, Wasser oder Feuchtigkeit übernehmen kann. Auch bei schräger oder senkrechter Anordnung der Lagerachse läßt sich das Schmierungsproblem mit Fettschmierung leichter lösen als mit Ölschmierung.

Andererseits läßt Ölschmierung höhere Drehzahlen und Temperaturen zu und kann zur Wärmeabführung herangezogen werden, insbesondere dann, wenn es sich um Lagerstellen mit hoher Eigen- oder Fremderwärmung handelt. Ölschmierung ist auch vorteilhaft bei Lagerbauarten, bei denen der Zutritt des Schmierstoffes zum Lagerinnern behindert ist, z. B. bei Nadellagern mit Massivkäfigen, oder wenn sich im Lagerinnern schwer zugängliche Stellen befinden, die einer guten Schmierung bedürfen, z. B. bei Axial-Pendelrollenlagern. Ölschmierung bietet sich auch dann an, wenn andere bewegte Teile der betreffenden Maschine, z. B. Zahnräder, mit Öl geschmiert werden und das Spritzöl oder der Öldunst im Gehäuse zur Lagerschmierung ausreicht.

Für die Schmierung der Wälzflächen genügen sehr kleine Schmiermittelmengen. Hinzu kommt der Schmiermittelbedarf für die Berührungsstellen zwischen Wälzkörpern und Käfig oder Rollen und Führungsborden. In der Praxis wird meistens eine größere Ölmenge als die theoretische Mindestmenge zugeführt, teils aus Gründen der Sicherheit, teils weil nur ein Teil des Schmiermittels an die eigentlichen Schmierstellen im Lagerinnern gelangt oder weil das Schmiermittel noch andere Aufgaben, z. B. der Abdichtung oder der Wärmeabführung, zu erfüllen hat. Andererseits ist eine zu große Schmiermittelmenge zu vermeiden, weil sie die Lagerreibung vergrößert, die Schmiermittel- und Lagertemperatur unter Umständen beträchtlich erhöht und die Abdichtung erschwert. Bei hohen Anforderungen ist durch geeignete Schmieranordnungen und -vorrichtungen für eine günstige Schmiermittelzuführung sowie Bemessung der Schmiermittelmenge zu sorgen.

## 13.1 Fettschmierung

Man unterscheidet zwei Arten der Fettschmierung, und zwar

Dauerschmierung und
Nachschmierung.

Die Lebensdauer der Fette ist begrenzt. Ihre Schmierfähigkeit nimmt im Lauf der Zeit durch mechanische Beanspruchung und durch chemische Alterung ab. Für die Wahl der einen oder anderen Schmierungsart ist deshalb die Schmierfrist, das ist der Zeitabstand, in dem das verbrauchte Fett durch neues ersetzt werden muß, maßgebend. Die Schmierfrist hängt vor allem von der Bauart und Größe des Lagers, von der Drehzahl und der Betriebstemperatur ab.

Der Grundwert für die Nachschmierfrist kann nach der Gleichung

$$t_f = \frac{K \cdot 10^6}{k \cdot n \sqrt{d}} - c \cdot d \tag{83}$$

berechnet werden. Hierbei sind

$K, k, c$ Beiwerte, s. Tab. 36,
$n$       Drehzahl in U/min,
$d$       Bohrungsdurchmesser des Lagers in mm.

Tabelle 36. *Beiwerte für die Berechnung der Nachschmierfrist*

| Lagerbauform | $K$ | $c$ | $k$ |
|---|---|---|---|
| Radialkugellager | | | |
| Reihen 60, 62, 12, 22 | | | 0,85 |
| Reihen 63 und 13 | 64 | 18 | 1,0 |
| Reihen 64 und 23 | | | 1,2 |
| Zylinderrollenlager | | | |
| Reihen NU 2, N 2 | | | 0,85 |
| Reihen NU 3, N 3 | 32 | 9 | 1,0 |
| Reihen NU 4, N 4 | | | 1,2 |
| Pendelrollenlager, Kegelrollenlager | | | |
| Reihen 230, 239, 320 | | | 0,7 |
| Reihen 222, 231, 302, 322 | 16 | 7 | 0,75 |
| Reihen 232, 213, 303, 313 | | | 0,85 |
| Reihen 223, 323 | | | 1,0 |

Den Diagrammen Abb. 128 und 129 können die Schmierfristen für verschiedene Lagerbauformen, Lagergrößen und Drehzahlen entnommen werden, wobei Natron-Seifenfette zugrunde gelegt sind.

Wenn das Fett gleichzeitig zur Abdichtung herangezogen wird, kann die Nachschmierfrist hauptsächlich durch diese Aufgabe bestimmt und unter Umständen kürzer sein, als aus den Diagrammen zu entnehmen ist, insbesondere wenn es sich um den Schutz gegen Wasser oder starken Staubanfall handelt. Wenn das Fett nicht oder nur beschränkt abdichten soll, können im Hinblick auf die gesteigerte Qualität der heutigen Markenschmierfette längere Schmierfristen angesetzt werden. Tab. 37 gibt Verlängerungsfaktoren an, mit denen auf Grund neuerer Erfahrungen

Tabelle 37. *Korrekturfaktoren für die Nachschmierfrist*

| Lagerbauform | Betriebsbedingungen normal | | Changier-, Reversier-, Rüttelbetrieb |
|---|---|---|---|
| | Einbau horizontal | Einbau vertikal | |
| Rillenkugellager, Zylinderrollenlager | 3 bis 5 | 2 bis 3 | |
| | | | 0,5 bis 1 |
| Pendelrollenlager, Kegelrollenlager | 1,5 bis 2 | 1,5 | |

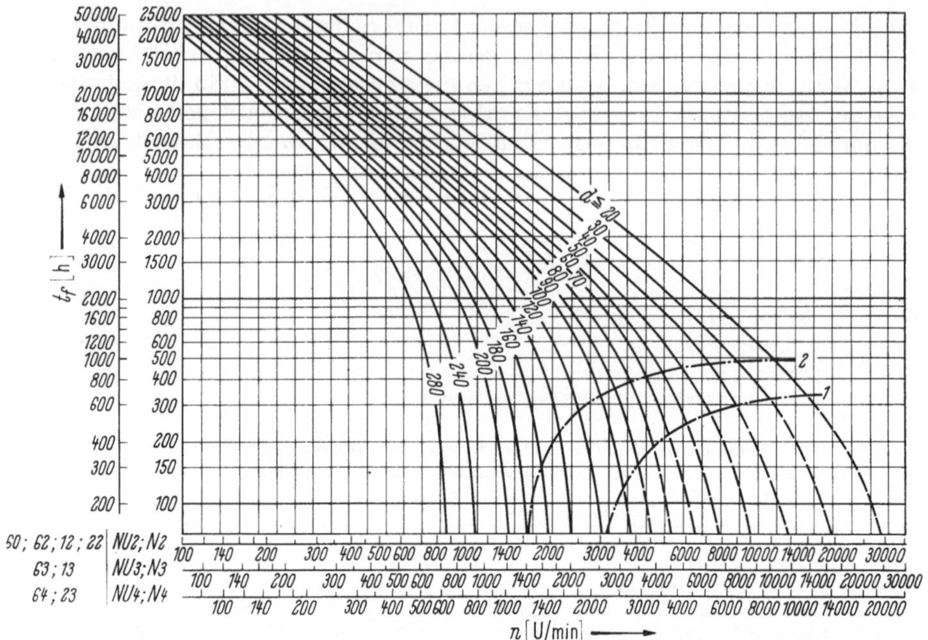

Abb. 128.  Grundwerte der Schmierfristen von Radial-Kugellagern und Zylinderrollenlagern

*1* Drehzahlgrenze für fettgeschmierte Rillenkugellager, Geschwindigkeitsbeiwert $A = 500\,000$ (s. Abschn. 11)
*2* Drehzahlgrenze für fettgeschmierte Zylinderrollenlager, $A = 400\,000$

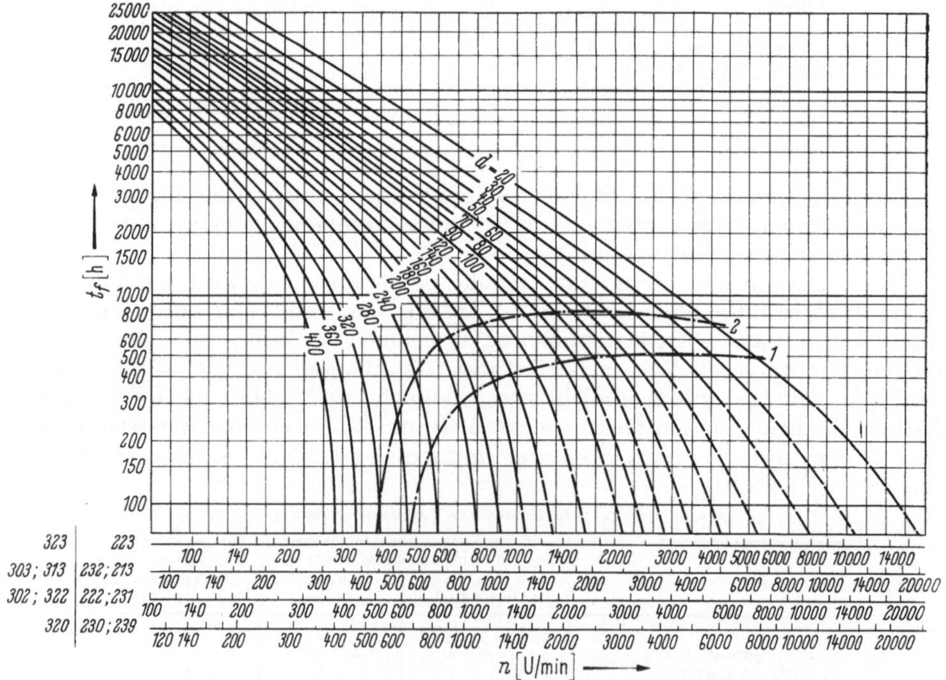

Abb. 129.  Grundwerte der Schmierfristen von Pendelrollenlagern und Kegelrollenlagern

*1* Drehzahlgrenze entsprechend Geschwindigkeitsbeiwert $A = 250\,000$ (s. Abschn. 11)
*2* Drehzahlgrenze entsprechend $A = 200\,000$

die Grundwerte für die Nachschmierfristen nach Abb. 128 und 129 multipliziert werden können. Die größeren Werte gelten für Drehzahlen bis $^2/_3$ der in den Katalogen angegebenen Grenzdrehzahlen, die kleineren Werte für Drehzahlen darüber.

Bei Betriebstemperaturen über 70 °C, am Außenring gemessen, muß die so ermittelte Nachschmierfrist verkürzt werden. Der anzuwendende Reduktionsfaktor kann aus Abb. 130 entnommen werden.

### 13.11 Dauerschmierung

Dauerschmierung ist anwendbar, wenn die Schmierfrist entweder größer als die Lebensdauer des Lagers oder größer als die Grundüberholungszeit der betreffenden Maschine ist. Die Wälzlager erhalten dann bei der Montage eine einmalige Fettfüllung. Da ein Teil des Fetts während des Betriebs aus dem Lager verdrängt wird, soll neben dem Lager soviel freier Raum vorgesehen werden, daß das überschüssige Fett aufgenommen werden kann.

Zu den Lagern mit Dauerschmierung gehören auch die abgedichteten Rillenkugellager mit zwei Deckscheiben (2Z) oder zwei Dichtscheiben (2RS), die vom Wälzlagerhersteller bereits mit Fettfüllung geliefert werden. Die Gebrauchsdauer dieser Lager ist gleich der Nachschmierfrist, die nach Abschn. 13.1 bestimmt werden kann.

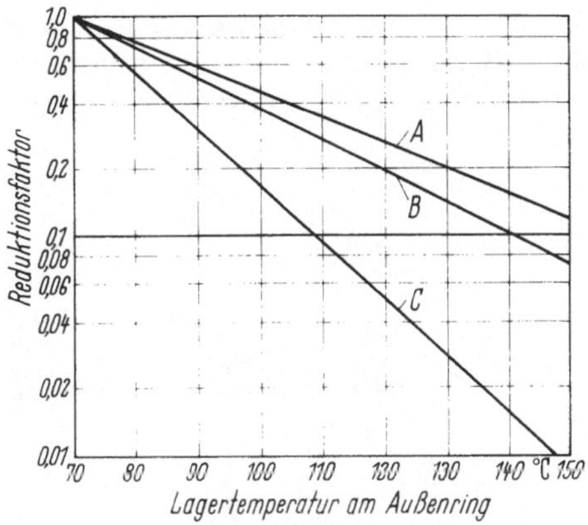


Abb. 130. Reduktionsfaktoren für die Schmierfrist bei Temperaturen über 70 °C

*A* besonders alterungsbeständige Fette und gute Abdichtung, einschließlich Lager mit Dichtscheiben (2RS)
*B* Lager mit Deckscheiben (2Z)
*C* normale Fette, unvollständige Abdichtung

### 13.12 Nachschmierung

Ist Nachschmierung erforderlich, so müssen die Schmiervorrichtungen so ausgebildet sein, daß das Frischfett mit Sicherheit in das Lagerinnere gelangt und das verbrauchte Fett verdrängt. Neben dem Lager ist genügend freier Raum vorzusehen, damit sich überschüssiges oder verbrauchtes Fett absetzen kann. Ist öfter nachgeschmiert worden, sollte das Lagergehäuse geöffnet und das verbrauchte Fett entfernt werden. Es besteht auch die Möglichkeit der kontinuierlichen Fettzuführung. Hierfür sind Spezialpumpen im Handel erhältlich. Technische und wirtschaftliche Vorteile verspricht eine neue automatische Nachschmierung mit kleinen Fettmengen, die intermittierend in das Lager gespritzt werden[1].

Bei Lagern, die sich sehr langsam oder nur kurzzeitig drehen, aber gut gegen Korrosion geschützt werden sollen, werden Lager und Gehäuse am besten ganz mit Fett gefüllt. Dagegen darf bei Lagern, die sich schnell drehen, der freie Raum im Lager und Gehäuse nur teilweise (im allgemeinen zu 30 bis 50%) mit Fett gefüllt werden. Wird bei umlaufendem Lager nachgeschmiert, so kann die eingebrachte Fettmenge durch eine an geeigneter Stelle angebrachte Entlüftungsbohrung grob geregelt werden. Eine sichere Einrichtung zur Verhinderung des Überschmierens stellt der im folgenden Abschnitt beschriebene Fettmengenregler dar.

---

[1] ORTE, S.: Intermittierende Schmierung mit kleinen Fettmengen. Die Kugellager-Zeitschrift Nr. 148, S. 15—18.

### 13.13 Fettmengenregler

Eine zu große Fettmenge kann zu starker Walkarbeit, Erwärmung, zur Zersetzung des Fetts und zum Heißlauf des Lagers führen.

Bei Lagern, die oft nachgeschmiert werden müssen, können durch die Anwendung eines Fettmengenreglers sowohl die Nachteile einer Überschmierung als auch Betriebsunterbrechungen vermieden und die Wartung wesentlich vereinfacht werden. Die Ausführung einer Lagerung mit Fettmengenregler zeigt Abb. 131. Die Einrichtung besteht aus einer mit der Welle umlaufenden Schleuder- oder Reglerscheibe, die gegenüber dem Lagergehäuse oder dem Gehäusedeckel einen radialen oder kegeligen Spalt bildet. Wenn die Fettmenge im Lagerraum eine bestimmte Grenze überschreitet, wird ein Teil des Fetts gegen die Reglerscheibe geschoben und von ihr in den radialen Spalt mitgenommen. Das Fett gelangt bis zum Umfang der Scheibe, wird in einen Ringkanal im Deckel abgeschleudert und in die Ablaßöffnung $A$ gedrängt.

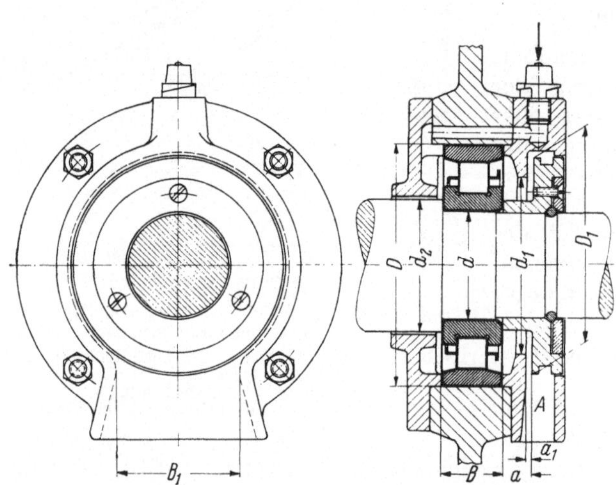

Abb. 131. Lagergehäuse mit Fettmengenregler für waagerechte Wellen

Damit das zugeführte Fett vom Lager nicht in Umlauf versetzt wird, sollten am zuführungsseitigen Deckel radiale Wände oder Rippen vorgesehen werden, die gleichzeitig dazu dienen, das frisch zugeführte Fett in das Lagerinnere zu leiten. In Tab. 38 sind geeignete Maße für die Ausführung von Fettmengenreglern angegeben.

Eine ähnliche Konstruktion kann auch für senkrechte Wellen verwendet werden. Hierbei wird $B_1$ und $a_1$ wie bei waagerechter Welle und $a = 3$ bis 6 mm gewählt. Wenn sich der Regler unter dem Lager befindet, gilt außerdem

$$D_1 \geqq 1{,}15 \cdot d_1,$$

wobei

$$d_1 \geqq (d + D)/2.$$

Wenn sich der Regler über dem Lager befindet, wählt man

$$D_1 \geqq 1{,}2 \cdot d_1,$$

wobei

$$d_1 \geqq \text{Innendurchmesser des Lageraußenrings.}$$

### 13.14 Wahl des Schmierfetts

Die Auswahl der Wälzlagerfette erfolgt nach der Temperaturbeständigkeit, dem Verhalten gegenüber Wasser und Feuchtigkeit, der Konsistenz und dem Dichtungsvermögen. Die bekanntesten Schmierfette sind durch Seifen eingedickte Öle. Auch

Tabelle 38. *Maße für Fettmengenregler*, s. Abb. 131

| $d$ Durchmesserreihe | | | $d_1$ | $D_1$ | $B_1$ min. | $a$ | $a_1$ $\sim$ |
| 2 | 3 | 4 | | | | | |
| --- | --- | --- | --- | --- | --- | --- | --- |
| 10 | 9 | — | 21 | 28 | 15 | 4 bis 8 | 1,5 |
| 12 | 10 | — | 23 | 30 | 15 | 4 bis 8 | 1,5 |
| 15 | 12 | — | 26 | 34 | 17 | 4 bis 8 | 1,5 |
| 17 | 15 | — | 30 | 38 | 20 | 5 bis 10 | 1,5 |
| 20 | 17 | — | 34 | 44 | 22 | 5 bis 10 | 1,5 |
| 25 | 20 | 17 | 38 | 48 | 25 | 5 bis 10 | 1,5 |
| 30 | 25 | 20 | 46 | 58 | 30 | 6 bis 12 | 1,5 |
| 35 | 30 | 25 | 53 | 65 | 34 | 6 bis 12 | 1,5 |
| 40 | 35 | 30 | 60 | 75 | 38 | 6 bis 12 | 1,5 |
| 45 | 40 | 35 | 65 | 80 | 40 | 6 bis 12 | 1,5 |
| 50 | 45 | 40 | 72 | 88 | 45 | 8 bis 15 | 2 |
| 55 | 50 | 45 | 80 | 98 | 50 | 8 bis 15 | 2 |
| 60 | 55 | 50 | 87 | 105 | 55 | 8 bis 15 | 2 |
| 65 | 60 | — | 95 | 115 | 60 | 8 bis 15 | 2 |
| 70 | — | 55 | 98 | 120 | 60 | 10 bis 20 | 2 |
| 75 | 65 | 60 | 103 | 125 | 65 | 10 bis 20 | 2 |
| 80 | 70 | 65 | 110 | 135 | 70 | 10 bis 20 | 2 |
| 85 | 75 | — | 120 | 145 | 75 | 10 bis 20 | 2 |
| 90 | 80 | 70 | 125 | 150 | 75 | 10 bis 20 | 2 |
| 95 | 85 | 75 | 135 | 165 | 85 | 10 bis 20 | 2 |
| 100 | 90 | 80 | 140 | 170 | 85 | 12 bis 25 | 2,5 |
| 105 | 95 | 85 | 150 | 180 | 90 | 12 bis 25 | 2,5 |
| 110 | 100 | 90 | 155 | 190 | 95 | 12 bis 25 | 2,5 |
| 120 | 105 | 95 | 165 | 200 | 100 | 12 bis 25 | 2,5 |
| — | 110 | 100 | 175 | 210 | 105 | 12 bis 25 | 2,5 |
| 130 | — | 105 | 180 | 220 | 110 | 15 bis 30 | 2,5 |
| 140 | 120 | 110 | 195 | 240 | 120 | 15 bis 30 | 2,5 |
| 150 | 130 | 120 | 210 | 260 | 130 | 15 bis 30 | 2,5 |
| 160 | 140 | — | 225 | 270 | 135 | 15 bis 30 | 2,5 |
| 170 | 150 | 130 | 240 | 290 | 145 | 15 bis 30 | 2,5 |
| 180 | 160 | 140 | 250 | 300 | 150 | 20 bis 35 | 3 |
| 190 | 170 | 150 | 265 | 320 | 160 | 20 bis 35 | 3 |
| 200 | 180 | — | 280 | 340 | 170 | 20 bis 35 | 3 |
| — | 190 | — | 295 | 360 | 180 | 20 bis 40 | 3 |
| 220 | 200 | — | 310 | 380 | 190 | 20 bis 40 | 3 |
| 240 | 220 | — | 340 | 410 | 205 | 20 bis 40 | 3 |
| 260 | 240 | — | 370 | 450 | 225 | 25 bis 50 | 3 |
| 280 | 260 | — | 395 | 480 | 240 | 25 bis 50 | 3 |
| 300 | 280 | — | 425 | 510 | 255 | 25 bis 50 | 3 |

Tabelle 39. *Wälzlagerfette*

| Fettart | Dickungs-mittel | Gebrauchs-temperatur im Dauerbetrieb in °C | Verhalten gegen Wasser |
| --- | --- | --- | --- |
| Kalkseifenfett | Ca | −30 bis + 50 | nicht löslich (wasserabweisend) |
| Natronseifenfett | Na | −30 bis + 90 | wenig löslich, emulgierfähig |
| Natronkaliseifenfett | Na + K | −30 bis +100 | leicht löslich, emulgierfähig |
| Lithiumseifenfett | Li | −30 bis +130 | schwer löslich |

anorganische Stoffe können als Dickungsmittel dienen. Bei den Gelfetten wird Kieselsäure oder Bentonit als Dickungsmittel verwendet. Synthetische Schmierfette enthalten anstelle von Mineralöl Syntheseöle, z. B. Silikonöl, Esteröl u. a. und haben einen gegenüber Mineralfetten erweiterten Temperaturbereich von —75° bis 230 °C.

Nach dem Dickungsmittel wird die Einteilung bzw. die Kennzeichnung der Schmierfette vorgenommen. In Tab. 39 sind die hauptsächlichen Arten von Wälzlagerfetten mit ihren Temperaturbereichen und dem Verhalten gegenüber Wasser aufgeführt. Wegen der auf vielen Anwendungsgebieten höher gewordenen Betriebstemperaturen, meist infolge von Drehzahlsteigerungen, haben Lithiumseifenfette an Bedeutung gewonnen. Sie sind vielfach, u. a. bei Schienen- und Straßenfahrzeugen (Radlagerungen), im Zuge der erhöhten Fahrgeschwindigkeiten an die Stelle von Natronseifenfetten getreten. Durch Beimischung von Inhibitoren wird das Oxydationsverhalten verbessert.

Beim Nachschmieren ist zu beachten, daß nicht alle Schmierfette miteinander gemischt werden dürfen. Natronseifenfette dürfen nur mit anderen Natronseifenfetten gemischt werden. Dagegen können Kalkseifenfette und Lithiumseifenfette miteinander gemischt werden.

## 13.2 Ölschmierung

Die gebräuchlichsten Schmiersysteme sind:

Tauch- oder Ölbadschmierung,
Spritzölschmierung,
Umlaufschmierung,
Frischölschmierung.

### 13.21 Tauch- oder Ölbadschmierung

Dieses einfache Schmiersystem reicht für waagerechte Wellen und mäßige Drehzahlen aus. Der Ölstand soll etwa bis zur Mitte des untersten Wälzkörpers reichen. Er wird durch ein Ölstandglas oder eine Kontrollschraube überwacht.

Bei hoher Ölviskosität, wie sie z. B. bei langsam laufenden, hochbelasteten Axial-Pendelrollenlagern erforderlich ist, hat die Ölbadschmierung vor den anderen Schmiersystemen den Vorteil, daß Schwierigkeiten der Ölförderung entfallen.

### 13.22 Spritzölschmierung

Vor allem in Zahnradgetrieben reicht vielfach das Spritzöl oder der Öldunst, der sich im Gehäuse befindet, zur Schmierung der Wälzlager aus. Für das Anfahren nach Betriebsunterbrechungen ist eine Anfangsschmierung sicherzustellen. Diese ist unter der Voraussetzung, daß die Welle waagerecht liegt, bei Rillenkugellagern, Zylinderrollenlagern der Bauart NU und Pendelrollenlagern in gewissem Umfang dadurch gegeben, daß sich im Stillstand im unteren Teil der Außenringlaufbahn ein Teil des ablaufenden Öls sammelt. Trotzdem empfiehlt es sich auch bei diesen Lagern, die Ölablaufkanäle nicht an der tiefsten Stelle, sondern so hoch anzuordnen, daß sich im Stillstand ein Ölstand bis etwa Mitte des untersten Wälzkörpers bildet. Dies kann auch durch Stauränder oder Stauscheiben erreicht werden. Bei Lagern, aus denen das Öl ganz ablaufen kann, z. B. Kegelrollenlagern, sind derartige Maßnahmen besonders wichtig.

### 13.23 Umlaufschmierung

Eine Umlaufschmierung kommt vor allem dann in Betracht, wenn durch das Öl Wärme abgeführt werden soll, ferner bei schrägliegenden Wellen oder wenn aus anderen Gründen eines der vorher genannten Schmiersysteme nicht anwendbar ist.

In der einfachsten Form wird das Öl aus einem Sammel- und Vorratsraum im Gehäuse durch einen Schmierring oder durch mit der Welle umlaufende Teile, wie Schleuderscheiben, Ölschöpfer oder Zahnräder, gefördert, ähnlich wie bei der Spritzölschmierung. Das von den Gehäusewänden ablaufende Öl wird in Rinnen oder Taschen gesammelt und durch Bohrungen oder Kanäle dem Lager zugeführt.

Bei höheren Ansprüchen an die Schmierung, insbesondere wenn größere Ölmengen erforderlich sind oder wenn viele Lagerstellen und außer den Lagern noch andere Schmierstellen zu versorgen sind, wird eine Ölpumpe verwendet.

Bei kleinen Ölmengen und normalen Drehzahlen wird angestrebt, daß das Öl das Lager von der einen zur anderen Seite durchfließt. Bei größeren Ölmengen ist vor allem für einen unbehinderten Ölablauf zu sorgen. Wenn der Ölablauf durch Bohrungen oder Kanäle erfolgt, sollen diese einen möglichst großen Querschnitt haben. Besonderes Augenmerk ist auch darauf zu richten, daß die Dichtungen nicht durch sich stauendes Öl beansprucht werden. In dieser Hinsicht ist beachtenswert, daß manche Lager mit unsymmetrischem Querschnitt oder unsymmetrischen Käfigen bei höheren Umfangsgeschwindigkeiten eine Pumpwirkung ausüben, die nicht direkt gegen eine Dichtung gerichtet sein soll. Andererseits kann die Förderwirkung bei entsprechender Anordnung der Ölzufluß- und -abflußseite dazu ausgenützt werden, die Ölzirkulation zu unterstützen und die Dichtung zu entlasten.

Bei hohen Drehzahlen oder bei Wärmezufuhr aus der Umgebung ist die Schmierung und die Wärmeabführung gemeinsam zu betrachten. Für die eigentliche Schmierung wird auch in diesen Fällen nur eine kleine Ölmenge benötigt, wobei aber bei sehr hohen Drehzahlen dafür gesorgt werden muß, daß überhaupt Öl durch den mit dem Käfig umlaufenden Luftwirbel an die zu schmierenden Berührungsstellen im Innern des Lagers gelangt.

Auf die Lagerkühlung hat neben der Ölmenge die Ölzuflußtemperatur einen starken Einfluß. Eine Senkung der Ölzuflußtemperatur wirkt sich bis zu 80% auf die Laufbahntemperatur aus. Die Rückkühlung des Öls ist daher ein weiteres wirksames Mittel zur Beeinflussung der Lagertemperatur.

Wenn größere Ölmengen zur Wärmeabführung erforderlich sind, ist eine Schmieranordnung zweckmäßig, bei der nicht die ganze Ölmenge durch das Lager geführt wird, weil sonst eine erhebliche zusätzliche Ölreibung entsteht, die den Leistungsbedarf erhöht, das Schmieröl thermisch und mechanisch stark beansprucht und einen größeren Ölkühler erforderlich macht.

Ein bei schwierigen Betriebsbedingungen besonders wirksames Schmiersystem ist die *Einspritz- oder Ölstrahlschmierung*. Die Strahlgeschwindigkeit wird so hoch gewählt, daß ein Teil des Öls den mit dem Käfig umlaufenden Luftwirbel durchdringt. Bei Geschwindigkeitskennwerten von $n \cdot d_m \geqq 1{,}2 \cdot 10^6$ ist hierzu eine Strahlgeschwindigkeit von ca. 20 m/s notwendig.

Der Ölstrahl wird am besten schräg gegen den Innenring bzw. den Spalt zwischen Innenring und Käfig gerichtet, und zwar bei Einspritzung von *einer* Seite entgegen der Richtung der Axialbelastung des Innenrings. Der größere Teil des Öls wird zurückgeschleudert, erhöht also nicht die Walkarbeit im Lager. Die Wärmeabführung wird gleichmäßiger, wenn der Innenring nicht nur aus einer Düse, sondern aus zwei oder mehreren, gleichmäßig am Umfang verteilten Düsen angespritzt wird. Die Lagertemperatur kann am weitesten gesenkt werden, wenn mehrere

Düsen auf beiden Seiten des Lagers angebracht werden. Da der Düsendurchmesser wegen der Verstopfungsgefahr nicht beliebig klein gemacht werden kann, ergeben sich verhältnismäßig große Ölmengen. Am vorteilhaftesten ist es deshalb, das Öl intermittierend zuzuführen.

Außer Zahnrad-, Kolben- und Membranpumpen ist ein Gerät auf dem Markt, das für die Erzeugung eines Ölstrahls mit hoher Strahlgeschwindigkeit besonders gut geeignet ist. Es handelt sich im Prinzip um ein flaches Torsionsrohr, das über einen Hebel in rascher Folge verdrillt wird, wodurch sich eine Volumenänderung ergibt. Mit dieser Pumpe können Drücke bis 6 atü erzeugt werden. Durch einen Impuls-Kontaktgeber kann auch eine intermittierende Ölförderung mit regulierbaren Intervallen eingestellt werden. Das Gerät besitzt keine gleitenden und verschleißenden Teile und hat sich unter anderem bei hochtourigen Innenschleifspindeln bewährt, deren Gebrauchsdauer damit auf ein Mehrfaches gesteigert werden konnte.

## 13.24 Frischölschmierung

Frischöl- oder Verbrauchsschmierung wird angewendet, wenn — ohne großen Aufwand — keine Möglichkeit besteht, das von den Lagern ablaufende Öl zu sammeln und erneut zuzuführen. Ein anderer Grund kann sein, daß die Lagertemperatur so hoch ist, daß das Öl bereits bei einem Durchlauf durch das Lager stark gealtert oder verbraucht ist.

Die Frischölschmierung kann als Tropfölschmierung ausgebildet werden, die aber für Wälzlager nur noch selten angewendet wird. Auch jede andere Art einer dosierten Ölzuführung kann angewendet werden, z. B. durch eine Kolbenpumpe oder eine intermittierend arbeitende Ölstrahlpumpe. Die letztere Methode ergibt eine besonders geringe Reibung und eine wirkungsvolle Schmierung bei sehr hohen Drehzahlen.

Ein weiteres Schmiersystem mit vielen Vorteilen, u. a. denen kleiner Ölmenge und geringer Reibung, ist die Ölnebelschmierung, die sich besonders gut als Zentralschmiersystem eignet. In einem besonderen Gerät wird Öl vernebelt, d. h. in feinstverteilter Form einem Druckluftstrom beigemischt. Die Druckluft, die einem Kompressor oder einem zentralen Druckluftnetz entnommen werden kann, wird vor Eintritt in das Gerät durch Filter von Feuchtigkeit und mechanischen Verunreinigungen befreit sowie durch einen Druckregler auf einen konstanten Druck geregelt. Der Ölnebel wird durch Rohrleitungen zu den Schmierstellen geführt. Unmittelbar vor den Lagerstellen befinden sich vielfach Verdichternippel, in denen die Ölteilchen zum größten Teil ausgefällt und in Tropfenform den Lagern zugeführt werden. In der gebräuchlichen Form handelt es sich dabei um eine Frischölschmierung, d. h. das Öl wird nicht zurückgewonnen. Die durch das Lager strömende Luft übt eine Kühlwirkung aus. Hierdurch und wegen der geringen Lagerreibung eignet sich die Ölnebelschmierung vor allem auch für hohe Drehzahlen bis $n \cdot d_m = 1 \cdot 10^6$, in Sonderfällen auch darüber. Ein weiterer Vorteil ist der gute Schutz gegen das Eindringen von Fremdkörpern und Feuchtigkeit, weil der Lagerraum stets unter einem gewissen Überdruck steht. Bei Werkzeugmaschinenspindeln kann man auf diese Weise auch verhindern, daß in Betriebspausen durch das Atmen bei der Abkühlung Schleifstaub oder Kühlflüssigkeit in den Lagerraum eindringen.

Eine Frischöl- oder Verbrauchsschmierung liegt auch bei Zweitakt-Ottomotoren mit Kurbelkastenspülung vor. Dem Kraftstoff wird Motoröl beigemischt. Beim Ansaughub gelangt das Öl zusammen mit dem Kraftstoff und der Verbrennungsluft ins Kurbelgehäuse. Hier findet ein teilweises Ausscheiden des Öls, u. a. an den Kurbelwellen- und Pleuellagern, statt. Damit wird eine ausreichende Schmierung erzielt, wenn auch der Korrosionsschutz vielfach unbefriedigend ist.

### 13.25 Schmierung bei senkrechter Welle

Bei senkrechter Welle kann ein Ölkreislauf auch ohne zusätzliches Pumpenaggregat erreicht werden. Direkt mit der Welle verbundene einfach gestaltete Drehteile sorgen für die Förderung des Schmieröls vom Ölsumpf zur Lagerstelle. Der Ölkreislauf kann durch die Eigenförderung entsprechend angeordneter Lager, insbesondere solcher mit unsymmetrischen Käfigen, unterstützt werden. Bei dem vierpoligen Vertikalmotor, Abb. 132, dessen Traglager aus einer Lagergruppe mit getrennter Aufnahme von Radial- und Axiallast besteht, fördert eine unter den Lagern angeordnete Hülse mit Außenkegel das Öl aus dem Sumpf unter Ausnützung der Fliehkraft nach oben. Die Förderwirkung wird durch einen neben der Hülse in einem Abstand von 0,5 bis 1 mm angebrachten, ebenfalls in das Ölbad eintauchenden stillstehenden Stift *St* wesentlich gefördert. Der Ölrücklauf erfolgt durch eine außenliegende Ölleitung mit zwischengeschaltetem Schauglas. Dieselbe Anordnung ist für die Schmierung des Loslagers, eines Zylinderrollenlagers der Bauform NU, vorgesehen.

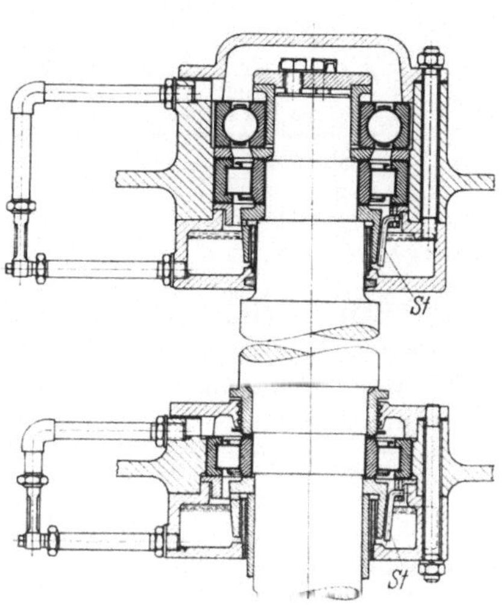

Abb. 132. Lagerung der Läuferwelle eines Vertikalmotors

### 13.26 Ölmenge

Die Ölmenge, die den Lagern zugeführt werden muß, ist stark von den Einbau- und Betriebsverhältnissen im Einzelfall abhängig, so daß keine allgemeingültige und genaue Berechnungsmethode angegeben werden kann. Bei Neukonstruktionen ist es vielfach am besten, die günstigste Ölmenge bei einem Probelauf, bei dem die Öl- und Lagertemperaturen im Beharrungszustand gemessen werden, einzustellen.

Für Ölnebelschmierung oder eine andere dosierte Schmierung, bei der das Öl keine Wärme abführen muß, kann man nach folgender Formel rechnen:

$$G = G_0 k_1 k_2 k_3 \quad [\text{g/h}]. \tag{84}$$

Hierbei ist

$G_0$  absolut kleinste erforderliche Ölmenge in g/h, Tab. 40a,
$k_1$  Beiwert für den Einfluß von Lagergröße und Drehzahl, Tab. 40b,
$k_2$  Beiwert für den Einfluß des Schmiermittelvorrats im Lagergehäuse, Tab. 40c,
$k_3$  Beiwert für den Einfluß der Lagertemperatur, Tab. 40d.

Wenn bei Umlaufschmierung größere Wärmemengen abgeführt werden sollen, kann man vom Reibungsmoment $M$ in kpmm nach Abschn. 5 und von der Verlustleistung des Lagers ausgehen. Die Verlustleistung ist

$$W_F = 0,00103 \cdot M \cdot n \quad [\text{W}]. \tag{85}$$

Tabelle 40. *Erfahrungswerte zur Berechnung der Ölmenge bei Ölnebelschmierung*

a)

| Lagerbauart | $G_0$ |
| --- | --- |
| Kugellager | 0,1 |
| Zylinderrollenlager | 0,2 |
| Pendelrollenlager | 0,4 |

b)

| $n \cdot d^{1,5}$ | $k_1$ |
| --- | --- |
| kleiner als 100000 | 1 |
| 100000 bis $1 \cdot 10^6$ | 2 |
| größer als $1 \cdot 10^6$ | 4 |

$n$ Drehzahl in U/min,
$d$ Bohrungsdurchmesser in mm

c)

| Schmiermittelvorrat im Lagergehäuse | $k_2$ |
| --- | --- |
| groß | 1 |
| klein | 2 |
| freier Ablauf | 4 |

d)

| Lagertemperatur in °C | $k_3$ |
| --- | --- |
| bis 70 | 1 |
| 70 bis 100 | 2 |
| 100 bis 130 | 4 |
| 130 bis 160 | 8 |

Die Wärme wird vom Lager an das Gehäuse, an die Welle, an das Öl und die umgebende Luft abgegeben. Es kann aber auch der Fall vorliegen, daß von benachbarten Wärmequellen, z. B. von den Zahneingriffen in einem Getriebe, Wärme zugeführt wird.

Die vom Öl abgeführte Wärmeleistung ist

$$W = 1,163\,Gc\,(t_a - t_e) \quad [\mathrm{W}]. \tag{86}$$

Hierbei ist

$G$   Ölmenge in kg/h,
$c$   spezifische Wärme des Öls in kcal/kg°C,
$t_e$   Öleintrittstemperatur in °C,
$t_a$   Ölaustrittstemperatur in °C.

Die von einem Stehlagergehäuse an die umgebende Luft abgegebene Wärmeleistung kann näherungsweise durch einen Kühlfaktor $W_s$ [W/°C] ausgedrückt werden. Dabei bezieht sich $W_s$ auf eine mittlere Lagertemperatur von Innenring und Außenring. Für den Beharrungszustand gilt

$$W_F = W_s\,(t_m - t_0) \quad [\mathrm{W}]. \tag{87}$$

Hierbei ist $t_0$ die Temperatur der umgebenden Luft.

Der Kühlfaktor kann auf die Oberfläche des Lagergehäuses bezogen werden, die mit den Bezeichnungen in Abb. 133 näherungsweise nach der Formel

$$A \approx \pi H_1 \left( B_1 + \frac{H_1}{2} \right) \quad [\mathrm{cm}^2] \tag{88}$$

berechnet werden kann.

Für normale Stehlagergehäuse können Zahlenwerte für $W_s$ der Tab. 41 entnommen werden.

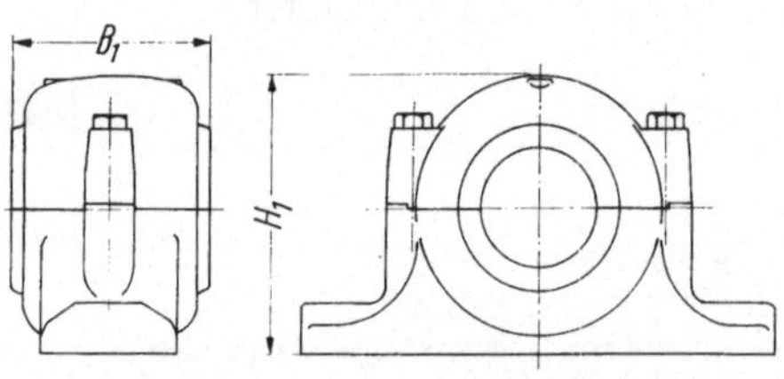

Abb. 133. Maße zur Berechnung der Kühlfläche von Stehlagergehäusen

Die Kühlwirkung der Welle und die Luftgeschwindigkeit berücksichtigen die folgenden Näherungsformeln für Betonfundament:

$$W_s = (0,04 \text{ bis } 0,06)\,D^{3/2}v^{1/2} \quad [\mathrm{W/°C}], \tag{89}$$

Tabelle 41. *Kühlfaktor* $W_s$

| Einbauart | $W_s$ [W/grd] | |
| --- | --- | --- |
| | Geringe Luftbewegung | Stärkere Luftbewegung |
| Betonfundament | 0,003 $A$ | 0,005 $A$ bis 0,006 $A$ |
| Maschinenrahmen | 0,004 $A$ | 0,006 $A$ bis 0,007 $A$ |

Eisenfundament, Lagergehäuse auf Maschinenrahmen:

$$W_s = (0,2 \text{ bis } 0,3)\,D^{5/4} v^{1/3} \quad [\text{W}/°\text{C}]. \tag{90}$$

Hierbei ist

$D$    Manteldurchmesser des Lagers in cm,
$v$    Luftgeschwindigkeit in m/s.

Die niedrigeren Beiwerte gelten für kurze, die höheren für lange Wellen.

### 13.27 Wahl des Schmieröls

Das wesentliche Merkmal für die Klassifizierung der Schmieröle ist die Viskosität. Die Viskosität der Öle ist temperatur- und druckabhängig. Sie nimmt mit steigender Temperatur ab und mit steigendem Druck zu. Üblicherweise wird jedoch nur die Temperaturabhängigkeit der Viskosität berücksichtigt. Die Viskosität wird in Deutschland meistens in Engler-Graden (E) oder Centistokes (cSt) unter Hinzufügung der Bezugstemperatur angegeben.

Die Viskosität des Schmieröls soll bei der Betriebstemperatur des Lagers einen bestimmten Wert nicht unterschreiten. Andererseits darf bei schnellaufenden Lagern die Viskosität nicht zu hoch sein, weil sonst der Bewegungswiderstand und die Wärmeerzeugung im Lager stark anwachsen.

Bei mittleren und großen Wälzlagern soll die Viskosität bei Betriebstemperatur nicht unter 12 cSt oder ca. 2 E liegen. Bei kleinen schnellaufenden Lagern werden jedoch mit Rücksicht auf den Reibungswiderstand, vor allem auch auf den Anlaufwiderstand, dünnere Öle verwendet. Eine niedrigere Viskosität als 12 cSt bei Betriebstemperatur kann auch durch die Betriebsweise und das Temperaturniveau der betreffenden Maschine bedingt sein. In solchen Fällen ist es wichtig, daß das Öl auch bei niedriger Viskosität gute Schmiereigenschaften besitzt.

Lager, deren Temperatur durch Wärmezuführung von außen erhöht ist, erfordern ein temperaturbeständiges Öl mit einer der Betriebstemperatur angepaßten höheren Viskosität. Eine höhere Ölviskosität ist auch bei sehr niedrigen Drehzahlen, insbesondere für Axial-Pendelrollenlager, erforderlich. Man verwendet hierfür Öle mit guter Haftfähigkeit und einer Viskosität von 270 bis 400 cSt 50 oder 35 bis 50 E 50. Bei der Verwendung derart zäher Öle ist besonders auf reichlich bemessene Öleinfüll- und Ablaßbohrungen zu achten, vor allem bei Anlagen, die im Freien aufgestellt sind. Mit dem Diagramm Abb. 134 kann die für eine bestimmte Lagergröße und Drehzahl geeignete Ölviskosität bei Betriebstemperatur bestimmt werden. Außerdem kann die Viskosität bei einer der üblichen Bezugstemperaturen, z. B. 50 °C oder 20 °C, abgelesen werden. Damit läßt sich das geeignete Schmieröl bzw. der Schmieröltyp, z. B. nach DIN 51501 oder SAE (für Kraftfahrzeuge), auswählen.

Weitere Voraussetzungen für die Eignung von Schmierölen zur Wälzlagerschmierung sind Reinheit von Fremdstoffen und Säurefreiheit. Unter normalen

Bedingungen sind keine legierten Öle, d. h. Öle mit Wirkstoffzusätzen, notwendig. Bei besonderen Anforderungen, insbesondere wenn das Öl gleichzeitig zur Schmierung hochbeanspruchter Kraftübertragungsteile, z. B. bei Zahnradgetrieben, dient, erfolgt die Wälzlagerschmierung mit legierten Ölen, die Zusätze zur Erhöhung der Schmierfähigkeit, des Druckaufnahmevermögens und der Alterungsbeständigkeit enthalten. Zur Wälzlagerschmierung dürfen aber nur solche Öle verwendet

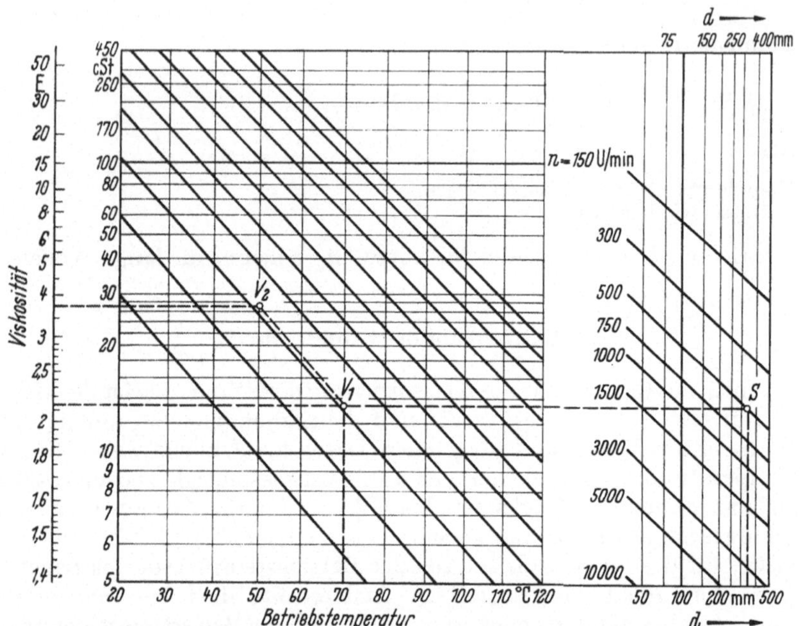


Abb. 134. Wahl des Schmieröls. Das Diagramm gilt für Viskositätsindex 85. E = Engler-Grade (konventionelle Maßeinheit), cSt = Centistokes (1 cSt = 1 mm²/s)
Eingezeichnetes Beispiel: $d$ = 340 mm, $n$ = 500 U/min
Die Waagerechte durch den Schnittpunkt $S$ im rechten Teil des Diagramms zeigt links auf den beiden Leitern die anzustrebende Mindestviskosität in cSt oder E bei Betriebstemperatur. Eine Parallele zu den Viskositätsgeraden im linken Teil des Diagramms durch den Schnittpunkt $V_1$ für die jeweilige Betriebstemperatur bis zum Schnittpunkt $V_2$ mit der Bezugstemperatur gibt die bei letzterer erforderliche Viskosität an

werden, die an den Wälzlagerteilen nicht zu Korrosion, insbesondere auch nicht bei Anwesenheit von Feuchtigkeit (Kondenswasser), führen.

Man unterscheidet Mineralöle und Syntheseöle. Syntheseöle, z. B. Silikonöle, Esteröle und Fluorkohlenstoffe, werden in Sonderfällen bei extrem hohen Drehzahlen und Temperaturen verwendet. Für Flugzeugturbinen sind vor allem Diesteröle mit einem Temperaturbereich bis 290 °C gebräuchlich. Einer allgemeinen Verwendung von Syntheseölen stehen der höhere Preis und gewisse technische Nachteile entgegen. So sind beispielsweise Silikonöle weniger druckfest, d. h. belastbar, als Mineralöle.

Grundsätzlich ist ein Mischen von Mineralölen mit synthetischen Ölen oder von verschiedenen legierten Ölen zu vermeiden, weil chemische Veränderungen und unbekannte Eigenschaften eintreten können.

## 13.3 Schmierung mit Festschmierstoffen

Bei extremen Betriebsbedingungen können konsistente oder flüssige Schmiermittel nicht mehr verwendet werden. Zum Beispiel sind Ofenwagenlager, die in der keramischen Industrie, in Gießereien und Lackierbetrieben verwendet werden, im Betrieb sehr hohen Temperaturen bis 350 °C ausgesetzt. Weitere physikalische Grenzbedingungen, bei denen auf Sonderschmierstoffe übergegangen werden muß, sind Hochvakuum, starke Temperaturschwankungen, extrem trockene Gase und radioaktive Strahlung, wie sie bei Laborgeräten sowie in der Raketen- und Reaktortechnik vorkommen.

Bei Überschreiten bestimmter Temperaturen verlieren Fette und Öle nicht nur ihre Schmierfähigkeit, sondern sie bieten auch keinen Korrosionsschutz mehr. Unter der Voraussetzung, daß die Lager nur mit geringer Geschwindigkeit umlaufen, erhalten Lager für derartige Zwecke eine Schutzschicht aus kolloidalem Graphit oder aus Metallsulfiden, von denen Molybdändisulfid ($MoS_2$) und Wolframdisulfid ($WS_2$) am bekanntesten sind. Dadurch wird ein wirksamer Korrosionsschutz erzielt; außerdem wird die Reibung und der Verschleiß vermindert. Nach besonderen Verfahren geätzte und graphitierte Lager sind über längere Zeit rostgeschützt. Graphit hat gegenüber den Metallsulfiden den Vorteil, daß es wesentlich billiger ist.

Versuche haben gezeigt, daß bei einer bestimmten Belastung die Gesamtzahl der Überrollungen für die Gebrauchsdauer der Trockenschmierschicht maßgebend ist, und zwar innerhalb des zulässigen Drehzahlbereichs fast unabhängig von der Drehzahl. Die Trockenschmierschicht kann erneuert werden, indem das Lager ausgeblasen und anschließend mit in Aceton aufgeschwemmtem Graphit- oder Molybdändisulfidpulver benetzt wird.

Wegen der lamellaren Struktur von Graphit und $MoS_2$ benötigen die damit behandelten Lager eine vergrößerte Radialluft.

Dagegen steigern Festschmierstoffzusätze zu Seifenfetten nicht deren Temperaturbeständigkeit. Es können hierdurch lediglich die Notlaufeigenschaften verbessert werden.

Wenn hohe Geschwindigkeit und hohe Temperatur zusammentreffen, sind die Anforderungen an den Schmierstoff besonders hoch. Hierfür geeignete Trockenschmiermittel befinden sich in Entwicklung. Zum Teil handelt es sich um Mischungen von Graphit oder Metallsulfiden mit Metallpulvern oder Metalloxyden. Auch aufgedampfte Silber- oder Bleischichten werden für Spezialzwecke bei Betriebstemperaturen von 350 bis 400 °C angewendet.

Für eine andere Anwendung der Trockenschmierung wird der Käfig aus Fluorkohlenstoffharz (Teflon) mit Glasfaserverstärkung und eingelagertem $MoS_2$ oder aus einem Sinterwerkstoff, der $MoS_2$ enthält, hergestellt. Die umlaufenden Wälzkörper berühren den Käfig, nehmen dabei selbsttätig den Schmierstoff ab und übertragen ihn auf die Laufbahnen.

## 13.4 Lagertemperatur und Kühlung

Die Lagertemperatur wird durch folgende Faktoren bestimmt:

Verlustleistung des Lagers,
Wärmezufuhr von benachbarten Wärmequellen,
Wärmeabführung an die Umgebung.

Aus Gl. (85) und (87) (s. Abschn. 13.26) ergibt sich

$$t_m = 0{,}00103 \, \frac{M_R n}{W_s} + t_0 . \tag{91}$$

Hierbei ist

$t_m$    mittlere Lagertemperatur in °C,
$t_0$    Temperatur der umgebenden Luft in °C,
$M_R$    Reibungsmoment des Lagers in kpmm,
$n$    Drehzahl in U/min,
$W_s$    Kühlfaktor in W/grd.
   [Für Stehlagergehäuse kann $W_s$ näherungsweise nach Gl. (88) bis (90) bzw. Tab. 41
   berechnet werden.]

Auf Grund der mittleren Lagertemperatur $t_m$ kann beurteilt werden, ob die natürliche Wärmeabführung ausreicht. In den meisten Fällen sind keine besonderen Maßnahmen zur Abführung der durch die Verlustleistung der Wälzlager allein entstehenden Wärme erforderlich. Häufiger ist eine künstliche Kühlung notwendig, um der Fremderwärmung entgegenzutreten. Lediglich in Sonderfällen, z. B. bei sehr hohen Drehzahlen und Belastungen, kann bereits die Eigenerwärmung der

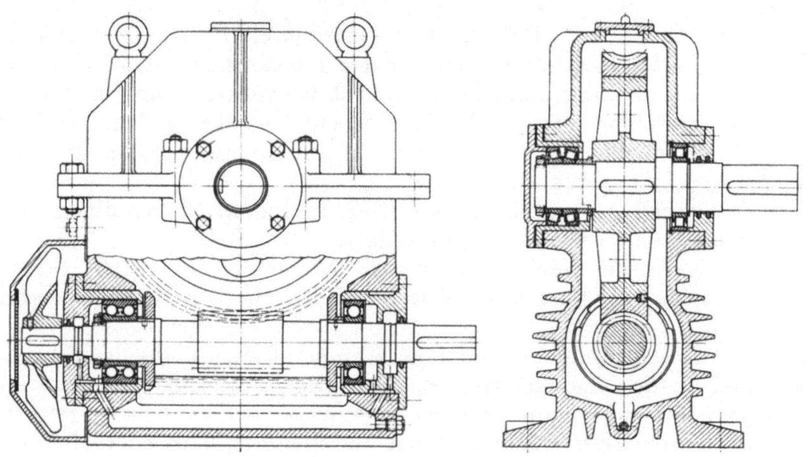

Abb. 135. Schneckengetriebe mit Luftkühlung des Gehäuses

Lager so groß werden, daß die natürliche Wärmeabführung nicht mehr genügt, um Lagertemperatur und Schmiermitteltemperatur in zulässigen Grenzen zu halten, insbesondere wenn das gesamte Temperaturniveau der betreffenden Maschine hoch liegt. Es ist dann erforderlich, die Wärmeabführung durch geeignete Maßnahmen zu steigern.

Bei Ölschmierung kann die Wärmeabführung durch Rückkühlung des Öls verbessert werden. Hierzu trägt bereits ein großer Ölraum im unteren Gehäuseteil bei. Die Kühlfläche kann, falls erforderlich, durch Rippen vergrößert werden. Bei Aggregaten in Fahrzeugen, die sich im Fahrtwind befinden, ergibt sich auf diese Weise eine sehr intensive Kühlwirkung. Bei stationären Maschinen kann eine künstliche Luftströmung entlang dem Gehäuse erzeugt werden, wie z. B. bei dem Schneckengetriebe nach Abb. 135 durch ein auf der Schneckenwelle angebrachtes Flügelrad. Die Kühlung hat in diesem Fall primär den Zweck, die an der Verzahnung entstehende Wärme abzuführen.

Befinden sich in der Nähe des Lagers Wärmequellen, die durch Leitung und Strahlung die Lager- oder Schmiermitteltemperatur unzulässig erhöhen würden, so ist die Lagerstelle abzuschirmen. Nach Möglichkeit werden unmittelbar diejenigen Teile, die Wärme in die Lager leiten, gekühlt. Je nachdem, wo sich die

Wärmequelle befindet, kann dies durch Kühlung des Gehäuses oder der Welle erfolgen. Die Wärmezufuhr durch die Welle kann dadurch vermindert werden, daß das Wellenende hohl ausgeführt und mit einem Isolierstoff, z. B. Asbest, gefüllt wird. Bei Rauchgas- und Warmluftgebläsen werden Kühlscheiben auf der Welle angebracht, die durch einen Blechschirm gegen Strahlung geschützt sind, Abb. 136. Die entstehende Luftbewegung steigert die Kühlwirkung. Damit die Kühlscheiben die Wärme gut leiten, werden die auf der Welle aufgepreßten Naben möglichst breit ausgeführt, während die Breite der Scheiben in radialer Richtung nach außen hin abnimmt. Bei Anordnung mehrerer Kühlscheiben wird die Luftzirkulation durch nahe an der Welle angebrachte Bohrungen verstärkt. Durch radiale Flügel läßt sich die Kühlfläche und die Luftgeschwindigkeit noch weiter erhöhen.

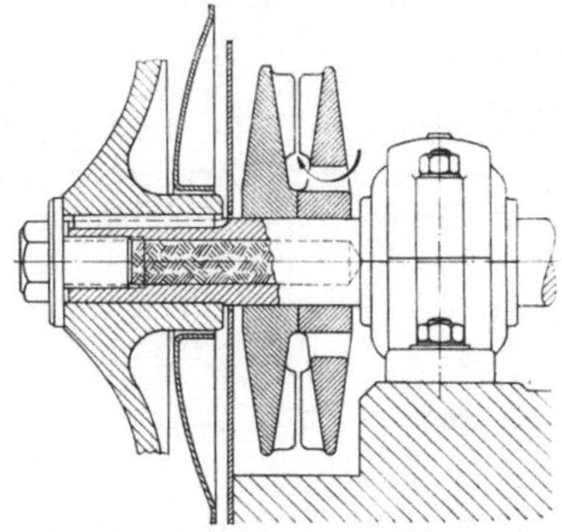

Abb. 136. Wellenkühlung mit Kühlscheiben bei einem Heißgasgebläse

# 14. Abdichtung

Die Abdichtung hat eine Doppelaufgabe, nämlich zu verhindern, daß das Schmiermittel austritt sowie daß Verunreinigungen oder Feuchtigkeit in den Lagerraum eindringen. Die Güte der Abdichtung kann einen entscheidenden Einfluß auf die Gebrauchsdauer der Lager haben.

Den unterschiedlichen Einbau- und Betriebsbedingungen entsprechend gibt es eine Vielzahl von Dichtungsbauarten und -anordnungen sowie spezielle Lösungen von Abdichtungsproblemen.

Bei der Wahl der Abdichtung spielt eine Rolle, ob mit Öl oder Fett geschmiert wird, ob die Welle horizontal oder vertikal angeordnet ist, wie groß die Umfangsgeschwindigkeit ist, ob die Abdichtung winkeleinstellbar sein muß, wieviel Platz zur Verfügung steht, wie groß die Reibung sein darf, welcher Aufwand tragbar ist und anderes mehr.

Man unterscheidet zwei Hauptgruppen von Abdichtungen für relativ zueinander bewegte Bauteile:

> berührungsfreie oder nichtgleitende Dichtungen,
> gleitende oder schleifende Dichtungen.

Oft werden Kombinationen gleitender und nichtgleitender Dichtungen verwendet.

## 14.1 Berührungsfreie oder nichtgleitende Dichtungen

Berührungsfreie Dichtungen haben den Vorteil, daß sie praktisch keine Reibung und keinen Verschleiß haben. Sie sind auch bei hohen Drehzahlen und Temperaturen anwendbar und haben eine unbegrenzte Lebensdauer im Gegensatz zu schleifenden Dichtungen, deren Lebensdauer durch Verschleiß und Nachlassen der Elastizität begrenzt wird.

Die nichtgleitenden Dichtungen beruhen größtenteils auf der Dichtwirkung eines mehr oder weniger langen Spalts, der axial, radial oder teils axial, teils radial angeordnet ist. In die Gruppe der nichtgleitenden Dichtungen gehören auch die auf der Fliehkraftwirkung beruhenden Schleuderdichtungen, wie Spritzkanten, Spritzringe, Schleuderscheiben und dergleichen, die oft zur Verbesserung der Dichtwirkung sowohl von Spaltdichtungen als auch von gleitenden Dichtungen zusätzlich angeordnet werden.

Die radialen Spalte können bei Wälzlagerung der Welle sehr eng (0,1 bis 0,3 mm) ausgeführt werden, weil Wälzlager ein geringes Laufspiel haben und praktisch verschleißfrei arbeiten, so daß auch nach langer Betriebszeit die genaue Führung der Welle erhalten bleibt. Je enger die Spalte sind, um so besser ist die Dichtwirkung.

Die einfachste Form einer Spaltdichtung, die für Maschinen in trockenen, staubfreien Räumen ausreicht, ist ein enger glatter Spalt am Durchtritt der Welle durch das Gehäuse, Abb. 137a. Die Dichtwirkung kann bei Fettschmierung durch konzentrische Rillen in der Durchgangsbohrung verbessert werden, Abb. 137b. Es bilden sich Fettpolster, die vor allem auch gegen

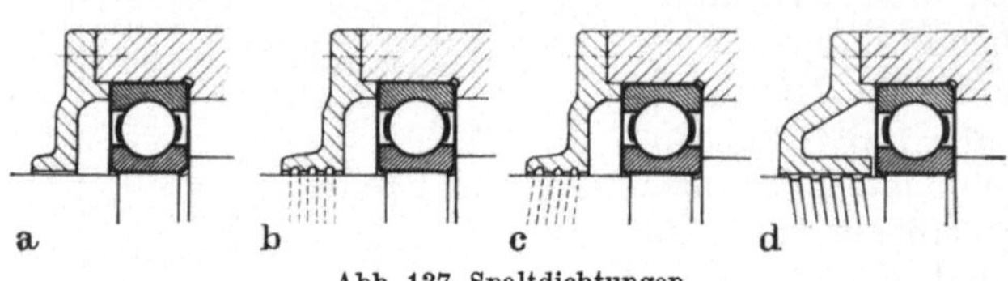

Abb. 137. Spaltdichtungen

außen gut abdichten. Bei Ölschmierung und waagerechter Welle können schraubenförmige Rillen angebracht werden, und zwar je nach Drehrichtung der Welle rechts- oder linksgängig, so daß das Öl in den Lagerraum zurückgefördert wird, Abb. 137c. Bei hohen Umfangsgeschwindigkeiten ergeben schraubenförmige Rillen in der Welle, wiederum rechts- oder linksgängig je nach Drehrichtung, — bei glatter Durchtrittsbohrung im Gehäuse — eine wirksame Abdichtung gegen Ölaustritt, Abb. 137d.

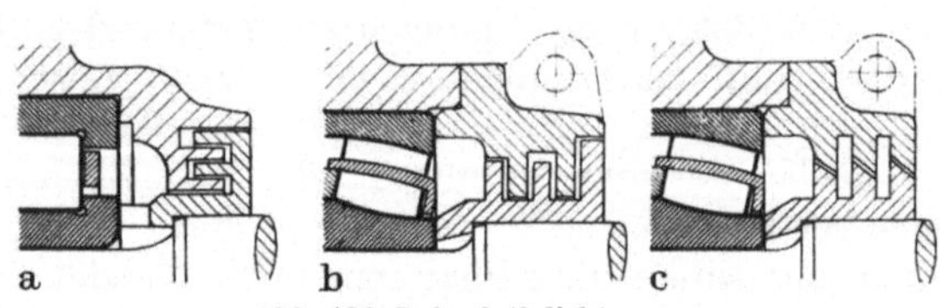

Abb. 138. Labyrinthdichtungen

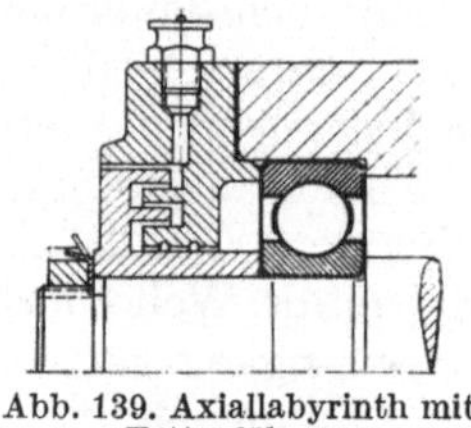

Abb. 139. Axiallabyrinth mit Fettzuführung

Eine weitere Steigerung der Dichtwirkung läßt sich mit Labyrinthdichtungen erzielen, Abb. 138. Mehrgängige Labyrinthdichtungen sind besonders wirksam, bedingen jedoch einen erhöhten Fertigungsaufwand.

Bei ungeteilten Gehäusen werden die langen Labyrinthgänge in axialer, bei geteilten Gehäusen in radialer Richtung angeordnet, Abb. 138a und 138b. Ist eine gewisse Einstellbarkeit notwendig, so verwendet man Labyrinthe mit schrägen Flächen, Abb. 138c.

Die Wirkung der Labyrinthdichtungen kann, insbesondere hinsichtlich des Schutzes gegen Eindringen von Verunreinigungen und Wasser, wesentlich verbessert werden, wenn die Spalte mit steifem, wasserabweisendem Fett gefüllt werden. Bei großem Schmutzanfall werden Schmierkanäle im Gehäuse angeordnet, durch die in bestimmten Zeitabständen, möglichst bei umlaufender Welle, Fett in die Labyrinthspalte nachgedrückt wird, Abb. 139.

Bei großen Serien lassen sich Labyrinthe vorteilhaft und billig aus gepreßten Blechteilen aufbauen. Die sog. Z-Lamellen, Abb. 140a, bilden ein Radiallabyrinth. Das Dichtvermögen steigt mit der Zahl der Lamellen, die immer paarweise eingebaut werden. Abb. 140b zeigt ein Axiallabyrinth aus Blechteilen.

Wirksame Ergänzungen gleitender und nichtgleitender Dichtungen sind Stauscheiben, Spritzringe, Schleuderscheiben und Schleuderkragen. Bei Ölschmierung schleudern mit scharfer Kante versehene Spritzringe das an den drehenden Teilen entlangkriechende Öl ab, bevor es an den Spalt gelangt. Wenn die Ölfüllung für eine möglichst lange Betriebszeit reichen soll, führt man Öl, das doch noch in den Spalt eingedrungen ist, nochmals an eine Spritzkante $Sp$, Abb. 140c, von der es in eine Ringnut abgeschleudert wird. Durch einen Kanal im Gehäuse fließt das Öl in den Sumpf zurück. Die Ausflußöffnung soll unter dem Ölspiegel liegen, damit das Rückfließen des Öls nicht durch Schaumbildung verhindert wird. Deck- und Schleuderscheiben dienen auch dazu, das Eindringen von Abrieb benachbarter

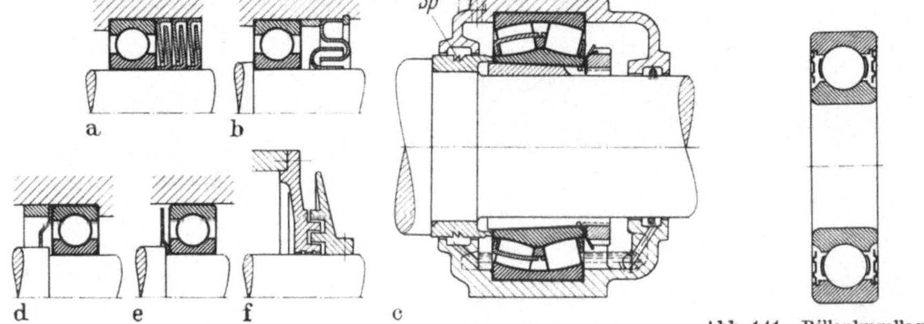

Abb. 140. Blechdichtungen, Spritzringe, Spritzkanten

Abb. 141. Rillenkugellager mit Abdeckscheiben (Bauart 2Z)

Maschinenteile, z. B. von Zahnrädern, zu verhindern oder zu große Ölmengen vom Lager abzuhalten, Abb. 140d und 140e. Außen angeordnete Spritzkanten, Abb. 140f, hier in Verbindung mit dem Labyrinthring, verhindern das Eindringen von Wasser oder groben Schmutzteilen.

Eine besonders gedrängte Bauweise ergeben Rillenkugellager mit Deckscheiben (2Z), die von den Wälzlagerherstellern bereits mit Fett gefüllt geliefert werden, Abb. 141.

## 14.2 Gleitende Dichtungen

Die gleitenden Dichtungen können in folgende Gruppen eingeteilt werden:

stopfbuchsenähnliche Dichtungen,
Wellenumfangsdichtungen (Wellendichtringe),
Kolbenringdichtungen,
Axialdichtungen.

Zum Teil sind diese Dichtungen als fertige Maschinenelemente im Handel erhältlich.

### 14.21 Stopfbuchsenähnliche Dichtungen

Die Wirkungsweise beruht im Prinzip darauf, daß die Querdehnung des Dichtmaterials dazu benutzt wird, daß der Dichtring mit einer gewissen Pressung an der Welle anliegt, Abb. 142a.

*a) Stopfbuchsen-Packungen.* Die eigentlichen Stopfbuchsen bestehen aus mehreren aneinandergereihten verformbaren Ringen. Diese Packung wird axial zusammengepreßt und ergibt eine sichere Abdichtung, vor allem gegen Überdrücke. Reibung und Abnützung sind jedoch groß.

9*

*b) Filzringdichtungen.* Eine billige, für gewöhnliche Betriebsverhältnisse, Umfangsgeschwindigkeiten bis 4 m/s und Temperaturen bis 100 °C, ausreichende Dichtung ergeben Filzringe oder Filzstreifen, wie sie u. a. bei den handelsüblichen Stehlagergehäusen als normale Abdichtung verwendet werden, Abb. 142b. Damit der Filz eine gute Dichtfähigkeit erlangt, wird er vor dem Einlegen in die Nut des Lagergehäuses mit ca. 60 °C warmem Öl, das mit $^1/_3$ Talg gemischt ist, getränkt. Bei Temperaturen über 100 °C verwendet man anstelle der Filzringe Asbest-Graphitringe.

Zwei Filzringe nebeneinander, Abb. 142c, bringen nicht immer die erhoffte bessere Dichtwirkung, weil der äußere Filzring nicht geschmiert ist und zum Austrocknen neigt. Besser ist nur ein Filzring und ein vorgeschaltetes Labyrinth, Abb. 142d.

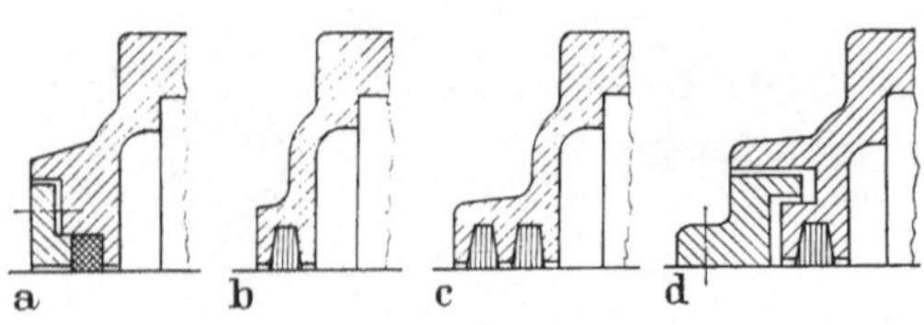

Abb. 142. Schleifende Dichtungen

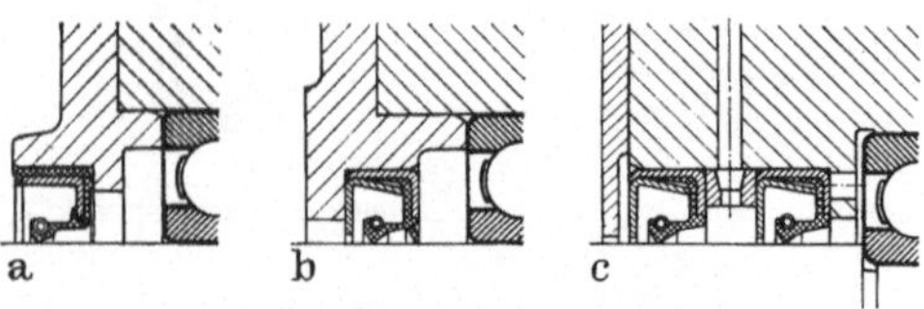

Abb. 143. Wellendichtungen
a) mit 1 Dichtlippe, Metallgehäuse und Weichstoffsitz; b) mit Dichtlippe, Staublippe, Deckel und Metallsitz; c) doppelte Manschettendichtung mit Fettkammer

## 14.22 Wellenumfangsdichtungen

Für höhere Anforderungen haben die sog. Wellendichtungen, deren Grundformen nach DIN 6503 und 6504 genormt sind, eine große Verbreitung gefunden. Es handelt sich um einbaufertige Radialdichtungen, deren wesentlicher Teil die Dichtmanschette ist, Abb. 143. Bei Temperaturen zwischen −30 und +120 °C werden Dichtmanschetten aus Naturkautschuk oder synthetischem Kautschuk verwendet, bei Temperaturen über 120 °C bis 200 °C aus Silikon-Kautschuk und bei Temperaturen über 200 °C bis ca. 250 °C aus Polyfluorcarbonen. Der guten Temperaturbeständigkeit der Silikone stehen als Nachteile die stärkere Neigung zum Quellen und eine niedrige Zugfestigkeit gegenüber. In manchen Fällen sind Dichtungswerkstoffe mit chemischer Beständigkeit gegenüber bestimmten Gasen oder Flüssigkeiten, z. B. Kraftstoffen, erforderlich.

Bei der häufigsten Bauform ist die Dichtmanschette in einer Blechhülse gefaßt. Die schmale Dichtlippe wird durch eine außen herumgelegte Schraubenzugfeder mit konstantem Anpreßdruck gegen die Gleitfläche auf der Welle gedrückt. Mit wachsender Umfangsgeschwindigkeit werden die Anforderungen an die Oberflächengüte der Gleitfläche höher. Über 4 m/s soll die Gleitfläche geschliffen sein. Mit den normalen Kunstgummisorten sind dann Umfangsgeschwindigkeiten bis 12 m/s zulässig. Bei noch höheren Umfangsgeschwindigkeiten muß die Gleitfläche gehärtet oder hartverchromt, feingeschliffen und poliert werden. Hartverchromte Oberflächen lassen Umfangsgeschwindigkeiten bis 28 m/s zu. Am günstigsten ist eine mittlere Rauhtiefe der Gleitfläche von 0,25 bis 0,4 µm. Extrem glatte Oberflächen unter 0,13 µm sind wieder weniger günstig, weil sich kein genügender Schmierfilm ausbilden kann. Bei hoher Drehzahl muß auch der Radialschlag der umlaufenden Dichtfläche so klein wie möglich gehalten werden.

Zur Verhinderung des Schmiermittelaustritts muß die Dichtlippe nach innen, zur Verhinderung des Eindringens von Schmutz nach außen gerichtet sein. Wellendichtungen müssen von Überdruck entlastet sein. Deshalb soll vor der Dichtung ein Ölrücklaufkanal angeordnet werden. Andererseits ist darauf zu achten, daß die Dichtkante nicht trocken läuft, sondern noch etwas Öl zur Schmierung erhält.

Eine sichere Abdichtung gegen Flüssigkeiten erhält man mit zwei Wellendichtungen nebeneinander, wenn der Zwischenraum mit Fett gefüllt wird, Abb. 143c. Im Handel sind auch Wellendichtungen mit Doppellippe erhältlich, Abb. 143b, die weniger Platz als zwei hintereinandergeschaltete Manschettendichtungen benötigen.

### 14.23 Kolbenringdichtungen

Ein oder mehrere selbstspannende Kolbenringe, meistens aus Gußeisen, haben bei der Abdichtung von Wälzlagern nur in Sonderfällen die für Kolbenringabdichtungen kennzeichnende Wirkungsweise, die ein Druckgefälle zwischen den abzudichtenden Räumen voraussetzt.

Mit selbstspannenden Kolbenringen läßt sich aber auf einfache Weise und mit geringer Bauhöhe ein wirkungsvoller Labyrintheffekt erzielen.

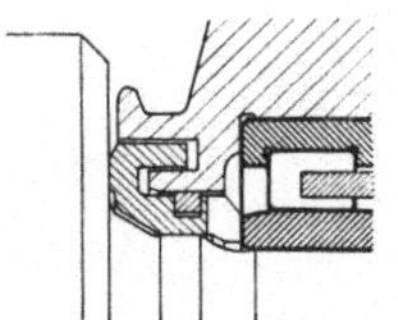

Abb. 144. Abdichtung mit Kolbenring und vorgeschaltetem Labyrinth

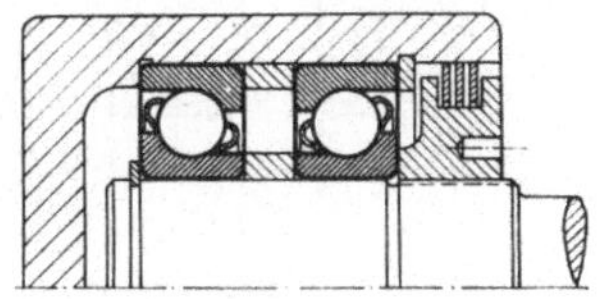

Abb. 145. Abdichtung mit Lamellenringen

Auch bei hohen Drehzahlen und hohen Temperaturen sind die Erfahrungen damit gut. Abb. 144 zeigt die Anwendung eines einfachen Kolbenrings aus Gußeisen in Verbindung mit einem Axiallabyrinth. Der Kolbenring sitzt im Gehäuse fest und hat etwas seitliches Spiel. Nach kurzer Laufzeit stellt er sich so ein, daß keine Berührung und Reibung an der umlaufenden Nut mehr stattfindet. Bei Fettschmierung ist jedoch zu beachten, daß mit Kolbenringen abgedichtete Lagerräume nicht nachgefettet werden sollen. Der Ring wird durch den Überdruck seitlich angepreßt, und es entsteht Reibungswärme. Außerdem kann das überschüssige Fett nicht austreten, so daß auch die Walkarbeit im Lager zunimmt.

Selbstspannende Kolbenringe werden auch in Form der sog. Lamellenringe verwendet, von denen mehrere, meist drei, nebeneinander in einer Ringnut angeordnet werden, Abb. 145. Es sind außenspannende und innenspannende Ringe erhältlich. Beide Ausführungen können auch kombiniert werden. Die Nut ist in der Breite und Tiefe jeweils um ca. 0,2 mm größer als der Satz Ringe. Die Schlitze werden beim Einbau um ca. 120° versetzt.

### 14.24 Axialdichtungen

Ein Schleifring oder die Dichtlippe einer entsprechend ausgebildeten Gummidichtung wird in axialer Richtung gegen die Stirnseite eines Lagerlaufrings oder einer anderen Planfläche federnd angedrückt, Abb. 146.

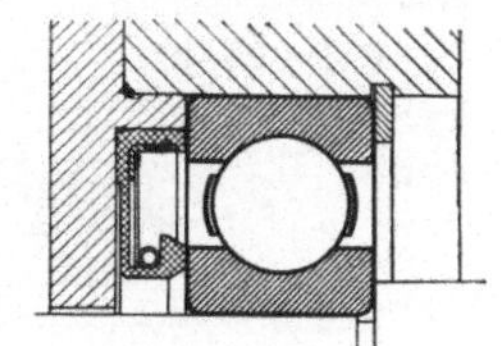

Abb. 146. Axialdichtung mit Sternfeder

Zu den Axialdichtungen gehören auch die Membrandichtungen, die aus einer dünnen elastischen Blechscheibe bestehen, die gegen einen der Wälzlagerringe festgespannt ist und am anderen Laufring federnd anliegt. Dabei kann es sich um einfache ebene Blechscheiben oder um Scheiben mit umgebogenem Rand handeln, Abb. 147. Man kann auch mehrere dieser Scheiben hintereinanderschalten und die Zwischenräume mit Fett füllen, Abb. 147c. Außer Blechscheiben werden auch Scheiben aus Kunststoff, z. B. Nylon, verwendet, Abb. 148.

## 14.25 Abgedichtete Lager

Besonders raumsparend sind Rillenkugellager mit eingebauten Dichtscheiben. Die Lager mit zwei Dichtscheiben (2 RS), Abb. 149, werden einbaufertig mit Fettfüllung geliefert. Sie werden in zunehmendem Maße für Lagerstellen verwendet, die wartungsfrei sein sollen. Die Temperaturgrenze dieser Lager wird entweder vom Fett oder vom Dichtungswerkstoff bestimmt. Sie beträgt bei den meistens verwendeten Nitril-Kautschukarten und Fettung mit Lithiumseifenfett ca. 120 °C. Durch Verwendung von Silikon-Kautschuk sowie einem entsprechend temperaturbeständigen Fett kann die Temperaturgrenze bis ca. 180 °C gesteigert werden.

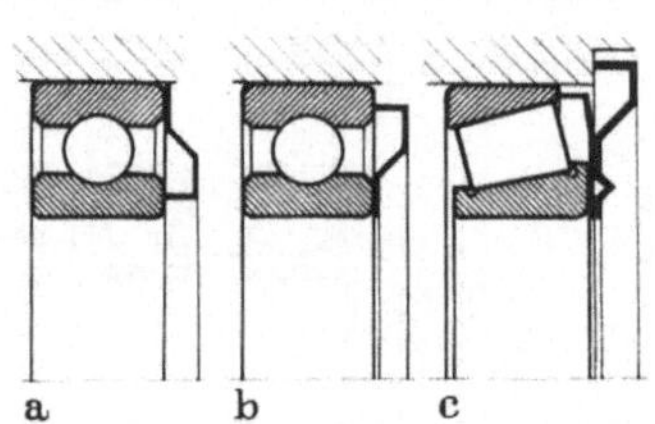

Abb. 147. Membrandichtungen aus Blech
a) außen eingespannt; b) innen eingespannt;
c) doppelte Membrandichtung, innen
eingespannt

Abb. 148. Membrandichtung aus Polyamid

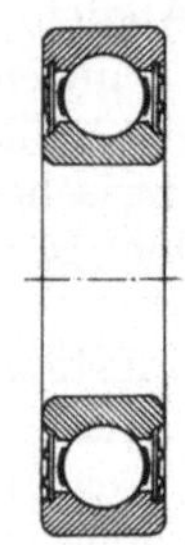

Abb. 149. Rillenkugellager mit Dichtscheiben (Bauart 2 RS)

## 14.3 Kombinierte Abdichtungen

Bei starker Schmutzeinwirkung müssen außen vor den gleitenden Dichtungen Labyrinthe, Schleuderbleche, *a* in Abb. 150, oder ähnliche Schutzvorrichtungen angeordnet werden, damit die gleitende Dichtung vor Verschleiß geschützt ist. Die Wirkung wird erhöht, wenn die Spalte oder Kammern, wie z. B. in Abb. 125 und 139 gezeigt, mit Fett gefüllt werden. Falls die gleitenden Dichtungen vom Gehäuseinnern her durch Öl stark beaufschlagt werden, empfiehlt es sich, Spritzrillen oder Spritzscheiben anzuordnen, damit der größte Teil des Öls bereits vor der Dichtlippe abgeschleudert wird. Das Spritzblech *b* in Abb. 150 soll das zweireihige Schrägkugellager vor Fremdkörpern, vor allem Zahnabrieb und vor zuviel Öl schützen. Mittels Sperrluft oder einer Sperrflüssigkeit, die einem Labyrinth oder zwischen zwei schleifenden Dichtungen zugeführt wird, kann eine besonders wirkungsvolle Abdichtung erzielt werden.

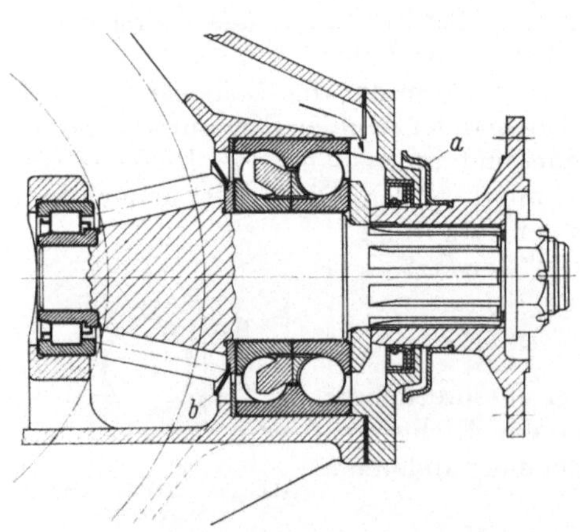

Abb. 150. Lagerung und Abdichtung einer Kegelritzelwelle

## 14.4 Abdichtung bei senkrechten Wellen

Im allgemeinen handelt es sich um eine Abdichtung gegen Ölaustritt. Die Abdichtung kann in einfacher Weise durch einen Topf oder ein Standrohr erfolgen, dessen oberer Rand über dem höchsten Ölspiegel liegt, Abb. 151. Bei bestimmten

Maschinen, z. B. für die Nahrungsmittelindustrie, muß Lecköl restlos aufgefangen werden. Zu diesem Zweck kann unterhalb der Lagerung auf der Welle ein Spritzring angebracht werden. Das abgeschleuderte Öl wird in einem zusätzlichen Behälter aufgefangen.

## 14.5 Beispiele für spezielle Abdichtungen

Förderbandrollen laufen, vor allem im Erzbergbau und Untertagebau, unter ungünstigen Betriebsbedingungen. Gleichzeitig wird völlige Wartungsfreiheit angestrebt. Die Rollen nach Abb. 152 drehen sich mit 400 bis 500 U/min und sind mit zwei Rillenkugellagern gelagert, die beiderseits durch Membrandichtungen aus Blech abgedichtet sind. Nach außen, d. h. nach den Rollenenden hin, schließen sich eine Fettkammer, die ganz mit einem wasserabwei-

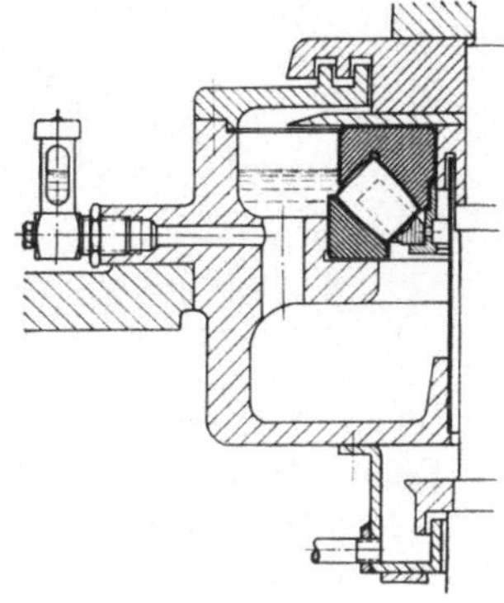

Abb. 151. Abdichtung einer senkrechten Welle mit Ölstandrohr

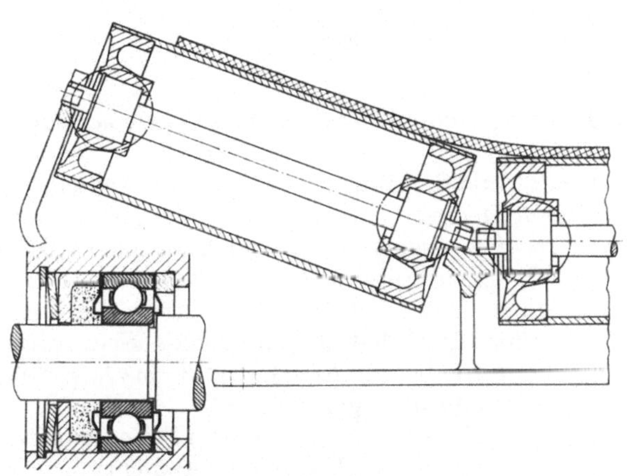

Abb. 152. Abdichtung der mit Rillenkugellagern gelagerten Rollen eines Bandförderers

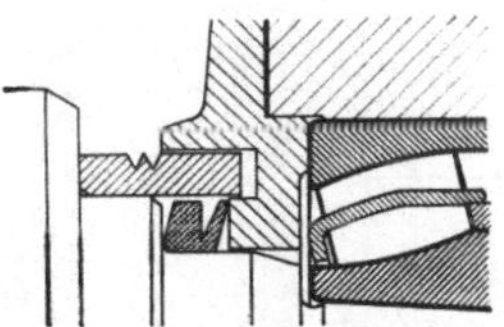

Abb. 153. Axial abdichtende V-Ring-Dichtung

senden Fett gefüllt ist, und eine enge Spaltdichtung an. Durch das Fett werden von außen eindringende Verunreinigungen aufgefangen.

Bei ölgeschmierten Lagern hat sich die in Abb. 153 gezeigte ringförmige Gleitring-(V-Ring-)Dichtung, eine Axialdichtung, bis zu Umfangsgeschwindigkeiten von 12 m/s bewährt. Der Grundkörper ist ein Hohlzylinder aus elastischem Dichtungsmaterial, der mit Vorspannung auf der Welle befestigt wird und *ein* Stück mit einer konisch zur Gegendichtfläche vorstehenden Lippe bildet. Die Dichtlippe schleudert von außen eindringende Verunreinigungen und Flüssigkeiten ab. Mit wachsender Umfangsgeschwindigkeit vermindert sich der Anpreßdruck der Dichtlippe und damit die Reibung selbsttätig.

Eine Unterwasserabdichtung zeigt Abb. 154. Hier wird das Stevenrohr eines Schiffes an der Stelle abgedichtet, wo die Propellerwelle aus dem Schiffskörper austritt. Es handelt sich um die im Schiffsbau bekannte und bewährte „Simplex"-Stevenrohrabdichtung der Deutschen Werft Hamburg. In einem Gehäuse sind zwei Balgmanschetten und eine Hutmanschette, sämtlich aus seewasser- und ölbeständigem Material, eingebaut. Die Dichtlippen der Manschetten gleiten auf einer an der Nabe des Propellers befestigten Büchse aus nichtrostendem Stahl. Die

Dichtlippen werden durch Wurmfedern sowie durch den Wasser- bzw. Öldruck an die Laufbüchse gedrückt. Alle drei Manschetten sind in Ringen geführt und miteinander verschraubt. Die vordere Balgmanschette dichtet das Stevenrohr gegen Ölaustritt ab, die beiden hinteren Manschetten verhindern den Eintritt von Wasser. Das Stevenrohr ist mit Öl gefüllt und steht mit einem 3 bis 4 m über der Wasserlinie aufgestellten Hochbehälter in Verbindung, so daß das Öl im Stevenrohr unter Druck steht.

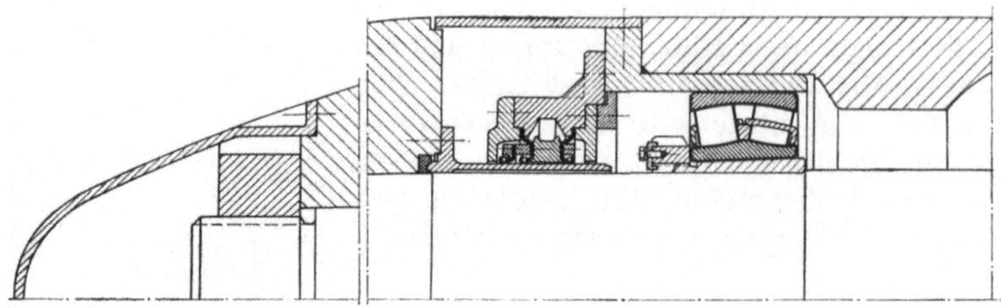

Abb. 154. Abdichtung eines Stevenrohrlagers

Ebenfalls eine Unterwasser-Abdichtung, und zwar bei einem Ruderschaftslager, zeigt Abb. 222, Abschn. 16.

In Abb. 155 ist eine doppeltwirkende Axialdichtung, wie sie bei der Abdichtung von hochgespannten Gasen oder giftigen Medien verwendet wird, dargestellt. Der Raum zwischen den beiden Dichtflächen wird mit einem Sperrmittel gefüllt, dessen Druck um ca. 2 kp/cm² über dem Druck des abzudichtenden Mediums liegt. Als Sperrmittel dient in diesem Fall Öl, weil das Lager im Sperraum untergebracht ist.

Bei Landmaschinen, die im Freien arbeiten und stehen, wird von der Abdichtung, die überdies möglichst billig sein soll, ein guter Schutz des Lagers gegen Schmutz und Feuchtigkeit verlangt. Dies gilt vor allem für Lagerstellen in Bodennähe, wie z. B. die Lager der Scheibenegge, Abb. 156, deren Festlager mit vier Z-Lamellenpaaren abgedichtet ist. Für die Loslager werden Axiallabyrinthe verwendet, deren Spalte so ausgebildet sind, daß die in Anbetracht des nachgiebigen Maschinengestells und der Herstellungstoleranzen erforderliche axiale Verschiebbarkeit gewährleistet ist. Die Schutzwirkung der Abdichtungen wird durch regelmäßiges Nachschmieren mit Fett erhöht.

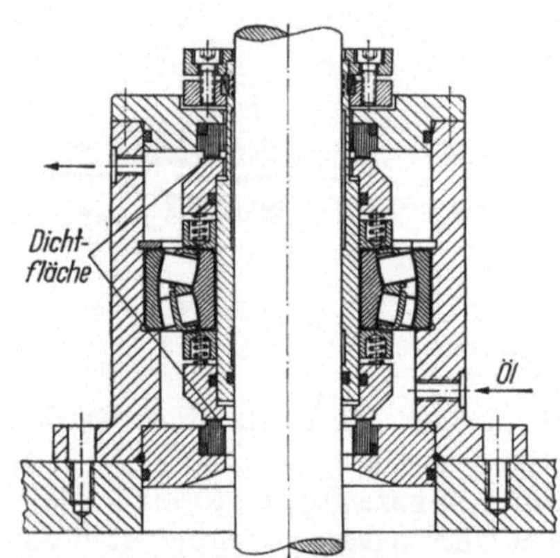


Abb. 155. Abdichtung einer Hochvakuumpumpe mit doppelt wirkender Gleitringdichtung

Bei Walzwerkslagerungen ist eine zuverlässige Abdichtung gegen Spritzwasser bzw. Emulsion erforderlich. Bei der Lagerung einer Arbeitswalze, Abb. 211, Abschnitt 16, werden zwei Radialdichtringe verwendet, deren Lippen beide nach außen weisen. Dadurch ist die Dichtwirkung auch dann noch vorhanden, wenn eine Lippe beschädigt ist. In den Zwischenraum zwischen den beiden Manschetten wird Fett gepreßt. Den Radialdichtringen ist ein Labyrinthring vorgeschaltet.

Hohe Anforderungen an die Dichtung werden auch bei Schleifspindellagerungen, insbesondere auf der Schleifscheibenseite, s. Abschn. 16, Abb. 209, gestellt.

Wenn, wie z. B. bei Kolbenmaschinen, eine Pumpwirkung auftritt, ist für eine ausreichende Entlüftung des Gehäuses zu sorgen. Auch ein Unterdruck außerhalb des Lagerraums, z. B. durch ein Gebläserad oder ein dicht neben dem Gehäuse laufendes Schwungrad verursacht, kann zu Ölverlusten, insbesondere bei Spaltdichtungen führen. Es empfiehlt sich dann, auf der Seite des Unterdrucks eine wiederum durch einen Spalt abgedichtete Kammer anzuordnen, die mit einem genügend großen Querschnitt mit der Atmosphäre in Verbindung steht.

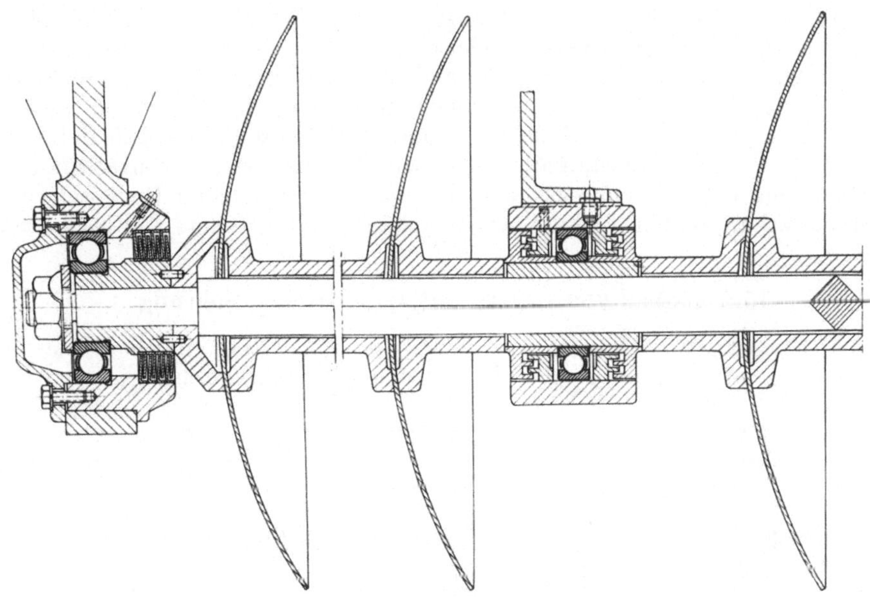

Abb. 156. Lagerung einer Scheibenegge

# 15. Ein- und Ausbau

## 15.1 Allgemeine Richtlinien für den Einbau

Die Lager sollen erst kurz vor dem Einbau aus ihrer Originalverpackung entnommen werden, damit sie nicht verschmutzen oder Rost ansetzen.

Beim Zusammenbau ist auf größte Sauberkeit zu achten. Der Montageraum muß staubfrei und trocken sein. Der Arbeitsplatz, an dem der Einbau durchgeführt wird, darf sich nicht in der Nähe von spanenden Bearbeitungsmaschinen oder Arbeitsplätzen befinden, an denen geschweißt wird oder Maschinenteile mit Preßluft gereinigt werden. Die Arbeitstische sollen mit Blech oder Kunststoff beschlagen sein. Werkzeuge und Montagevorrichtungen müssen sauber und in einwandfreiem Zustand gehalten werden. Schmierstoffbehälter zum Einfetten oder Einölen von Lagern oder Lagersitzflächen müssen abgedeckt sein. Durch geeignete Vorrichtungen ist zu verhindern, daß die Wälzlager oder der zum Einölen verwendete Pinsel mit Verunreinigungen in Berührung kommen, die sich im Laufe der Zeit auf dem Grund des Behälters absetzen.

Die Lager werden vom Hersteller mit einem Konservierungsmittel versehen, das den Lauf und die Schmierung nicht beeinträchtigt und deshalb im allgemeinen nicht ausgewaschen zu werden braucht. Beim Auswaschen besteht die Gefahr, daß Schmutzteilchen in das Lager gelangen. Nur in Sonderfällen, z. B. bei kleinen schnellaufenden Lagern, oder wenn die Lager besonders leichtgängig sein müssen, kann es erforderlich sein, Lager, die mit Fett konserviert sind, auszuwaschen. Als Waschmittel können Benzin, wasserfreies Petroleum, Benzol-Spiritus-Gemisch oder ähnliche Reinigungsmittel verwendet werden. Nach dem Reinigen muß das Lager sofort unter langsamem Drehen eingeölt werden, am besten mit dem gleichen Öl, mit dem es im Betrieb geschmiert wird.

Sämtliche Einbauteile sind gründlich zu reinigen, insbesondere auch an solchen Stellen, an denen sich Bearbeitungsrückstände festsetzen können, wie z. B. Ölbohrungen, Hinterstiche, Nuten und Gewindelöcher. Gußteile sind von Formsandrückständen zu befreien und sollten innen mit einem Schutzanstrich versehen werden. Die Lagersitzstellen auf der Welle und im Gehäuse müssen jedoch frei von Farbrückständen und Rostschutzüberzügen sein. Die Gegenstücke sind sorgfältig zu entgraten. Scharfe Kanten müssen gebrochen werden. Bei geteilten Gehäusen ist besonders darauf zu achten, daß die beiden Gehäusehälften keinen Teilfugenversatz haben.

## 15.2 Einbau von Lagern mit zylindrischer Bohrung

Bei nicht zerlegbaren Lagern wird zuerst derjenige Ring eingebaut, der eine feste Passung hat. Kleinere Lager bis zu einem Bohrungsdurchmesser von etwa

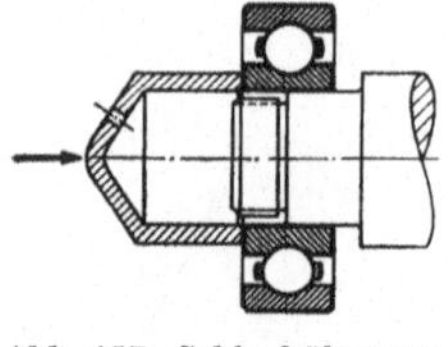

Abb. 157. Schlaghülse zum Auftreiben kleiner Lager

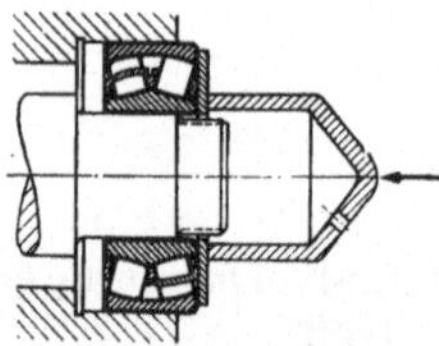

Abb. 159. Einbau mittels Montagescheibe zum gleichzeitigen Eintreiben von Innen- und Außenring

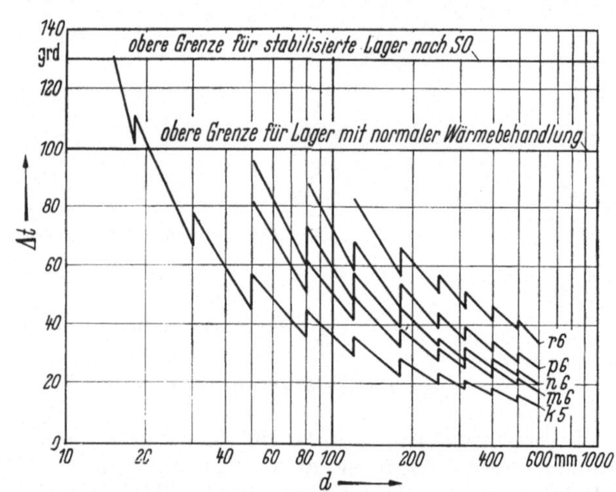


Abb. 158. Erforderliche Übertemperatur beim Warmaufziehen in Abhängigkeit vom Bohrungsdurchmesser des Lagers und der Wellentoleranz

50 mm können kalt aufgepreßt werden. Man verwendet hierzu mechanische oder hydraulische Pressen oder entsprechende Montagevorrichtungen. Kleine Lager können bei nicht zu fester Passung auch durch leichte Hammerschläge montiert werden, wenn die Schläge gleichmäßig am ganzen Umfang über ein Rohr oder eine im Handel erhältliche Schlaghülse aus weichem Stahl oder Messing, Abb. 157, ausgeübt werden.

Die Aufpreßkräfte nehmen mit der Lagergröße stark zu, wenn die Ringe eine feste Passung haben. Deshalb werden die Innenringe großer Lager warm aufgeschrumpft. Die Temperaturdifferenz des Innenrings gegenüber der Welle richtet sich nach dem Passungsübermaß und dem Bohrungsdurchmesser, Abb. 158. Dabei ist zu beachten, daß eine Temperatur von 120 bis 150 °C nicht überschritten wird, da sonst mit einem Härteabfall und Maßänderungen infolge von Gefügeumwandlungen des Wälzlagerstahls zu rechnen ist. Rillenkugellager mit Deck- oder Dichtscheiben dürfen mit Rücksicht auf die Fettfüllung und die Dichtung nicht zum Zweck des leichteren Einbaus erwärmt werden.

Zum Erwärmen der Lager kann ein Ölbad, eine 5%ige Bohrölemulsion, ein elektrischer Wärmeschrank oder ein spezielles Anwärmgerät für Wälzlager benutzt werden. Eine unmittelbare Wärmeübertragung, die zu einer örtlichen Überhitzung führen kann, ist zu vermeiden. Wird ein Ölbad verwendet, so sollen die Lager auf einem Sieb oder Rost mit einem genügenden Abstand vom Boden des Behälters liegen. Dadurch wird gleichzeitig vermieden, daß Verunreinigungen, die sich auf dem Grund des Behälters abgesetzt haben, in das Lager gelangen. Bei allen Anwärmverfahren ist eine genaue Temperaturkontrolle oder eine automatische Temperaturregelung zu empfehlen. Für Zylinderrollenlager-Innenringe ohne Borde oder mit nur einem Bord können auch induktive Anwärmgeräte verwendet werden, auf die in Abschn. 15.5 in Zusammenhang mit dem Ausbau näher eingegangen wird. Bedingung für die Verwendung zum Einbau ist jedoch, daß das Gerät mit einem Temperaturschutzschalter ausgerüstet ist und daß die Ringe nach dem Erwärmen entmagnetisiert worden.

Bei Lagern, die einen Festsitz im Gehäuse haben, kann der Einbau durch Erwärmen des Gehäuses erleichtert werden. Grundsätzlich besteht auch die Möglichkeit, das Lager zu unterkühlen, z. B. mittels Trockeneis. Wegen der hohen Kosten wendet man das Unterkühlen jedoch nur in Sonderfällen an. Auch ist besondere Vorsicht in bezug auf die Korrosionsgefahr geboten, weil sich beim Wiedererwärmen Kondenswasser auf den Lagerteilen niederschlagt. Man muß deshalb das Lager, vor allem das Lagerinnere, durch Einpacken mit Fett schützen.

Grundsätzlich muß vermieden werden, daß größere Montagekräfte von den Wälzkörpern übertragen werden. Falls ein Lager gleichzeitig auf die Welle und ins Gehäuse gepreßt werden muß, empfiehlt es sich, eine Montagescheibe zu verwenden, die gleichzeitig an den Stirnflächen von Innen- und Außenring anliegt, Abb. 159. Wenn dies aus baulichen Gründen nicht möglich ist, muß zumindest das Lager während des Einpressens in Drehung versetzt werden.

Bei zerlegbaren Lagern können die Laufringe getrennt montiert werden. Bei Zylinderrollenlagern und Nadellagern ist darauf zu achten, daß Innenring, Außenring und Rollensatz beim Ineinanderschieben nicht verkantet sind, weil sonst Schürfmarken auf den Laufbahnen entstehen können. Vor dem Ineinanderschieben werden Laufbahnen und Wälzkörper gut eingefettet oder geölt. Nach Möglichkeit wird die Welle während des Einführens gedreht.

Bei Pendellagern kann das Ausschwenken und Verklemmen des Außenrings beim Einbau mit einer festen Passung durch Vorlegen einer Scheibe, mit etwas kleinerem Außendurchmesser als die Gehäusebohrung, vermieden werden, Abb. 159.

## 15.3 Einbau von Lagern mit kegeliger Bohrung

Die Kegel von Zapfen und Lagerbohrung müssen genau übereinstimmen. Zum Messen und Prüfen werden Kegellehrringe verwendet. Der Lehrring muß auf der ganzen Breite gleichzeitig tragen, was am einfachsten durch Einfärben geprüft wird.

Die Passung von Innenringen mit kegeliger Bohrung wird durch axiales Aufpressen auf die kegelige Welle oder die Spannhülse bzw. das Eintreiben der Abziehhülse in das Lager erzeugt.

Bei Pendelkugellagern mit Spannhülse darf die Hülsenmutter nur soweit angezogen werden, daß sich der Außenring noch leicht drehen und ausschwenken läßt.

Bei Pendelrollenlagern wird als Maß für die richtige Passung die Verminderung der ursprünglichen Lagerluft infolge der Aufweitung des Innenrings oder die axiale Verschiebung des Innenrings auf dem kegeligen Zapfen, der Spannhülse oder der Abziehhülse benutzt. Aus Tab. 42 können sowohl die Werte für die radiale Luftverminderung als auch für das axiale Auftreibmaß entnommen werden. Wenn die axiale Verschiebung als Maß dienen soll, muß zunächst die Ausgangslage bestimmt werden, was verhältnismäßig schwierig ist und Erfahrung voraussetzt. Lager mittlerer Größe können mit Schwung aus 10 bis 20 mm Entfernung aufgeschoben werden. Große Lager müssen mit der Mutter, Abziehhülsen durch leichte Hammerschläge zur satten Anlage gebracht werden.

Tabelle 42. *Einbau von Pendelrollenlagern mit kegeliger Bohrung*

| Lagerbohrung $d$ über / bis mm | | Verminderung der radialen Lagerluft min. / max. mm | Axiale Verschiebung [1] Kegel 1 : 12 min. / max. | | Kegel 1 : 30 min. / max. mm | | Kleinste erforderliche Endluft bei Einbau von Lagern mit der Lagerluft normal / C3 / C4 mm | | |
|---|---|---|---|---|---|---|---|---|---|
| 24 | 30 | 0,015  0,020 | 0,3 | 0,35 | | | 0,015 | 0,020 | 0,035 |
| 30 | 40 | 0,020  0,025 | 0,35 | 0,4 | | | 0,015 | 0,025 | 0,040 |
| 40 | 50 | 0,025  0,030 | 0,4 | 0,45 | | | 0,020 | 0,030 | 0,050 |
| 50 | 65 | 0,030  0,040 | 0,45 | 0,6 | | | 0,025 | 0,035 | 0,055 |
| 65 | 80 | 0,040  0,050 | 0,6 | 0,75 | | | 0,025 | 0,040 | 0,070 |
| 80 | 100 | 0,045  0,060 | 0,7 | 0,9 | 1,75 | 2,25 | 0,035 | 0,050 | 0,080 |
| 100 | 120 | 0,050  0,070 | 0,75 | 1,1 | 1,9 | 2,75 | 0,050 | 0,065 | 0,100 |
| 120 | 140 | 0,065  0,090 | 1,1 | 1,4 | 2,75 | 3,5 | 0,055 | 0,080 | 0,110 |
| 140 | 160 | 0,075  0,100 | 1,2 | 1,6 | 3 | 4 | 0,055 | 0,090 | 0,130 |
| 160 | 180 | 0,080  0,110 | 1,3 | 1,7 | 3,25 | 4,25 | 0,060 | 0,100 | 0,150 |
| 180 | 200 | 0,090  0,130 | 1,4 | 2 | 3,5 | 5 | 0,070 | 0,100 | 0,160 |
| 200 | 225 | 0,100  0,140 | 1,6 | 2,2 | 4 | 5,5 | 0,080 | 0,120 | 0,180 |
| 225 | 250 | 0,110  0,150 | 1,7 | 2,4 | 4,25 | 6 | 0,090 | 0,130 | 0,200 |
| 250 | 280 | 0,120  0,170 | 1,9 | 2,7 | 4,75 | 6,75 | 0,100 | 0,140 | 0,220 |
| 280 | 315 | 0,130  0,190 | 2 | 3 | 5 | 7,5 | 0,110 | 0,150 | 0,240 |
| 315 | 355 | 0,150  0,210 | 2,4 | 3,3 | 6 | 8,25 | 0,120 | 0,170 | 0,260 |
| 355 | 400 | 0,170  0,230 | 2,6 | 3,6 | 6,5 | 9 | 0,130 | 0,190 | 0,290 |
| 400 | 450 | 0,200  0,260 | 3,1 | 4 | 7,75 | 10 | 0,130 | 0,200 | 0,310 |
| 450 | 500 | 0,210  0,280 | 3,3 | 4,4 | 8,25 | 11 | 0,160 | 0,230 | 0,350 |
| 500 | 560 | 0,240  0,320 | 3,7 | 5 | 9,25 | 12,5 | 0,170 | 0,250 | 0,360 |
| 560 | 630 | 0,260  0,350 | 4 | 5,4 | 10 | 13,5 | 0,200 | 0,290 | 0,410 |
| 630 | 710 | 0,300  0,400 | 4,6 | 6,2 | 11,5 | 15,5 | 0,210 | 0,310 | 0,450 |
| 710 | 800 | 0,340  0,450 | 5,3 | 7 | 13,3 | 17,5 | 0,230 | 0,350 | 0,510 |
| 800 | 900 | 0,370  0,500 | 5,7 | 7,8 | 14,3 | 19,5 | 0,270 | 0,390 | 0,570 |
| 900 | 1000 | 0,410  0,550 | 6,3 | 8,5 | 15,8 | 21 | 0,300 | 0,430 | 0,640 |
| 1000 | 1120 | 0,450  0,600 | 6,8 | 9 | 17 | 23 | 0,320 | 0,480 | 0,700 |
| 1120 | 1250 | 0,490  0,650 | 7,4 | 9,8 | 18,5 | 25 | 0,340 | 0,540 | 0,770 |
| 1250 | 1400 | 0,550  0,720 | 8,3 | 10,8 | 21 | 27 | 0,360 | 0,590 | 0,840 |

[1] Gilt nur für Vollwellen aus Stahl.

Wegen der Schwierigkeit, die Ausgangslage, von der aus die axiale Verschiebung gemessen werden soll, zu bestimmen, ist im allgemeinen die Messung der Luftverminderung vorzuziehen. Bei kleinen Lagern kann die Radialluft jedoch so klein sein, daß sie mit der Fühllehre nicht mehr gemessen werden kann. In diesem Fall ist man doch auf die axiale Verschiebung als Maß für die Passung angewiesen.

Die Radialluft von mittleren und großen Pendelrollenlagern kann auf der Seite der unbelasteten Rollen mit einer Fühllehre mit Blattdicken von 0,03 mm an aufwärts gemessen werden. Dabei ist darauf zu achten, daß über beiden Rollkörperreihen gleiche Luftwerte gemessen werden.

Bei großen Lagern empfiehlt es sich, die Mutter zuerst ohne Sicherungsblech anzuziehen, damit dieses nicht verformt wird. Da die Kegelverbindung selbsthemmend ist, kann die Mutter wieder gelöst und das Sicherungsblech beigelegt werden. Durch Erwärmen des Lagers kann der Einbau erleichtert und abgekürzt werden. Man kann sich hierbei aber nur wieder nach dem axialen Aufschiebweg richten, wobei von der satten Anlage in kaltem Zustand auszugehen ist. Vorzuziehen sind jedoch die später beschriebenen hydraulischen Verfahren.

Beim Einbau von Radiallagern mit Spannhülse auf glatten Wellen wird zuerst die Spannhülse allein an die richtige Stelle auf der Welle geschoben. Dann wird das Lager auf die Hülse gebracht, anschließend das Sicherungsblech und zuletzt die Mutter.

Bei der Festlegung des Lagers mittels Spannhülse und Abstandshülse wird in der Ausgangslage das Maß $\Delta l$ gemäß Abb. 160 eingestellt. Dabei wird am besten so vorgegangen, daß man ein Paßstück von der Dicke $\Delta l$ beilegt und die Hülsenmutter so lange anzieht, bis der Widerstand merklich größer wird. Dies ist ein Zeichen dafür, daß die satte Anlage aller

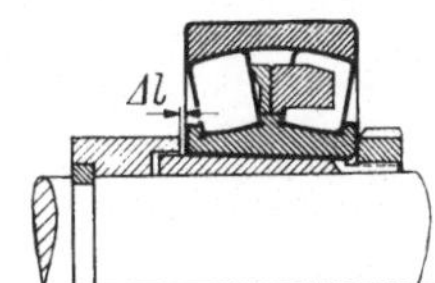

Abb. 160. Einbau eines Lagers auf Spannhülse

Paßflächen und die Ausgangslage erreicht ist. Dann wird das Paßstück entfernt und die Mutter endgültig angezogen.

Das Aufschieben einer Spannhülse auf die Welle wird erleichtert, wenn sie mit einem Keil geweitet wird. Zum Anziehen der Spannhülsenmutter verwendet man Hakenschlüssel oder Treiber aus weichem Eisen. Damit das Gewinde nicht frißt, kann eine Behandlung mit Molybdändisulfid vorteilhaft sein. Günstige Reibungsverhältnisse haben Muttern aus Sphäroguß. Für große Lager ist besonders die am Schluß dieses Abschnitts beschriebene Hydraulikmutter geeignet.

Bei Radiallagern mit Abziehhülse wird zuerst das Lager auf die Welle gebracht, dann die Abziehhülse aufgeschoben und in den Lagerinnenring gedrückt. Zum Einpressen von Abziehhülsen soll wegen des doppelten Widerstands am kegeligen und zylindrischen Teil nicht die normale Sicherungsmutter verwendet werden. Das Einpressen kann mit einer gut passenden Treibhülse oder mit einer besonderen Einbaumutter mit vergrößertem Flankenspiel vorgenommen werden, die an der Hülsenseite und im Gewinde mit Molybdändisulfid, Bleiweiß, Schwefelblüte oder ähnlichen dem Fressen entgegenwirkenden Mitteln behandelt wurde.

Bei großen Lagern kann auch eine Vorrichtung verwendet werden, bei der die Einbaumutter mit mehreren, gleichmäßig am Umfang verteilten Druckschrauben versehen ist, mit denen die Abziehhülse unter Zwischenschaltung einer gehärteten Scheibe eingepreßt wird.

Damit die hohen Aufpreßkräfte bei großen Lagern vermindert werden, können die Paßflächen geölt werden. Zähe Öle bzw. dicke Schmiermittelschichten sind zu vermeiden, weil das Schmierstoffpolster eine Aufweitung des Innenrings und eine entsprechende Luftverminderung zur Folge hat. Im Laufe des Betriebs wird aber das Schmiermittel allmählich aus der Paßfuge herausgequetscht, so daß der feste Sitz verlorengeht. Deshalb ist es zweckmäßig, die kegeligen Sitzflächen nur hauchdünn einzufetten oder mit einem dünnflüssigen Öl zu bestreichen.

Die Montagearbeit kann bei großen Lagern durch Verwendung einer sog. Hydraulikmutter wesentlich erleichtert werden. Die Hydraulikmutter besteht aus einem Stahlring mit Innengewinde, der an einer Stirnseite mit einer axialen Ringnut versehen ist, in der ein Ringkolben durch Drucköl verschoben wird, Abb. 161. Der Kolbenhub ist so bemessen, daß sämtliche Lager mit Kegel 1:12 und 1:30 in einem Zug montiert werden können. Abb. 162 und 163 zeigen, wie die Hydraulikmutter beim Ein- und Ausbau angesetzt wird.

Durch Einpressen von Öl zwischen dem Lagerinnenring und der kegeligen Sitzfläche auf der Welle kann die Reibung und damit die erforderliche Aufpreßkraft wesentlich vermindert werden. Dieses Verfahren (Hydraulikmontage, Druckölverfahren) ist in Abschn. 15.7 näher beschrieben.

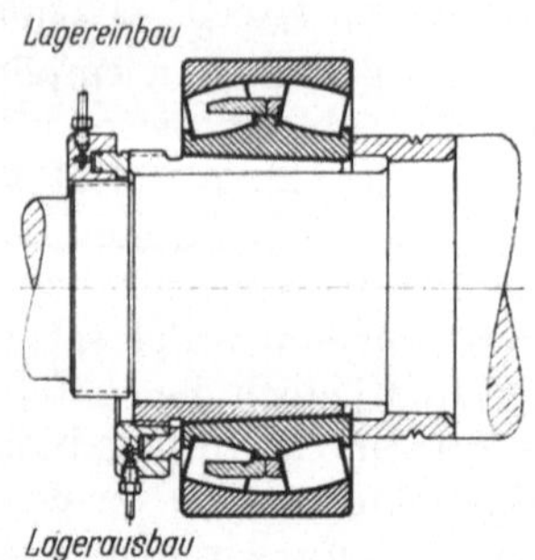


Abb. 162. Ein- und Ausbau eines Pendelrollenlagers auf Abziehhülse mittels Hydraulikmutter

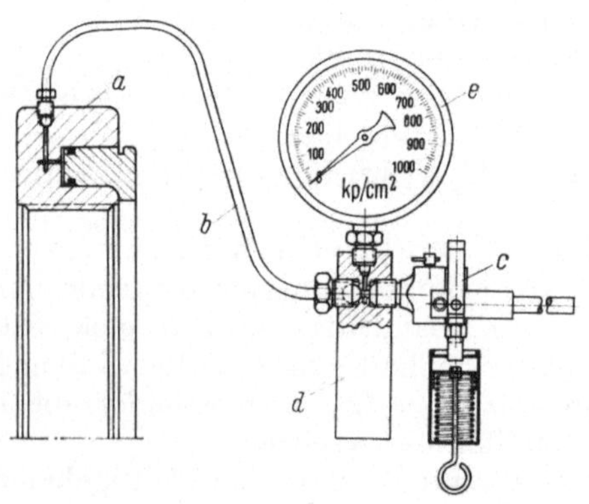


Abb. 161. Hydraulikmutter und Zubehör

*a* Hydraulikmutter, *b* Hochdruckrohr, *c* Ölpumpe, *d* Pumpenhalter, *e* Manometer 0 bis 1000 kp/cm²

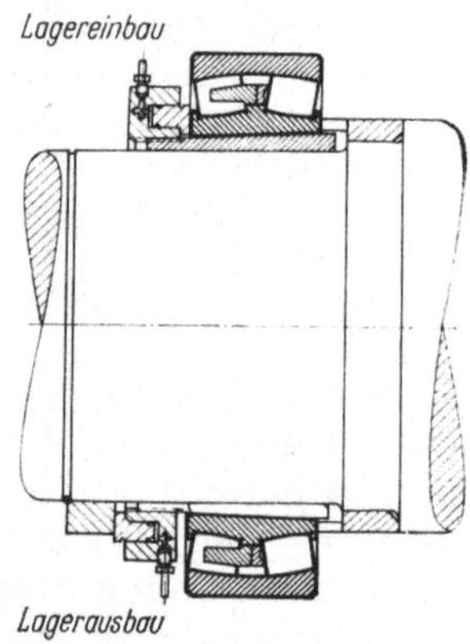


Abb. 163. Ein- und Ausbau eines Pendelrollenlagers auf Spannhülse mittels Hydraulikmutter

# 15.4 Anstellen von Schräglagern

## 15.41 Festlegung der Anstellwerte

Das Spiel oder die Vorspannung einer Lagerung, die aus zwei einreihigen Schräglagern (Schrägkugellager, Kegelrollenlager) in entgegengesetzter Anordnung besteht, wird beim Einbau durch axiales Verschieben eines der Rollbahnringe eingestellt, Abb. 164. Dieser Vorgang wird als „Anstellen" bezeichnet.

Die Frage, ob die Lagerung mit Spiel oder Vorspannung angestellt werden soll, muß auf Grund der Betriebsbedingungen entschieden werden. Maßgebend für die beim Einbau einzuhaltenden Werte sind die Verhältnisse im betriebswarmen und belasteten Zustand. In Einbaufällen, bei denen durch die Erwärmung im Betrieb eine Tendenz zur Spielverminderung besteht, ist in der Regel eine Anstellung mit Spiel erforderlich, damit im Betrieb keine Verspannung auftritt. Wenn der Temperatureinfluß gering ist und keine besonderen Anforderungen an Genauigkeit, Starrheit oder Tragfähigkeit gestellt werden, ist vielfach die gerade spielfreie Anstellung, mit gewissen Toleranzen nach Plus und Minus, zweckmäßig. Eine Anstellung mit Vorspannung kann folgenden Zwecken dienen:

Ausgleich von Wärmedehnungen, wenn im Betrieb eine Tendenz zur Spielvergrößerung besteht,
günstige Belastungsverteilung auf die Wälzkörper,
genaue und starre Führung der Welle, z. B. bei Werkzeugmaschinen-Spindeln und Kraftfahrzeug-Achsgetrieben,
Ausgleich bzw. Vorwegnahme des Setzens oder unvermeidlichen Verschleißes im Betrieb,
Vergrößerung der Reibung zur Dämpfung von Schwingungen,
Verhinderung von Riffelbildung bei überwiegend stillstehenden Lagern, die Erschütterungen ausgesetzt sind.

Zum Teil liegen Erfahrungen über die günstigsten Anstellwerte vor. Bei Neukonstruktionen ist man jedoch oft darauf angewiesen, die Anstellwerte rechnerisch vorauszubestimmen oder abzuschätzen. Dabei hängt die Zuverlässigkeit der Berechnung von der Übereinstimmung der Annahmen über die Temperatur- und Belastungsverhältnisse sowie über das elastische Verhalten der Gegenstücke mit den wirklichen Verhältnissen ab.

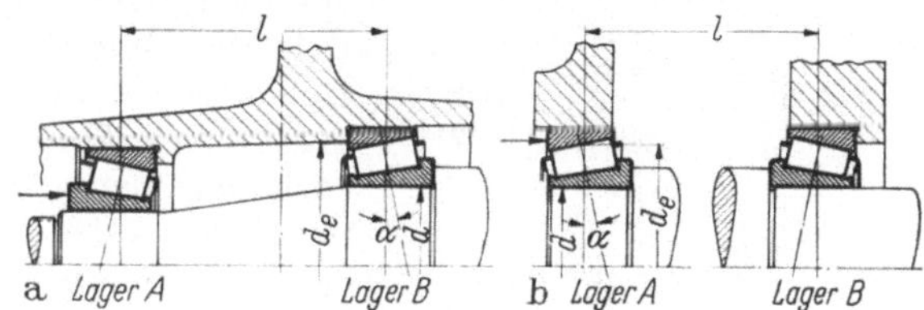

Abb. 164. Anordnung von Kegelrollenlagern
a) O-Anordnung;  b) X-Anordnung

Damit die Tragfähigkeit und Lebensdauer von Schräglagern voll ausgenützt werden kann, muß die Belastungsverteilung den Voraussetzungen der Tragzahlen entsprechen. Den Tragzahlen der Radiallager liegt die Annahme zugrunde, daß mindestens der halbe Rollbahnumfang belastet ist. Diese Bedingung wird erfüllt, wenn

$$F_a = 1,22 F_r \tan \alpha \quad \text{bei Kugellagern}$$

und

$$F_a = 1,26 F_r \tan \alpha \quad \text{bei Rollenlagern}$$

ist.

Ist die Axialkraft kleiner, so vermindert sich die Anzahl der tragenden Rollkörper und damit die Tragfähigkeit des Lagers. Wirkt auf das Lager außer der Radialkraft eine äußere Axialkraft, die größer als oben angegeben ist, so nimmt der belastete Umfang zu, bis bei $F_a = 1,67 F_r \tan \alpha$ bei Kugellagern und $F_a = 1,91 F_r \tan \alpha$ bei Rollenlagern sämtliche Rollen zum Tragen kommen ($\varepsilon = 1$).

Ist *nur* eine Radialbelastung als äußere Kraft vorhanden, so entsteht in einem Schräglager eine „induzierte" Axialkraft, die der Grund dafür ist, warum im allgemeinen ein zweites Lager, meistens ein gleichartiges Lager in entgegengesetzter Anordnung, erforderlich ist, das diese axiale Kraftkomponente aufnimmt. Andernfalls würden die Lagerringe auseinandergleiten.

Die Anordnung eines Schräglagers ohne ein entsprechendes Gegenlager ist nur in dem speziellen Fall möglich, daß in jedem Betriebszustand eine ausreichend große äußere Axialbelastung gleichbleibender Richtung gewährleistet ist, wie z. B. bei schweren senkrechten Turbinen- oder Generatorläufern.

Bei den Schräglagern besteht ein fester Zusammenhang zwischen Radialluft und Axialluft, so daß man sich auf die Festlegung und Einhaltung einer dieser beiden Größen beschränken kann. Da bei der Montage das Anstellen von Schräglagern durch axiales Verschieben eines Laufrings erfolgt, ist die Axialluft bzw. die axiale Vorspannung festzulegen.

Die Kräfte in einer vorgespannten Lagerung, die durch eine äußere Axialkraft belastet ist, können am leichtesten mit Hilfe der Federanalogie, d. h. eines Ersatzfedersystems, Abb. 165, in dem die Lagerstellen $A$ und $B$ durch zwei Federn mit den Federkennwerten $c_A$ und $c_B$ ersetzt sind, überblickt werden. Dabei überlagern sich die Federungen aller im Kraftfluß liegenden Teile, also nicht nur der Lager, sondern auch der Gehäuse, Wellen, Abstandshülsen, Befestigungsmittel sowie der Fugen zwischen diesen Teilen. Hiervon ist nur die Federung der Lager einer genügend genauen Berechnung zugänglich, während die übrigen Anteile durch Messungen ermittelt werden müssen.

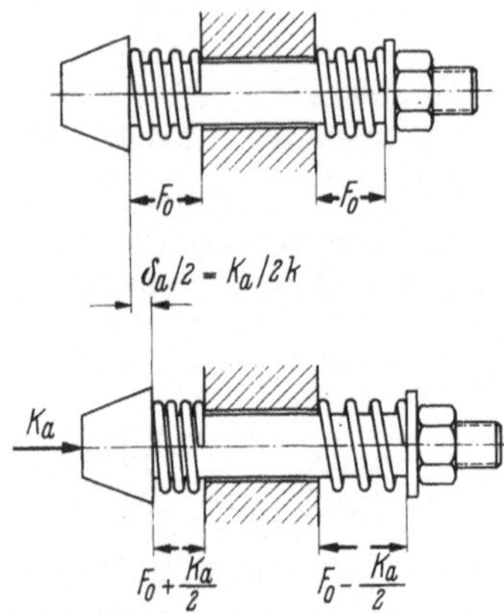

Abb. 165. Schematische Darstellung einer axial vorgespannten Lagerung, wobei die Lager durch Federn ersetzt sind

Wenn die Federkennlinien linear und für beide Lagerstellen gleich wären, würde eine Vergrößerung der Vorspannkraft $V$ über die Hälfte der äußeren Belastung hinaus keine weitere Zunahme der Starrheit ergeben, jedoch die Lebensdauer merklich herabsetzen. Was den Anteil der Lager betrifft, so verlaufen deren Federkennlinien in Wirklichkeit progressiv — bei Rollenlagern wächst die Federung mit der Potenz $^3/_4$, bei Kugellagern mit der Potenz $^2/_3$ —, weshalb die Starrheit auch bei größerer Vorspannung als $V = 0{,}5K_a$ noch zunimmt, Abb. 166. Praktisch kann aber auch für diesen Fall eine Vorspannung von 50% der äußeren Axialbelastung als diejenige Grenze angesehen werden, über die hinaus der Gewinn an Starrheit gegenüber dem Verlust an Lebensdauer unbedeutend ist, Abb. 167.

Abb. 168 zeigt ein sog. Verspannungsschaubild. Bei konstanter äußerer Axialkraft kann hiernach die optimale Vorspannkraft bestimmt werden. Bei veränderlicher Belastung wählt man die Vorspannkraft für eine mittlere oder für die am häufigsten auftretende Belastung. Aus dem Diagramm läßt sich ablesen, welche restliche Axialbelastung $F_{aB}$ auf das nicht durch die äußere Axialkraft belastete Lager wirkt. Außerdem kann abgelesen werden, bei welcher äußeren Axialkraft die Vorspannung aufgehoben wird oder welche Vorspannkraft notwendig ist, damit die Vorspannung bei einer bestimmten äußeren Axialbelastung nicht ganz verschwindet.

Aus den Beziehungen zwischen äußerer Belastung, Vorspannkraft und Federkennung geht hervor, daß, wenn im belasteten Zustand die Vorspannung nicht ganz aufgehoben werden soll, die Vorspannkraft im Verhältnis zur äußeren Axialkraft um so kleiner sein darf, je starrer dasjenige Lager, auf das die äußere Axialkraft wirkt, im Vergleich zum Gegenlager ist. Außerdem kann die Vorspannkraft relativ um so kleiner sein, je stärker progressiv die Federkennlinien verlaufen.

Bei der Festlegung der Anstellwerte für den Einbau sind außerdem die Temperaturverhältnisse im Betrieb im Vergleich zu der Temperatur beim Einbau zu berücksichtigen. Die maßgebenden Faktoren sind

    Lageranordnung (X- bzw. O-Anordnung),
    Lagergröße,
    Berührungswinkel der Lager,
    Lagerabstand,
    Temperaturunterschied zwischen Welle und Gehäuse,
    Werkstoffe von Welle und Gehäuse.

Bezeichnungen:

$\Delta a$      durch die Betriebstemperatur bedingte Änderung der Axialluft in mm. (Positive Werte bedeuten Abnahme der Luft bzw. Zunahme der Vorspannung, negative Werte Zunahme der Luft bzw. Abnahme der Vorspannung.)

$d_e$      mittlerer Durchmesser der Außenringlaufbahn in mm,

$\alpha$      Berührungswinkel des Lagers in °,

$l$      Lagerabstand nach Abb. 164 in mm,

$T_W$      Temperatur der Welle im Betrieb in °C,

$T_{WAB} = (T_{WA} + T_{WB})/2$    mittlere Wellentemperatur in °C,

$T_G$      Gehäusetemperatur im Betrieb in °C,

$T_{GAB} = (T_{GA} + T_{GB})/2$    mittlere Gehäusetemperatur in °C.

Index $A$ bezieht sich auf die Lagerstelle $A$,
Index $B$ bezieht sich auf die Lagerstelle $B$.

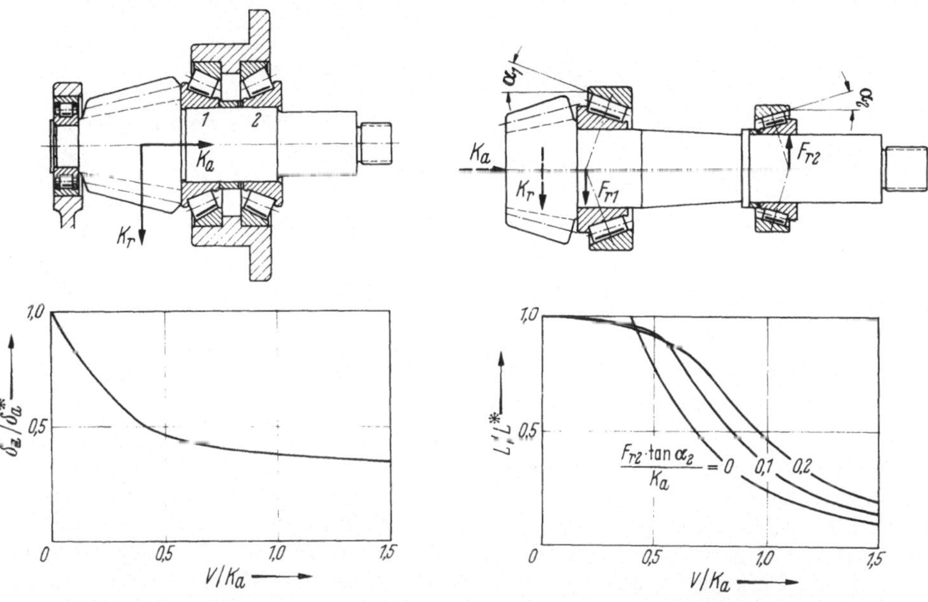


Abb. 166. Einfluß der Vorspannkraft $V$ auf die Verschiebung des Ritzels unter der äußeren Axialkraft $K_a$
$\delta_a$ Verschiebung bei vorgespannter Lagerung,
$\delta_a^*$ Verschiebung bei nicht vorgespannter Lagerung

Abb. 167. Zusammenhang zwischen Lebensdauer und Vorspannung, bezogen auf die äußere Axialkraft $K_a$, bei einer Ritzelwellenlagerung
$L$ Lebensdauer der vorgespannten Lagerung,
$L^*$ Lebensdauer der nicht vorgespannten Lagerung
Angenommenes Verhältnis der Belastungskomponenten am ritzelseitigen Lager: $F_{r1} \tan\alpha_1/K_a = 0{,}5$

Für den Fall, daß Lager, Welle und Gehäuse denselben Ausdehnungskoeffizienten $12 \cdot 10^{-6}$ [1/°C] haben, gilt

$$\Delta a = 12 \cdot 10^{-6} \left[\frac{d_{eA}}{2} \cot\alpha_A\,(T_{WA} - T_{GA}) + \frac{d_{eB}}{2} \cot\alpha_B\,(T_{WB} - T_{GB}) \mp \right.$$

$$\left. \mp\, l(T_{WAB} - T_{GAB})\right]. \tag{92}$$

Das obere Vorzeichen gilt für die O-Anordnung (Abb. 164a), das untere Vorzeichen für die X-Anordnung (Abb. 164b).

Die Lageranstellung bleibt von den Wärmedehnungen unbeeinflußt, wenn

$$\Delta a = 0$$

ist. Dieser Fall ist nur bei der O-Anordnung möglich. Die Bedingung lautet:

$$\frac{d_{eA}}{2} \cot \alpha_A (T_{WA} - T_{GA}) + \frac{d_{eB}}{2} \cot \alpha_B (T_{WB} - T_{GB}) = l(T_{WAB} - T_{GAB}). \qquad (93)$$

Wenn die Wellen- und Gehäusetemperaturen an beiden Lagerstellen gleich sind, d. h. $T_{WA} = T_{WB}$ und $T_{GA} = T_{GB}$, wird

$$\frac{d_{eA}}{2} \cot \alpha_A + \frac{d_{eB}}{2} \cot \alpha_B = l. \qquad (94)$$

Diese Bedingung ist erfüllt, wenn die Kegelspitzen der beiden Lager, wie in Abb. 169 gezeigt, zusammenfallen.

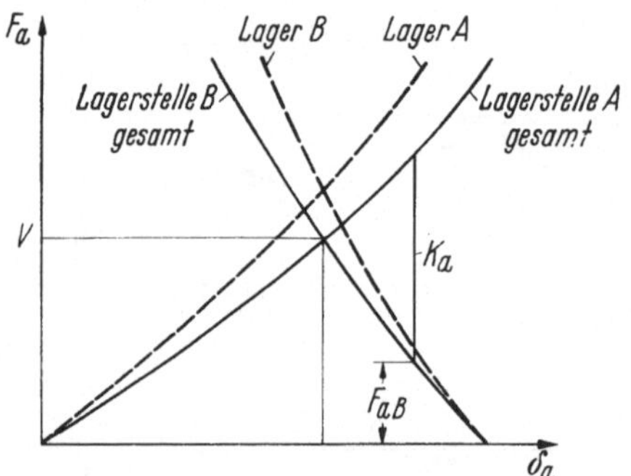


Abb. 168. Verspannungsschaubild. Abhängigkeit der Axialkraft vom axialen Federweg für zwei vorgespannte Schräglager

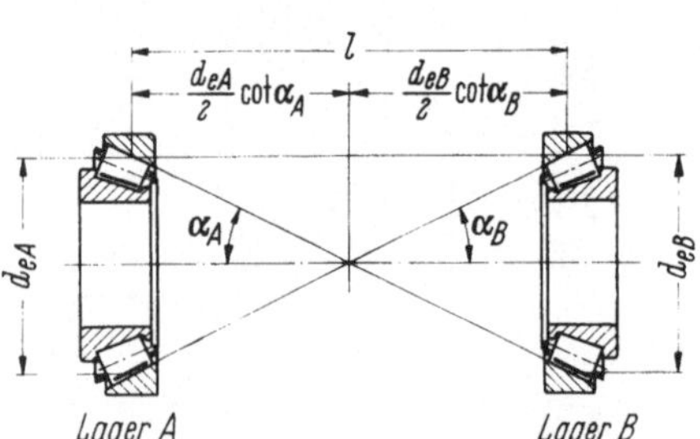


Abb. 169. Anordnung von zwei Kegelrollenlagern mit zusammenfallenden Kegelspitzen

Wenn der Gehäusewerkstoff einen anderen Ausdehnungskoeffizienten als das Lager hat, ändert sich bei Erwärmung auch das Passungsübermaß zwischen Außenring und Gehäuse, wodurch ein weiterer Einfluß auf das Spiel oder die Vorspannung der Lagerung entsteht. Die Berechnung erfolgt mit Hilfe der bekannten Formeln für Preßverbindungen, wobei die Querschnittsverhältnisse von Gehäuse und Außenring eine Rolle spielen. Bei der X-Anordnung ergibt sich im Falle eines Wärmegefälles von der Welle zum Gehäuse eine zusätzliche Spielverminderung, wenn das Gehäuse einen kleineren Ausdehnungskoeffizienten als das Lager und die Welle hat. Bei der O-Anordnung heben sich im gleichen Fall die zusätzliche Spielverminderung aus der radialen Dehnung und die spielvergrößernde Tendenz aus den Längendehnungen teilweise auf.

### 15.42 Durchführung der Anstellung

Das Ziel des Anstellens ist, die nach den Richtlinien des vorhergehenden Abschnitts festgelegten Werte für das Spiel oder die Vorspannung mit möglichst geringen Abweichungen einzuhalten.

Vom Wälzlagerhersteller auf ein bestimmtes Axialspiel oder spielfrei gepaarte Lager brauchen beim Einbau nicht angestellt zu werden. Die Laufringe dieser Lager sind entweder an den Stirnseiten auf genaues Maß geschliffen, oder es sind Distanzringe eingepaßt. Die Lagerteile dürfen jedoch nicht mit denjenigen anderer Lagerpaare vertauscht werden. Beim Einbau werden die Laufringe und die Distanzringe axial zusammengespannt. Es ist lediglich darauf zu achten, daß die vorgeschriebenen Wellen- und Gehäusetoleranzen genau eingehalten werden, weil diese das Spiel oder die Vorspannung im eingebauten Zustand beeinflussen.

Bei Einzellagern unterscheidet man individuelle und kollektive Anstellung.

Bei der *individuellen* Anstellung wird das Spiel oder die Vorspannung unabhängig von den Toleranzen der Lager und Gegenstücke bei der Montage eingestellt. Die Methode, nach der die Anstellung werkstattmäßig durchgeführt wird, hängt vor allem von der Lageranordnung ab. Bei der X-Anordnung, auch als „direkte" Lagermontage bezeichnet, ist von der Anordnung her die Anstellung über einen der Außenringe das gegebene. Bei den meisten Einbaufällen mit X-Anordnung liegt der Belastungsfall „Punktlast am Außenring" vor, so daß der Außenring die zum Anstellen erforderliche lose Passung und leichte Verschiebbarkeit erhalten kann. Bei der O-Anordnung, die auch als „indirekte" Lagermontage bezeichnet wird, ist von der Anordnung her die Anstellung über den Innenring naheliegend. Bei „Umfangslast für den Innenring" sind jedoch die Forderungen bezüglich der Wellenpassung, die auf Grund des Belastungsfalls fest, im Hinblick auf das Anstellen aber lose sein sollte, nicht miteinander in Einklang zu bringen. Wenn der größere Bauaufwand keine Rolle spielt, kann der Außenring in eine Hakenbüchse gesetzt werden, über die die Anstellung vorgenommen wird. In diesem Fall können beide Laufringe eine feste Passung erhalten.

Die Anstellmethoden unterscheiden sich ferner dadurch, wie das Spiel oder die Vorspannung *gemessen* wird. Welches Verfahren am vorteilhaftesten ist, hängt schließlich auch davon ab, ob es sich um Serienmontage oder Einzelmontage handelt.

Bei der Anstellung von Schräglagern sind, gleich nach welcher Methode die Anstellung durchgeführt wird, folgende Richtlinien zu beachten:

a) Insbesondere Kegelrollenlager müssen während des Anstellens sowie vor und beim Messen des Axialspiels oder der Vorspannung gedreht werden, damit die Wälzkörper die richtige Lage einnehmen, d. h. damit die Kegelrollen wie im späteren Betrieb mit ihrer großen Stirnseite am Führungsbord anliegen. Die Lagerung kann entweder um mehrere Umdrehungen in einer Richtung oder mehrmals hin und her gedreht werden.

b) Die Laufringe müssen satt an den seitlichen Stützflächen anliegen, damit ein „Setzen" der Fugen im Betrieb, das eine Spielvergrößerung bzw. ein Nachlassen der Vorspannung zur Folge hat, ausgeschaltet wird. Dabei ist auch darauf zu achten, daß die Lagerringe, Distanzringe oder andere Teile innerhalb des axialen Verbands nicht in Hohlkehlen aufsitzen.

c) Anlageschultern, Distanzscheiben, Abstandsringe oder -büchsen müssen zur Vermeidung eines unerwünschten Nachgebens im Betrieb, das ebenfalls zu Spielvergrößerung bzw. Nachlassen der Vorspannung führt, eine genügende Festigkeit und Oberflächengüte haben. Auch Planparallelitätsfehler müssen auf ein Mindestmaß beschränkt werden, weil die Anstellung unsicher wird und sich verändert, wenn sich die Teile gegenseitig verdrehen.

Gebräuchliche Maschinenteile, mit denen die Lagerringe in die richtige axiale Stellung gebracht und fixiert werden, sind

Wellenmuttern (Kronenmuttern mit Splintsicherung, Kontermuttern mit Blechsicherung, Klemmuttern),

Gewinderinge mit Außengewinde und Blechsicherung,

Deckel,

Distanzscheiben, Paßscheiben.

Bei der *kollektiven* Anstellung werden serienmäßig gefertigte Lager oder Lagerpaare mit serienmäßig gefertigten Gegenstücken und Abstandsringen beliebig zusammengebaut. Dabei geht man davon aus, daß die Grenzmaße der Toleranzen nur sehr selten zusammentreffen. Nach dem Wahrscheinlichkeitsprinzip liegt der Großteil der zustande kommenden Anstellwerte innerhalb eines bestimmten Streubereichs. Die Toleranz der Vorspannkraft ist bei diesem Verfahren naturgemäß um so enger, je enger die Fertigungstoleranzen der Lager (Bohrungsdurchmesser, Manteldurchmesser, Bauhöhe) und der Gegenstücke (Lagersitzdurchmesser, Abstandsmaße zwischen den seitlichen Anlageflächen) eingehalten werden können. Diese Methode bedingt daher, wenn es auf eine genaue und sichere Anstellung ankommt, einen hohen Fertigungsaufwand.

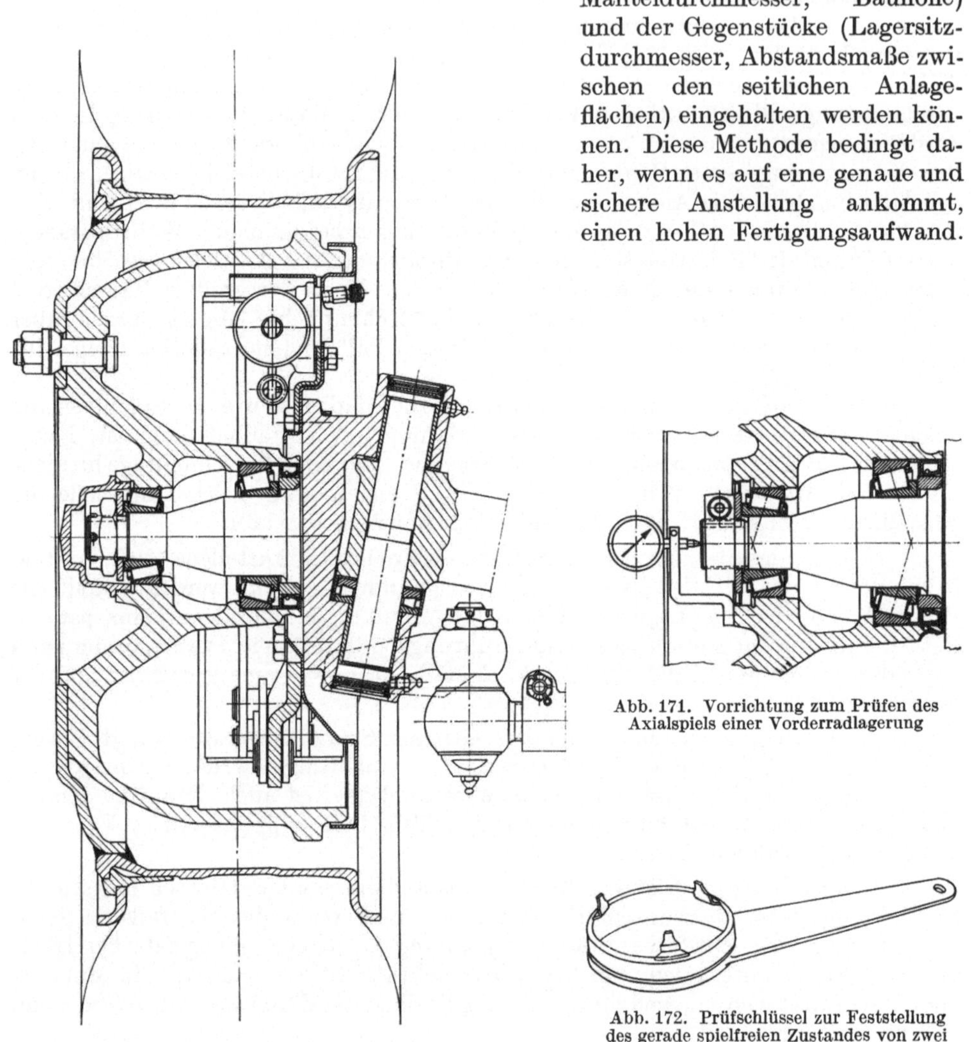

Abb. 171. Vorrichtung zum Prüfen des Axialspiels einer Vorderradlagerung

Abb. 172. Prüfschlüssel zur Feststellung des gerade spielfreien Zustandes von zwei Schräglagern

Abb. 170. Vorderradlagerung eines Kraftwagens

**15.421 Anstellung mit Axialspiel.** Abb. 170 zeigt als typisches Beispiel für eine Lagerung, die in der Regel mit einem kleinen Axialspiel eingestellt wird, die Vorderradlagerung eines Kraftwagens. Die Lager haben O-Anordnung. Der Belastungsfall ist überwiegend „Punktlast am Innenring", so daß dieser mit loser Passung und der beim Anstellen erwünschten leichten Verschiebbarkeit auf dem Achsschenkel sitzen kann. Die Außenringe haben Umfangslast und sind mit fester Passung in der Radnabe befestigt. Die Anstellung der Lagerung erfolgt durch axiales Verschieben des Innenrings des äußeren Lagers mittels der Achsmutter. Dabei wird in der Praxis verschieden vorgegangen:

a) Man mißt unmittelbar das Axialspiel mittels einer Meßuhr, die mit einer Vorrichtung an der Radnabe befestigt ist, Abb. 171. Insbesondere bei Verwendung einer Klemmutter, die in jeder beliebigen Stellung gesichert werden kann, wird auf diese Weise eine sehr genaue Einstellung erreicht. Das Verfahren erfordert allerdings einen verhältnismäßig großen Zeitaufwand.

b) Die Lagerung wird zunächst auf den spielfreien Zustand eingestellt. Die gefühlsmäßige Kontrolle, wann die Lagerung gerade spielfrei ist, z. B. auf Grund des Verschwindens des Kippspiels oder einer fühlbaren Zunahme des Reibungswiderstands, ist nicht absolut sicher und setzt große Erfahrung voraus. Ein zuverlässiges Hilfsmittel ist der in Abb. 172 gezeigte Prüfschlüssel, mit dem zwischen die Wälzkörper gefaßt und der Wälzkörpersatz bei festgehaltenem Innen- und Außenring von Hand gedreht werden kann, solange die Lagerung Spiel hat. Sobald der spielfreie Zustand erreicht ist, läßt sich der Prüfschlüssel ohne Gewaltanwendung nicht mehr drehen. Von dieser Stellung aus wird die Achsmutter um einen bestimmten Winkel, der sich aus der Gewindesteigung und dem gewünschten Axialspiel berechnen läßt, zurückgedreht und gesichert.

c) Die Lagerung wird zunächst auf einen bestimmten Wert vorgespannt, bei dessen Festlegung die statische Tragfähigkeit des schwächeren der beiden Lager beachtet werden muß. Ein Vorteil dieses Verfahrens ist, daß das Setzen weitgehend vorweggenommen wird. Bei Großserienmontage wird meistens das Anzugsmoment der Achsmutter als Maß für die Vorspannung benutzt. Zum Beispiel wird bei Vorderradlagerungen von Personenkraftwagen die Achsmutter mit 2,5 bis 5 kpm angezogen. Es kann auch das Reibungsmoment der Lagerung als Maß dienen, das durch Anbringen eines Hebelarms am Radstern mit Gewichtsbelastung geprüft werden kann. Anschließend wird die Achsmutter um einen bestimmten Winkel, der sich aus der elastischen Zusammendrückung unter der Vorspannkraft und dem gewünschten Axialspiel berechnen läßt oder durch Versuche bestimmt wird, zurückgedreht und gesichert.

Verschiedene Einflüsse führen zu einer verhältnismäßig großen Toleranz des eingestellten Axialspiels. Bei der Verwendung einer Kronenmutter wird die Toleranz durch die Sicherungsmöglichkeiten bestimmt. Sie kann durch Anwendung einer kleineren Gewindesteigung und durch die Anordnung eines Kreuzlochs im Zapfen verringert werden.

Bei der Methode nach c) ist bereits mit einer größeren Streuung der nach dem Anziehen der Achsmutter erreichten Vorspannkraft und der elastischen Zusammendrückung der Lager zu rechnen. Die Ausgangsstellung für das Zurückdrehen der Achsmutter ist also nicht eindeutig. Wenn das Reibungsmoment als Maß für die Vorspannung benutzt wird, ist auch das Reibungsmoment der Dichtung und dessen Streuung zu berücksichtigen.

Bei der Verwendung von Kontermuttern verändert sich beim Sichern die Anstellung um das Gewindespiel.

Vor der endgültigen Kontrolle des Axialspiels führt man mit einem Gummihammer leichte Schläge gegen die Nabe aus, damit der Innenring des äußeren Lagers mit Sicherheit zurückgeholt wird.

**15.422 Anstellung mit Vorspannung.** Das eigentliche Ziel ist, eine bestimmte Vorspann*kraft* zu erreichen. Mittels des Druckölverfahrens läßt sich die gewünschte Vorspannkraft unmittelbar aufbringen, und die Teile können durch Wegnahme des Öldrucks in diesem Zustand fixiert werden. Im Versuchsfeld läßt sich die Vorspannkraft, z. B. auch mit Hilfe von Dehnmeßstreifen messen. Für die Serienmontage sind diese Wege jedoch zu aufwendig. Hierfür haben sich deshalb indirekte Methoden eingeführt, die in zwei Gruppen eingeteilt werden können:

a) Anstellung auf Grund des Anstell*wegs*, der der Federung bzw. axialen Zusammendrückung der im Kraftfluß liegenden Teile bei der gewünschten Vorspannkraft entspricht. Man kann auch hierbei vom gerade spielfreien Zustand ausgehen, der am besten mit Hilfe des im vorhergehenden Abschnitt beschriebenen Prüfschlüssels festgestellt wird. Die gewünschte Vorspannung wird dadurch erreicht, daß die zum Anstellen benutzte Mutter oder der Gewindering um den dem Vorspannweg entsprechenden Betrag weitergedreht wird. Wenn die Konstruktion Distanzbüchsen oder Paßscheiben vorsieht, werden diese entsprechend ausgewählt.

Man kann auch von einem Axialspiel ausgehen, das schrittweise auf einen kleinen Wert verringert wird. Die vorgeschriebene Vorspannung wird durch Herausnehmen von Paßscheiben erhalten, deren Dicke sich aus dem gemessenen Axialspiel und dem der gewünschten Vorspannkraft entsprechenden Anstellweg zusammensetzt. Dasselbe Maß gilt für die Kürzung von Distanzbüchsen oder das Weiterdrehen von Muttern oder Gewinderingen.

Eine andere Methode besteht darin, die axiale Federung im vorgespannten Zustand zu kontrollieren. Unter einer bestimmten axialen Meßbelastung, die abwechselnd in der einen und anderen Richtung, z. B. an der montierten Welle durch eine hydraulische Vorrichtung, aufgebracht wird, läßt sich die axiale Durchfederung messen. Der Wert, der der gewünschten Vorspannkraft entspricht, wird durch Eichung bestimmt. Das Verfahren hat den Vorteil, daß mit dem Axialdurchschlag unmittelbar diejenige Größe gemessen wird, auf die es funktionsmäßig ankommt. Außerdem wird das Setzen weitgehend vorweggenommen. Es wäre aber bei Serienmontage zu zeitraubend, die richtige Anstellung nach dieser Methode allein durch Probieren zu finden. Deshalb wird die Dicke der Paßscheiben bzw. die Länge der Abstandshülsen vor dem Zusammenbau mit Hilfe von Meßmaschinen ermittelt, mit denen sämtliche maßgebenden Längen-Istmaße gemessen werden.

Wenn die Innenringe, wie z. B. bei Ritzelwellenlagerungen, mit einer Zwischenbüchse durch eine Wellenmutter zusammengespannt werden, ist zu beachten, daß das Anzugsmoment infolge der Verformung der Ringe die Anstellung beeinflußt. Das Anzugsmoment sowie die Gewindereibung der Spannmutter sollten deshalb so wenig wie möglich streuen.

In Sonderfällen, in denen sehr große Vorspannkräfte angewendet werden, z. B. bei Propellerblattlagerungen, kann die Vorspannkraft auch über die radiale Durchmesservergrößerung des Außenrings bzw. des Gehäuses gemessen werden.

b) Anstellung mit Hilfe des Reibungsmoments. Es besteht eine Beziehung zwischen Reibungsmoment und Vorspannkraft. Das Reibungsmoment kann deshalb als Maß für die Anstellung benutzt werden, allerdings nur im Vorspannungsbereich und nicht im Spielbereich. Solange Spiel vorhanden ist, ist das Reibungsmoment nicht nur sehr klein, sondern auch von der Größe des Spiels fast unabhängig. Es steigt jedoch merklich und meßbar an, wenn die Lagerung vorgespannt wird.

Das Anstellen auf Vorspannung mit Hilfe des Reibungsmoments ist einfach durchzuführen und deshalb die gängigste Methode. Sie hat jedoch den Nachteil einer verhältnismäßig großen Streuung der eingestellten Vorspannkraft. Das Verfahren setzt ferner voraus, daß bei der Messung des Reibungsmoments keine Verfälschung durch andere Bewegungswiderstände, z. B. durch im Eingriff befindliche Zahnräder oder durch Dichtungen, vorliegt. Vielfach läßt es sich aber nicht vermeiden, die Messung bei eingebauter Dichtung durchzuführen. In diesem Fall muß dafür gesorgt werden, daß die zum Einbau gelangenden Dichtungen ein möglichst gleichmäßiges Reibungsmoment haben und daß der Mittelwert dem einzustellenden Gesamtreibungsmoment zugeschlagen wird.

Die Streuung des Reibungsmoments der Lagerung rührt von mehreren Einflüssen her. Ein Teil der Streuung ist fertigungsbedingt. Weitere Einflüsse sind der Einlaufzustand, die Schmierung, die Drehzahl und die Lagertemperatur. Hieraus folgt, daß die Reibungsmomentmessungen immer bei derselben, möglichst konstanten Drehzahl durchgeführt werden sollen. Das Abreißmoment ist ungeeignet, weil es besonders stark streut. Das Schmiermittel, die Lagertemperatur und der Schmierzustand müssen bei der Eichung und bei der Montage soweit wie möglich übereinstimmen.

Das Reibungsmoment des fabrikneuen Lagers nimmt durch den Einlaufvorgang im Betrieb ab. Aus diesem Grund müssen gelaufene Lager mit einem niedrigeren Reibungsmoment als neue Lager angestellt werden, wenn die gleiche Vorspannkraft wieder erreicht werden soll.

Bei Verwendung eines Handdynamometers ist es schwierig, die Lager gleichmäßig sowie mit einer ganz bestimmten Drehzahl zu drehen und gleichzeitig das Drehmoment abzulesen. Auch eine Federwaage, die an einer um die Welle oder den Antriebsflansch geschlungenen Schnur angreift, ist nur als Behelf zu betrachten.

Zum genauen Anstellen sind Geräte geeignet, mit denen die Welle mit einer bestimmten Drehzahl, in der Praxis zwischen 50 und 200 U/min, angetrieben wird und gleichzeitig das Antriebsmoment gemessen werden kann.

Für die Serienmontage von Kegelritzelwellen für Kraftfahrzeug-Achsgetriebe, bei denen zwischen den Lagerinnenringen eine verformbare Abstandshülse angeordnet ist, werden spezielle Anstellmaschinen verwendet, die die Welle mit 180 bis 200 U/min antreiben und mit einer durch ein Planetengetriebe erzeugten Differenzdrehzahl gleichzeitig die Spannmutter anziehen. Das Gerät ist in Verbindung mit einer federnden Abstützung des Gehäuses mit einer Reibungswaage ausgerüstet, die laufend das Antriebsmoment mißt. Der Antrieb für die Spannmutter wird automatisch abgeschaltet, sobald das vorgeschriebene Reibungsmoment erreicht ist.

Die erwähnte plastisch verformbare Abstandshülse besteht aus einem dünnwandigen Stahlrohr mit niedrigem Kohlenstoffgehalt. Sie erfährt während des Anstellvorgangs eine bleibende Verformung und gleicht dadurch die Toleranzen des gesamten Zusammenbaus aus. Die verbleibende Elastizität ergibt die axiale Befestigungskraft.

Die Genauigkeit der Anstellung mit Hilfe des Reibungsmoments kann durch eine individuelle Eichung der Lager wesentlich erhöht werden. Hierzu wird in einer Hilfsvorrichtung das Reibungsmoment des zusammengehörigen Lagerpaars bei der festgelegten Vorspannkraft und einer bestimmten Drehzahl gemessen. Beim endgültigen Zusammenbau wird das betreffende Lagerpaar bei der gleichen Drehzahl wieder auf denselben Wert des Reibungsmoments angestellt.

Bei Konstruktionen mit festen Zwischenbüchsen und Paßscheiben hat sich in der Praxis eine Kombination von Wegmessung und Reibungsmomentmessung bewährt. Dabei werden die Paßscheiben auf Grund von Abstandsmessungen an den Einbauteilen mit einer Meßmaschine bestimmt. Außerdem wird das Reibungsmoment bei der vorgeschriebenen Vorspannkraft gemessen. An der fertig montierten Lagerung wird kontrolliert, ob dieses Reibungsmoment innerhalb gewisser Toleranzgrenzen eingehalten ist.

## 15.5 Ausbau von Lagern mit zylindrischer Bohrung

Nicht zerlegbare Lager werden zuerst aus dem Gehäuse ausgebaut oder von der Welle abgezogen, je nachdem, wo sich die losere Passung befindet. Anschließend wird der mit fester Passung eingebaute Ring mit einer geeigneten Abzieh- bzw. Abdrückvorrichtung ausgebaut. Mit Ausnahme von Zylinderrollenlager-Innenringen ohne Borde oder mit nur einem Bord lassen sich festgepaßte Innenringe im allgemeinen vor dem Ausbau nicht so rasch und gleichmäßig erwärmen, wie es zum Abziehen erforderlich wäre, sondern müssen kalt abgezogen werden. Kleine Lager können mit einem mechanischen Abziehwerkzeug, das an der Seitenfläche des Innenrings oder an einem anliegenden Teil, z. B. einem Labyrinthring, angreift, abgezogen werden, Abb. 173. Je nach Zugänglichkeit kann auch eine Presse verwendet werden. Der Ausbau kann durch konstruktive Maßnahmen, wie z. B. Nuten in den Anlageschultern von Wellen und Gehäusen oder Gewindebohrungen für das Anbringen von Abdrückschrauben, erleichtert werden.

Für Rillenkugellager mit Blechkäfig und Kegelrollenlager gibt es spezielle Abziehgeräte, die auf die einzelnen Lagergrößen abgestimmt sind. Eines dieser Geräte besitzt Spannzangen mit Greifklauen, die den Innenring zwischen den Wälzkörpern fassen.

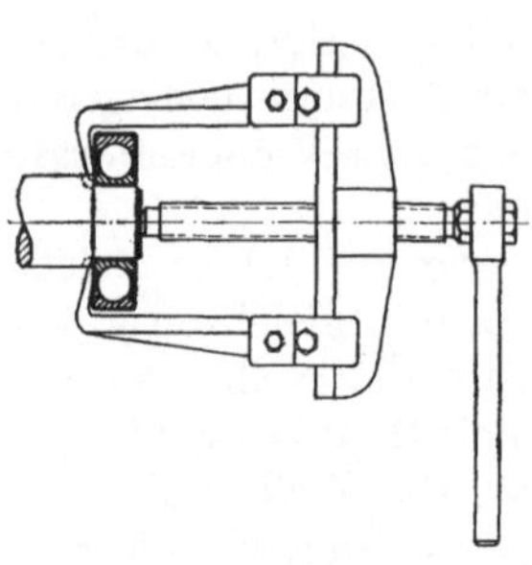

Abb. 173.  Mechanische Abziehvorrichtung

Auch beim Ausbau gilt der Grundsatz, daß die Abziehkraft nicht über die Wälzkörper gehen soll. Wenn jedoch nur der Außenring für das Werkzeug zugänglich ist, so daß das Lager über diesen abgezogen werden *muß*, soll das Lager zur Vermeidung örtlicher Eindrückungen gedreht werden. Man kann z. B. das Abziehwerkzeug über seine Schenkel drehen, während man die Spindel festhält.

Zum Abziehen von mit fester Passung eingebauten Ringen sind nach längerer Betriebszeit im allgemeinen größere Kräfte als beim Aufpressen erforderlich, weil die Haftreibung zugenommen hat, insbesondere wenn sich Passungsrost gebildet hat. Durch Anwendung des in Abschn. 15.7 beschriebenen Drucköerverfahrens wird der Ausbau insbesondere von großen Lagern wesentlich erleichtert.

## 15.6 Ausbau von Lagern mit kegeliger Bohrung

Beim Ausbau von Lagern mit Spannhülse wird zuerst die Spannhülsenmutter um einige Umdrehungen gelöst. Dann wird über eine Schlaghülse auf die Spannhülsenmutter geschlagen. Man kann auch auf der Seite des großen Bohrungsdurchmessers über ein Schlagstück an verschiedenen Stellen des Umfangs gegen den Lagerinnenring schlagen, wodurch sich das Lager von der Hülse löst.

Bei Lagern auf Abziehhülse schraubt man die Abziehmutter auf das Gewinde bis zur Anlage an der Seitenfläche des Innenrings. Beim Weiterdrehen der Mutter wird die Abziehhülse aus der Lagerbohrung herausgezogen. Das Hülsengewinde und die dem Lager zugewendete Seitenfläche der Mutter werden mit Bleiweiß oder einem Pflanzenöl bestrichen. Der Ausbau großer Lager wird durch die in Abschn. 15.3 beschriebene Hydraulikmutter erleichtert.

Am günstigsten für den Ausbau großer Lager ist das im nächsten Abschnitt beschriebene Drucköerverfahren.

## 15.7 Ein- und Ausbau mittels Drucköl (Hydraulikmontage)

Die Montage mittelgroßer und großer Wälzlager kann durch die Hydraulikmontage wesentlich erleichtert werden. Bei Lagern mit kegeliger Bohrung läßt sich das Druckölverfahren für den Ein- und Ausbau sowie zur feinfühligen und genauen Einstellung der Radialluft anwenden, bei Lagern mit zylindrischer Bohrung zum leichten, ohne Beschädigung der Sitzflächen durchführbaren Ausbau. Da die Abziehkraft gering ist, können nicht zerlegbare Lager auch über den Außenring abgezogen werden.

Beim Druckölverfahren wird Öl unter hohem Druck zwischen die Paßflächen gedrückt. In der Paßfuge bildet sich ein Ölfilm, der die Oberflächen trennt und die gegenseitige Verschiebung der Teile mit geringem Kraftaufwand und ohne Oberflächenbeschädigung ermöglicht.

Geeignet sind Maschinenöle mit einer Viskosität von 36 bis 40 cSt 50 oder 4,5 bis 5 E 50 für den Einbau und 60 bis 100 cSt 50 oder ca. 8 bis 14 E 50 für den Ausbau. Durch Zusatz rostlösender Mittel zum Öl kann etwaiger Passungsrost gelöst werden.

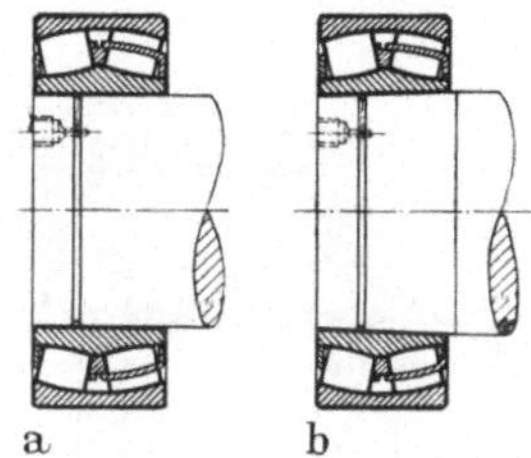

Die Zuführung des Drucköls erfolgt durch Bohrungen in der Welle mit Anschlußgewinde für ein Druckölgerät. Die radiale Bohrung mündet in eine Rille, so daß sich das Öl auf dem ganzen Umfang verteilt, Abb. 174. Zum Einpressen des Öls ist eine Hochdruckpumpe notwendig, die einen Druck von 500 bis 800 atü erzeugen kann.

Abb. 174. Druckölzuführung zur Sitzfläche des Innenrings a) bei zylindrischem Sitz; b) bei kegeligem Sitz

Die Ölverteilungsrille wird in einem Abstand von ca. $^1/_3$ der Lagerbreite entfernt von derjenigen Seite angebracht, nach der der Ring abgezogen wird. Die Nut soll nicht zu breit sein. Sie ist gut abzurunden, damit das Öl nach dem Einbau leicht abfließen kann. Tab. 43 gibt geeignete Maße für Ölverteilungsnuten in Abhängigkeit vom Bohrungsdurchmesser des Lagers an. Beim Einbau von Lagern mit kegeliger Bohrung ist zu beachten, daß vor der Kontrolle der Radialluftverminderung der Öldruck weggenommen wird.

Tabelle 43. *Maße der Ölverteilungsnuten für Rollenlager*

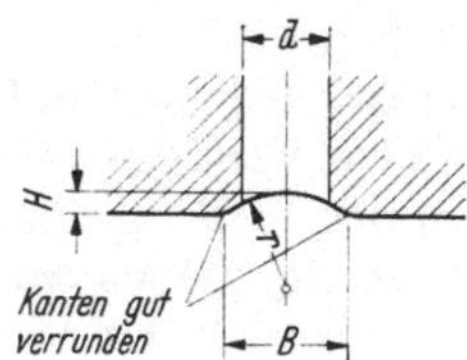

| Kleinster Durchmesser der Preßfläche über | bis | B | H | r | d |
|---|---|---|---|---|---|
| mm | mm | mm | mm | mm | mm |
| — | 30 | 2 | 0,3 | 2 | 2 |
| 30 | 50 | 2,5 | 0,5 | 2 | 2 |
| 50 | 100 | 3 | 0,5 | 2,5 | 2,5 |
| 100 | 150 | 4 | 0,8 | 3 | 3 |
| 150 | 200 | 4 | 0,8 | 3 | 3 |
| 200 | 250 | 5 | 1 | 4 | 4 |
| 250 | 300 | 5 | 1 | 4 | 4 |
| 300 | 400 | 6 | 1,25 | 4,5 | 5 |
| 400 | 500 | 7 | 1,5 | 5 | 5 |
| 500 | 650 | 8 | 1,5 | 6 | 6 |
| 650 | 800 | 10 | 2 | 7 | 7 |
| 800 | 1000 | 12 | 2,5 | 8 | 8 |

Für große Bohrungsdurchmesser von $d_1 = 200$ mm an sind auch Abzieh- und Spannhülsen für Hydraulikmontage erhältlich. Abb. 175 zeigt die Lagerung eines Walzenzapfens, dessen innerem Lagersitz Drucköl durch Kanäle im Zapfen zugeführt wird, während das äußere Lager auf einer Abziehhülse sitzt, deren kegelige und zylindrische Paßfugen durch Kanäle in der Hülse mit Drucköl versorgt werden können. Der Pumpenanschluß befindet sich an der Gewindeseite.

Das Druckölverfahren kann auch zur genauen axialen Einstellung von Pendelrollenlagern, die mit fester Passung, aber seitlichem Spiel im Gehäuse eingebaut sind, verwendet werden, Abb. 176. Nach Erreichen der Beharrungstemperatur im Betrieb wird Drucköl in die Paßfuge zwischen Außenring und Gehäuse gepreßt. Dabei stellt sich der Außenring auf die günstigste Lage ein, bei der beide Rollenreihen gleichmäßig belastet sind. Das Verfahren wird mit Erfolg bei Lagern von Gattersägen und großen Elektromaschinen angewendet.

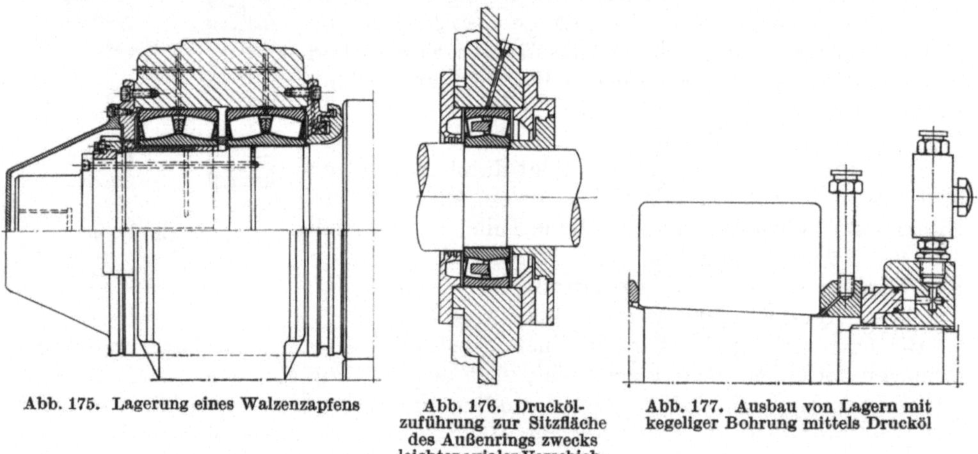

Abb. 175. Lagerung eines Walzenzapfens

Abb. 176. Druckölzuführung zur Sitzfläche des Außenrings zwecks leichter axialer Verschiebbarkeit

Abb. 177. Ausbau von Lagern mit kegeliger Bohrung mittels Drucköl

Bei Lagern mit zylindrischer Bohrung wird am Wälzlagerinnenring eine Abziehvorrichtung angesetzt. Daraufhin wird Öl in die Paßfuge gedrückt und so lange gewartet, bis sich der Ring leicht verschieben läßt. Hierauf wird der Wälzlagerring zügig abgezogen. Der Ölfilm hält sich eine gewisse Zeit, so daß sich der Ring auch nach Freiwerden der Ölverteilungsnut nicht festsetzt, sofern das Abziehen nicht unterbrochen wird.

Lager mit kegeliger Bohrung lösen sich plötzlich. Deshalb muß zur Vermeidung von Unfällen Vorsorge getroffen werden, daß der Ring oder die Abziehhülse nicht ganz von der Welle springen. Die Sicherung erfolgt durch die Wellenmutter oder einen Stützring, die als Anschlag dienen.

Man kann den Hydraulikausbau auch nach einem vereinfachten Verfahren durchführen, bei dem die oft sehr tiefen Bohrungen in der Welle vermieden werden. Dabei wird der Paßfuge das Drucköl durch einen Ölzuführungsring (Druckring) und einen O-Ring, der gegen die Seitenfläche des Lagers und die Welle gleichzeitig abdichtet, von der Seite her zugeführt, Abb. 177. Dieses Verfahren kann sowohl bei zylindrischen als auch bei konischen Verbänden angewendet werden. Bei zylindrischem Sitz wird der Ölzufuhrring z. B. mit der Achsmutter gegen das Lager geschraubt und dickes Heißdampfzylinderöl in die Paßfuge gepreßt. Danach werden Achsmutter und Ölzufuhrring entfernt und das Lager durch einen mechanischen Abzieher von der Welle gezogen.

Abb. 178 zeigt ein auf diesem Prinzip aufgebautes komplettes Abziehwerkzeug für Pendelrollenlager in Achsbuchsen. Das Abziehen erfolgt mechanisch mit einer Spindel, die sich über ein Axial-Rillenkugellager gegen den Achsschenkel abstützt. Ein auf dem Achsschenkel geführter Druckring enthält einen ringförmigen Kolben, der den Druckring gegen den Lagerinnenring drückt, wenn Öl zugeführt wird. Zwischen Druckring und Lagerinnenring befindet sich ein O-Dichtring, der durchbohrt und mit einem engen Rohr versehen ist, durch das das Drucköl zwischen Lagerinnenring und Achsschenkel eingepreßt wird.

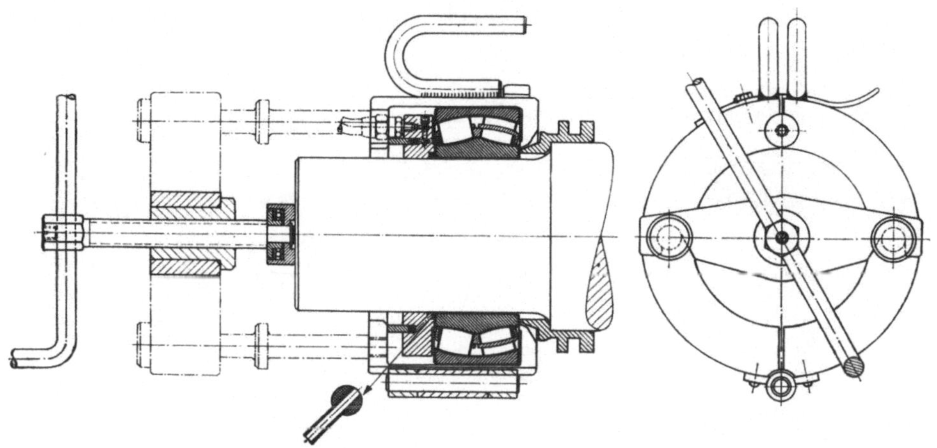

Abb. 178. Abziehvorrichtung für Pendelrollenlager

## 15.8 Ausbau von Zylinderrollenlager-Innenringen durch Erwärmen

Zylinderrollenlager-Innenringe ohne Borde oder mit nur einem Bord können durch Erwärmen von ihrem festen Sitz gelöst werden. Das Erwärmen muß rasch vor sich gehen, damit sich die Welle nur unwesentlich ausdehnt.

Offene Flammen sollten nach Möglichkeit nicht angewendet werden, weil die Gefahr örtlicher Überhitzung der Laufringe besteht.

Nachstehend werden zwei Verfahren beschrieben, die sich in der Praxis für das Erwärmen der Innenringe sowohl zum Zweck des Abziehens als auch des Einbaus bewährt haben.

*a) Induktive Erwärmung.* Die induktiven Abziehvorrichtungen enthalten Induktionsspulen, die so angeordnet sind, daß der abzuziehende Ring mit einem magnetischen Wechselfeld durchsetzt wird. Die dabei entstehenden Wirbelströme führen zu einer raschen Erwärmung und Aufweitung des Rings. Die Welle wird nur unwesentlich erwärmt.

Es gibt feste Ausführungen, Abb. 179, die speziell für ein bestimmtes Lager und einen bestimmten Einbaufall konstruiert sind und bei denen das Abziehen formschlüssig erfolgt. Mit einer anderen verstellbaren Ausführung können Ringe unterschiedlicher Durchmesser und Bauformen kraftschlüssig abgezogen werden.

Induktive Anwärmvorrichtungen sind nur wirtschaftlich, wenn Lager gleicher oder ähnlicher Größe häufig ausgebaut werden müssen.

*b) Erwärmung durch Wärmeübergang.* Wenn nur selten ausgebaut wird, sind die elektrischen Abziehvorrichtungen zu teuer. Für diesen Fall ist ein einfaches Gerät, das als Thermoabziehring bezeichnet wird, erwähnenswert. Ein durch einen Radial-schlitz federnd gemachter Aluminiumring, dessen Innenbohrung gleich dem Lauf-bahndurchmesser (Maß F, Toleranz Z9) des abzuziehenden Innenrings ist, wird auf eine Temperatur von 200 bis 220 °C erwärmt und auf den Innenring aufgesetzt. Außer dem durchgehenden Schlitz besitzt der Abziehring einige nicht durchgehende Schlitze, damit er sich dem Innenring gut anpaßt, Abb. 180. Die Breite des Abzieh-rings entspricht der Innenringbreite $B$ und das Gewicht etwa dem Gewicht des Innenrings. Der Außendurchmesser des Aluminiumrings kann nach der Formel

$$D = \sqrt{4F^2 - 3d^2} \quad [\text{mm}] \tag{95}$$

berechnet werden. Hierbei ist

$F$    Laufbahndurchmesser in mm,
$d$    Bohrungsdurchmesser des Innenrings in mm.

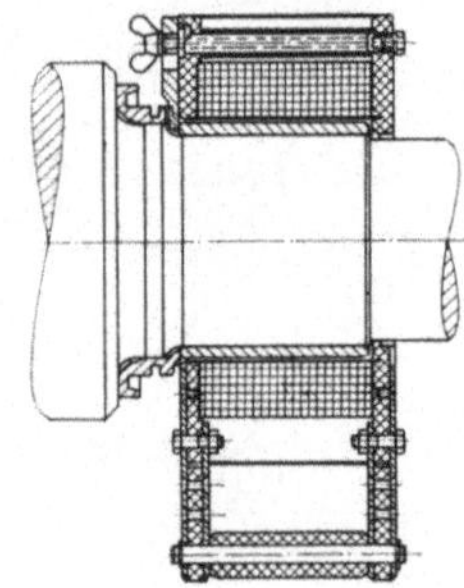
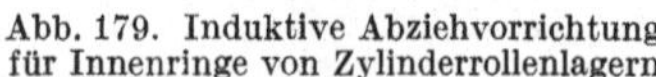
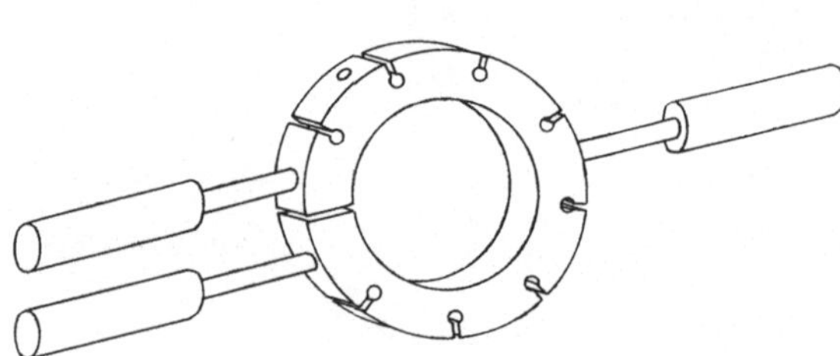

Abb. 179. Induktive Abziehvorrichtung für Innenringe von Zylinderrollenlagern

Abb. 180. Thermoabziehring für Innenringe von Zylinderrollenlagern

Das Erwärmen des Abziehrings kann auf einer elektrischen Heizplatte, in einem Wärmeschrank oder auch durch eine offene Flamme erfolgen. Die Temperatur wird durch Temperaturfühler oder Farbumschlagstifte kontrolliert.

Der Innenring wird vor dem Aufsetzen des erwärmten Werkzeugs mit einem Heißdampfzylinderöl von ca. 50 E 50 bestrichen.

Infolge der hohen spezifischen Wärme und guten Leitfähigkeit von Aluminium erwärmt sich der Wälzlagerring sehr rasch und weitet sich auf, während der Alu-miniumring schrumpft. Zu beiden Seiten des durchgehenden Schlitzes sind iso-lierte Handgriffe angebracht, mit denen das Werkzeug gespannt und der gelöste Ring abgezogen werden kann.

## 15.9 Kräfte beim Aufpressen und Abziehen der Lager

Die Kraft zum Aufpressen eines Laufrings hängt von den Maßen des Rings, dem Übermaß in der Paßfuge und der Reibungszahl ab. Sie kann näherungsweise nach der Gleichung

$$K_a = f_K \cdot f_E \cdot \Delta d_{\text{eff}} \quad [\text{kp}] \tag{96}$$

berechnet werden. Hierbei ist

$$f_E = B \cdot [1 - (d/D_{mi})^2], \tag{97}$$

$d$        Lagerbohrungsdurchmesser in mm,
$D_{mi}$    mittlerer Außendurchmesser des Innenrings in mm,
$B$        Breite des Innenrings in mm,
$f_K$       Faktor abhängig von der Reibungszahl, s. Tab. 44,
$\Delta d_{\text{eff}}$   wirksames Übermaß in mm.

Beim Ein- und Ausbau mittels des Druckölverfahrens ist die Reibungszahl infolge der Flüssigkeitsreibung wesentlich herabgesetzt und kann unter günstigen Voraussetzungen bis auf 0,005 zurückgehen. Erfahrungsgemäß wird $\mu = 0{,}01$ nicht überschritten. Wenn man ganz sicher gehen will, legt man für die Bemessung der Montagewerkzeuge $\mu = 0{,}02$ zugrunde. Mit $\mu = 0{,}02$ ergeben sich die in Tab. 44, Spalte 3, angegebenen Werte für $f_K$.

Tabelle 44. *Beiwert $f_K$ für die Berechnung der Aufpreß- und Abziehkraft*

| Montagefall | | $f_K$ | | |
|---|---|---|---|---|
| | ohne Drucköl | | mit Drucköl[1] | |
| 1 | 2 | | 3 | |
| *Lager mit zylindrischer Bohrung* | | | | |
| Aufpressen auf die Welle | 4000 | | — | |
| Abziehen von der Welle | 6000 | | 660 | |
| *Lager mit kegeliger Bohrung*    $1/k =$ | 1:12 | 1:30 | 1:12 | 1:30 |
| Aufpressen auf kegeligen Zapfen oder Hülse[2] | 5300 | 4500 | 2000 | 1200 |
| Abziehen von kegeligem Zapfen oder Hülse[3] | 4600 | 5400 | 0 | 110 |
| Einpressen einer Hülse, die innen und außen gleitet[2] | 9300 | 8500 | 2700 | 1900 |
| Abziehen einer Hülse, die innen und außen gleitet[3] | 10500 | 11300 | 0 | 800 |

[1] Den angegebenen Werten liegt $\mu = 0{,}02$ zugrunde.
[2] $\mu = 0{,}12$.     [3] $\mu = 0{,}18$.

Bei einwandfreiem Zustand der Sitzflächen löst sich bei kegeligen Sitzen der Ring nach dem Einpressen des Drucköls von selbst. Nach längerer Betriebszeit können die Sitzflächen durch Passungsrost angegriffen sein. In diesem Fall kann trotz der Zuführung von Drucköl eine zusätzliche Ausbaukraft erforderlich sein.

# 16. Einbaubeispiele aus verschiedenen Anwendungsgebieten

*Stationäre Getriebe.* Die Gehäusehälften des einstufigen Stirnradgetriebes nach Abb. 181 werden durch Paßstifte fixiert. Beide Wellen sind mit Rillenkugellagern in Stützlager-Anordnung gelagert. Ein kleines seitliches Spiel zwischen den Gehäusedeckeln und den Lageraußenringen sichert, daß die Lager weder bei der Montage noch durch Wärmedehnungen axial verspannt werden. Die Lager werden durch Spritzöl geschmiert. Die Abdichtung am Austritt der Wellen erfolgt durch Wellendichtungen, die durch Staubleche gegen zu starke Ölbeaufschlagung geschützt sind.

Die schnellaufende Ritzelwelle des einstufigen Stirnradgetriebes mit Schrägverzahnung nach Abb. 182 ist mit einem Rillenkugellager als Festlager und einem Zylinderrollenlager der Bauform NU als Loslager gelagert. Die Lageraußenringe sind zum Gehäuseinnern hin mit Sprengringen gehalten. Das große Zahnrad ist mit zwei Zylinderrollenlagern der Bauform NJ in Stützlager-Anordnung gelagert. Die Außenringe dieser Lager brauchen nach innen axial nicht festgehalten oder gesichert zu werden.

Die Ritzelwelle des Kegelradgetriebes nach Abb. 183 ist mit den Lagern in einem gesonderten Gehäuse untergebracht, das an den zweiteiligen Getriebekasten angeflanscht ist. Die Kegelrollenlager der Ritzelwelle haben die O-Anordnung, diejenigen der Tellerradwelle die X-Anordnung. Der Zahneingriff wird durch Paßscheiben $A$ eingestellt. Die Ritzelwellenlager werden mit den Paßscheiben $B$, die Lager der Tellerradwelle mit Paßscheiben $C$ zwischen dem Deckelflansch und dem Gehäuse angestellt. Die Ritzellager werden mit Spritzöl, die langsamer laufenden Tellerradlager mit Fett geschmiert. Der Fettraum ist nach dem Gehäuseinnern hin durch Scheiben, die gegenüber der Welle eine enge Spaltdichtung bilden, abgedeckt.

Bei dem Kegelrad-Stirnradgetriebe nach Abb. 184 ist die Antriebswelle mit dem Kegelritzel mit zwei Kegelrollenlagern in X-Anordnung als Festlager und einem Zylinderrollenlager der Bauform NU als Loslager gelagert. Die Kegelrollenlager sitzen in einer Flanschbüchse und werden mittels eines Gewinderings $G$ über den Außenring des inneren Lagers angestellt. Der Zahneingriff wird mit den Paßscheiben $D$ eingestellt. Die übrigen Wellen sind mit je zwei Kegelrollenlagern in X-Anordnung gelagert. Die Anstellung der Lager und die Einstellung des Zahneingriffs erfolgt über die Außenringe, und zwar bei der Tellerradwelle mittels der Paßscheiben $A$ und $B$ und bei den Wellen, die nur Stirnräder tragen, durch die Paßscheiben $C$. Die Lager werden mit Spritzöl geschmiert, das durch Ölabstreifer in Kanäle und von dort zu den Lagern geleitet wird.

Bei dem Kegel-Stirnradgetriebe nach Abb. 185 ist sowohl die Antriebswelle mit dem Kegelritzel als

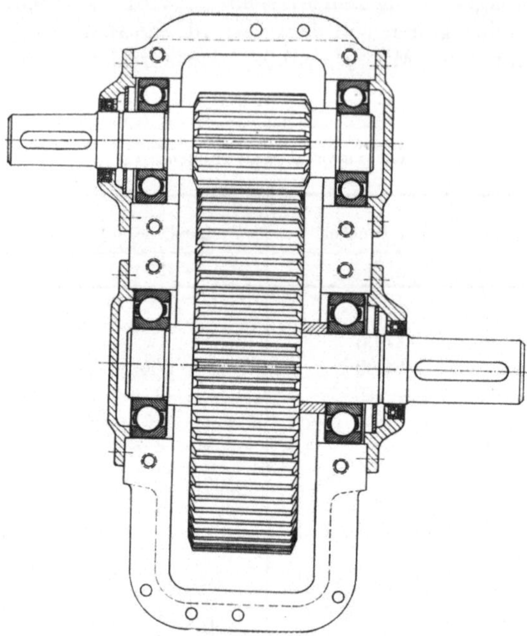

Abb. 181. Kleines einstufiges Stirnradgetriebe mit Geradverzahnung

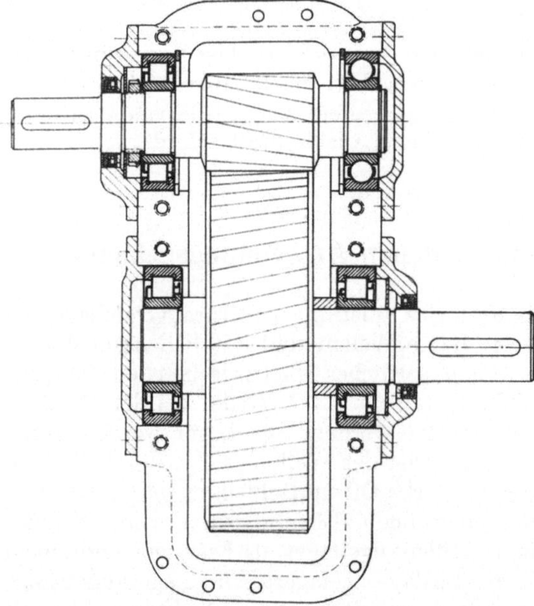

Abb. 182. Einstufiges Stirnradgetriebe mit Schrägverzahnung

auch die Tellerradwelle mit zwei gepaarten Schrägkugellagern in O-Anordnung als Festlager und einem Zylinderrollenlager der Bauform NJ als Loslager gelagert.

Die übrigen Wellen mit den Pfeilzahnrädern sind mit Pendelrollenlagern gelagert, die sämtlich als Loslager eingebaut sind. Zur Schmierung dient Spritzöl, das in eingegossenen Gehäusetaschen oder -rinnen gesammelt und zu den Lagern geleitet wird. Eine Abdeckscheibe am Kegelritzel verhindert, daß Zahn-
abrieb direkt in das Lager eindringen kann.

Bei dem Schneckengetriebe nach Abb. 186 treten hohe Axialkräfte auf. Deshalb ist die obenlie-
gende Schneckenwelle mit zwei Kegelrollenlagern mit großem Kegel-
winkel (Reihe 313) in O-Anordnung gelagert. Die Lager werden mittels der Paßscheiben *A* angestellt. Als

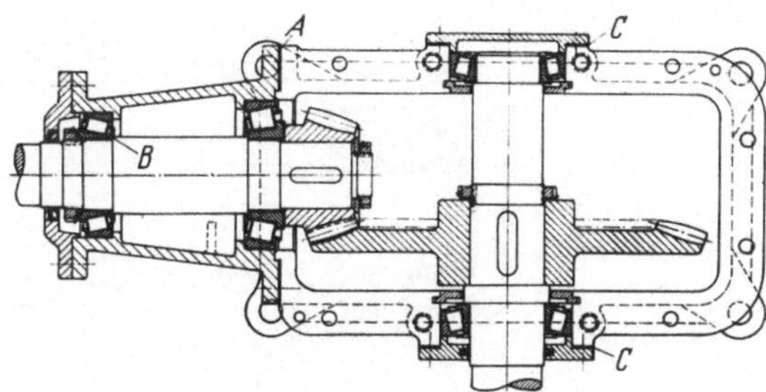

Abb. 183. Kegelradgetriebe

Loslager dient ein Zylinderrollenlager der Bauform N. Die Schmierung erfolgt durch das von den Gehäusewänden ablaufende Spritzöl, das in Rinnen, deren Ränder

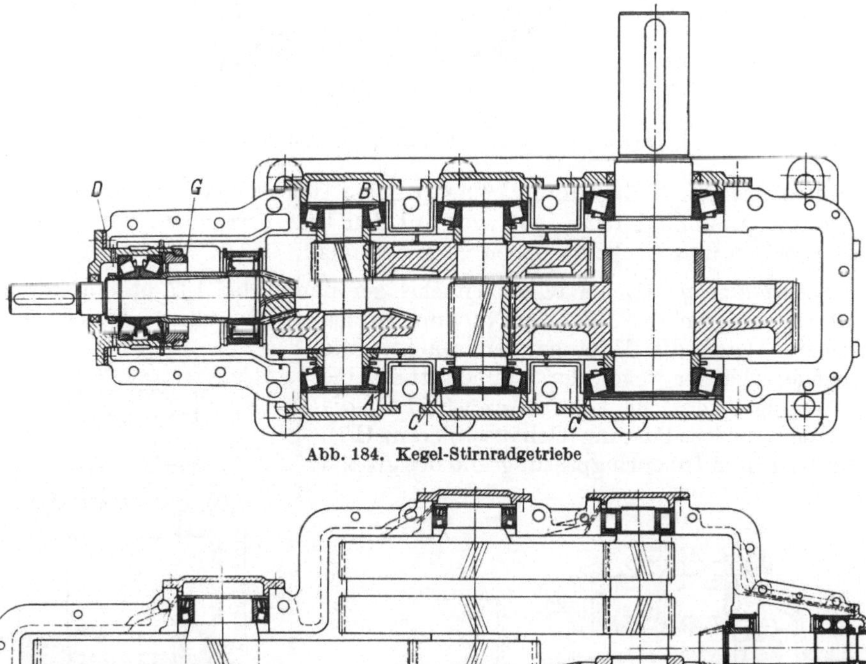

Abb. 184. Kegel-Stirnradgetriebe

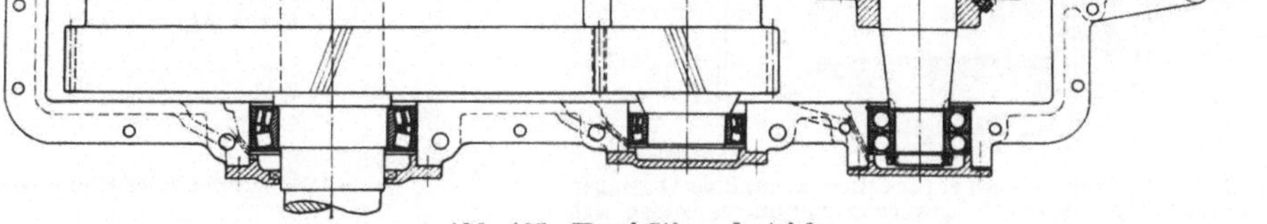

Abb. 185. Kegel-Stirnradgetriebe

gleichzeitig einen Ölstand für das Anfahren sicherstellen, aufgefangen und den Kegelrollenlagern durch eine zwischen den Außenringen mündende Bohrung zugeführt wird. Durch die Förderwirkung der Kegelrollenlager zum großen Durchmesser hin entsteht eine Ölzirkulation. Das überschüssige Öl fließt durch eine Bohrung auf der Außenseite in den Ölsumpf zurück. Das Schneckenrad ist mit zwei

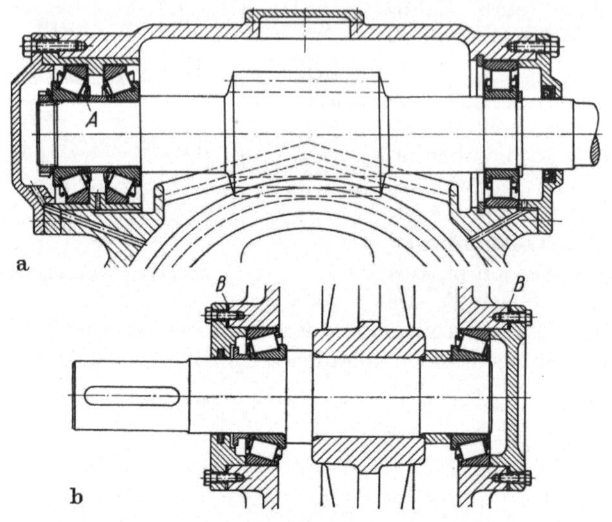

Abb. 186. Schneckengetriebe
a) Lagerung der Schnecke; b) Lagerung des Schneckenrades

Kegelrollenlagern in X-Anordnung gelagert. Die axiale Einstellung des Schneckenrads und die Anstellung der Lager wird mit den Distanzscheiben $B$ zwischen Gehäusestirnseiten und Deckelflanschen vorgenommen.

*Schienenfahrzeuge.* Das UIC-Rollenachslager nach Abb. 187 besteht aus zwei Zylinderrollenlagern der Bauform NJ (innen) bzw. NJP (außen). Durch die lose Bordscheibe wird die Montage vereinfacht. Die Innenringe erhalten wegen der Stoßbelastung eine feste Passung (Achsschenkeltoleranz n6/IT5), die Außenringe eine lose Passung (Gehäusetoleranz H7). Wegen der festen Innenringpassung und des großen

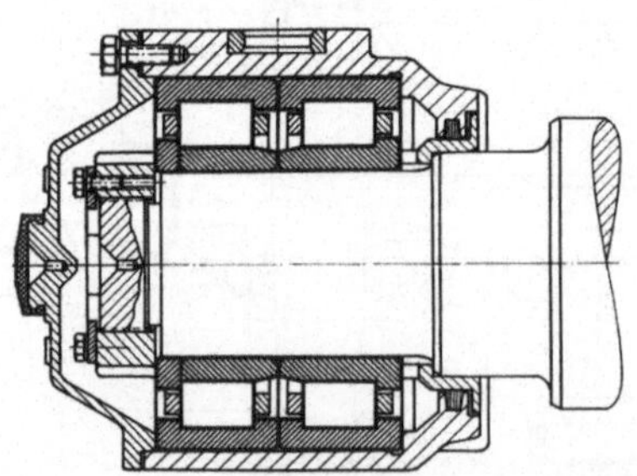

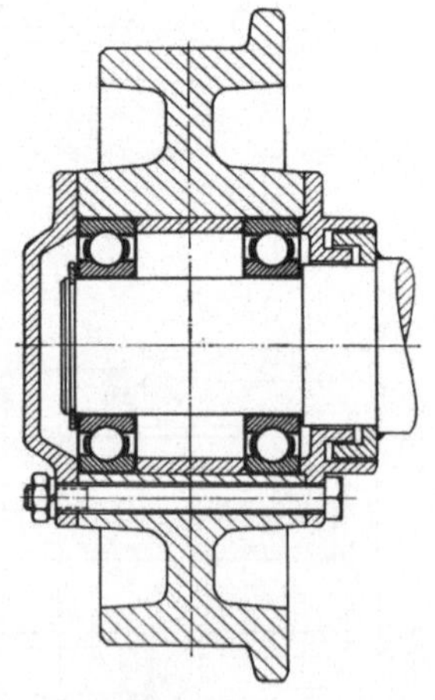

Abb. 187. UIC-Rollenachslager für Güterwagen. Reisezugwagen haben im Prinzip die gleiche Lagerung und unterscheiden sich lediglich durch die Gehäusekonstruktion

Abb. 188. Losrad eines Ofenwagens

Wärmegefälles zwischen Innenring und dem von außen gut gekühlten Gehäuse erhalten die Lager erhöhte Radialluft nach C4. Die Schmierung erfolgt mit Fett, die Abdichtung mit einem Filzring, dem ein einfaches Labyrinth vorgeschaltet ist.

Abb. 188 zeigt die Losradlagerung für einen Ofenwagen. Es handelt sich um eine einfache und billige Konstruktion mit zwei Rillenkugellagern, deren Innenringe eine lose Passung auf dem Achsschenkel und seitlich Spiel haben. Die Naben-

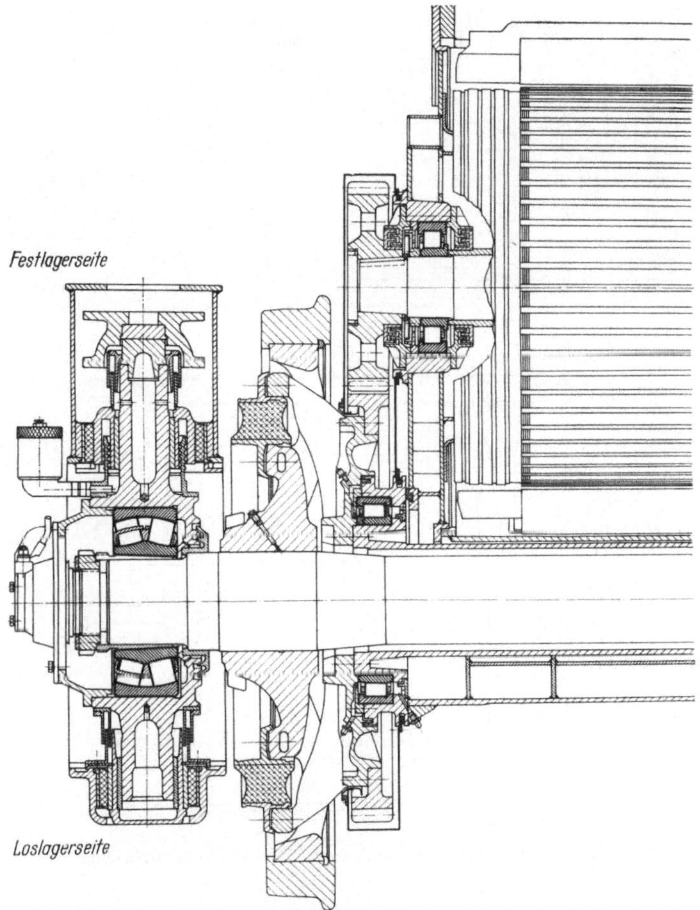


Abb. 189.  Lagerung einer elektrischen Lokomotive mit Hohlwellenantrieb

bohrung ist durchgehend; vorderer und hinterer Deckel werden gemeinsam mit Durchgangsschrauben befestigt. Die Abdichtung erfolgt durch ein Labyrinth. Die Drehzahl ist klein, die Betriebstemperatur jedoch sehr hoch (bis ca. 300 °C). Die Lager haben deshalb eine Sonderausführung mit großer Luft und einer Schutzschicht aus Kolloidalgraphit oder Molybdändisulfid, wodurch neben der Schmierwirkung ein guter Korrosionsschutz erzielt wird. Vor dem Einbau werden außerdem alle Innenflächen, nach Reinigung und Entfettung, mit einer Dispersion von Graphit in einem flüchtigen Lösungsmittel bestrichen.

Bei den Rollenachslagern der elektrischen Schnellzuglokomotive mit Hohlwellenantrieb nach Abb. 189 handelt es sich um die Einlagerausführung mit je einem Pendelrollenlager als Festlager bzw. Loslager auf jeder Seite als Außenlager.

Der Lagerinnenring ist zwecks leichten Ein- und Ausbaus mit einer Abziehhülse
auf dem Achszapfen (Toleranz h7/IT5) befestigt. Der Außenring hat eine lose
Passung (Gehäusetoleranz H7). Die Lager werden mit Fett geschmiert und sind mit
einem mehrgängigen Labyrinth abgedichtet. Die Labyrinthgänge sind kegelig (an

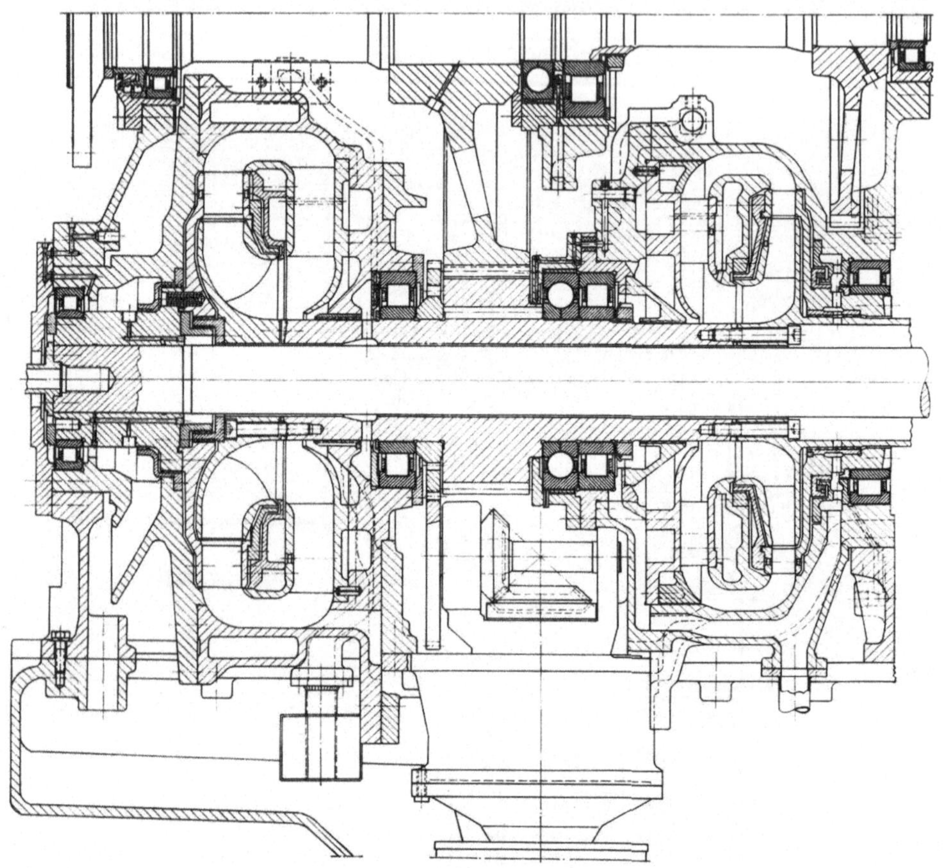

Abb. 190. Wandlerteil eines Strömungsgetriebes für Schienenfahrzeuge

eine gedachte Kugel um den Lagermittelpunkt tangierend) ausgebildet, damit sich
die Dichtspalte nicht ändern (Pumpwirkung), wenn das Lager Schwenkbewegungen
ausführt. Das Drehmoment wird über Gummifedern auf die Räder übertragen, wodurch eine Beweglichkeit der Achse relativ zum fest im Drehgestell eingebauten
Motor bei gleichzeitiger Schwingungsdämpfung erreicht wird. Der Radkörper ist
mit einem Druckölverband auf der Achse befestigt. Die Hohlwelle ist mit Zylinderrollenlagern der Bauformen NUP als Festlager und NU als Loslager gelagert. Das
Antriebsritzel ist fliegend auf der in zwei Zylinderrollenlagern der Bauform NJ
gelagerten Motorwelle angeordnet (Wellentoleranz m5, Gehäusetoleranz K6).

Das Strömungsgetriebe zum Antrieb von Schienenfahrzeugen nach Abb. 190
(Antriebseite) arbeitet nach einem weiterentwickelten Föttinger-Prinzip und enthält zwei Drehmomentwandler sowie eine im Bild nicht gezeigte, rechts an-
schließende Strömungskupplung. Die drei die Leistung übertragenden Wellen sind
radial mit Zylinderrollenlagern der Bauform NU gelagert. Zur axialen Führung

dienen Vierpunktlager, deren Außenringe durch einen aufgeschrumpften Ring und einen Stift am Mitlaufen verhindert werden. Die Schrumpfringe haben gegenüber dem Gehäuse radiales Spiel, damit die Lager nur Axialkräfte aufnehmen. Die Schmierung der Lager erfolgt durch das Hydrauliköl, das von der Füllpumpe unter Druck zugeführt und aus Düsen seitlich auf den Innenring bzw. in den Spalt zwischen Innenring und Käfig gespritzt wird. Im Ölkreislauf befindet sich ein Wärmetauscher und ein Temperaturwächter, der die Öltemperatur auf maximal 105 °C begrenzt, sowie ein Ölfilter. Die Lager laufen mit hohen Drehzahlen ($n \cdot d_m$ bis ca. $1{,}0 \cdot 10^6$) und werden deshalb mit bordgeführten Messingmassivkäfigen ausgerüstet.

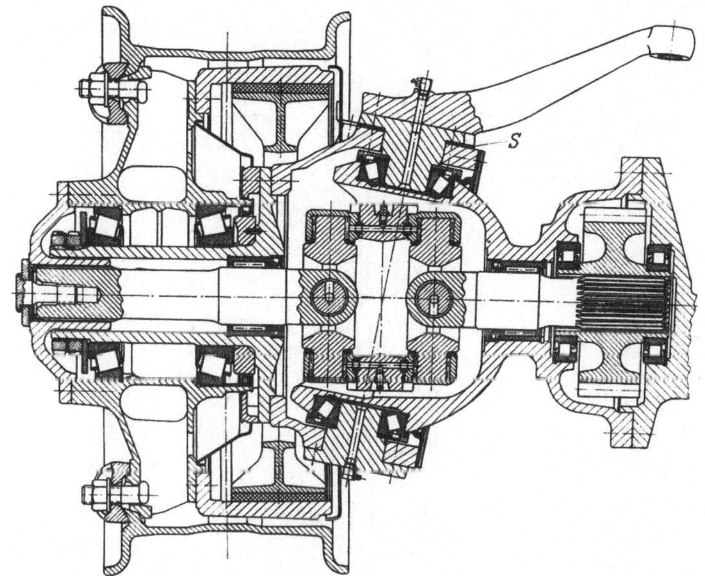


Abb. 191. Lagerung eines angetriebenen Vorderrades für Lkw

*Kraftfahrzeuge.* Abb. 191 zeigt die Lagerung des angetriebenen Vorderrads eines Lastkraftwagens mit Allradantrieb. Die Radnabe ist mit zwei Kegelrollenlagern in O-Anordnung auf dem hohlen Achsschenkel gelagert. Zur feinfühligen Anstellung der Lagerung hat der Innenring des äußeren Lagers eine lose Passung. Die Sitzflächen am Achsschenkel werden zur Vermeidung von Verschleiß auf eine Oberflächenfestigkeit von mindestens 90 kp/mm² vergütet. Eine Scheibe zwischen Innenring des äußeren Lagers und Achsmutter ist formschlüssig gegen Drehen gesichert und durch einen genügend großen Durchmesser als Ablaufsicherung ausgebildet. Die Achsmutter wird durch Kontermutter und Sicherungsblech mit Nase gesichert. Die Abdichtung erfolgt mit Wellendichtungen neben dem inneren Lager und zwischen dem hohlen Achsschenkel und der Antriebswelle. Das Gelenkgehäuse ist mit zwei Kegelrollenlagern mit steilem Kegelwinkel (Reihe 313) gelagert, die mittels der Paßscheiben *S* mit Vorspannung angestellt werden. Die Vorspannung wird so groß gewählt, daß sie auch bei den größten auftretenden Stoßbelastungen nicht ganz aufgehoben wird. Die erhöhte Reibung der vorgespannten Lager hat eine erwünschte dämpfende Wirkung im Lenksystem. Die Lager werden mit Fett geschmiert. Zum Nachschmieren sind Schmiernippel angebracht.

**11***

Die Hinterachswelle eines Personenkraftwagens mit Starrachse ist mit einem abgedichteten und wartungsfreien Rillenkugellager der Bauform 2RS gelagert, Abb. 192. Zur Fahrzeugmitte hin ist die Achswelle im Differential abgestützt. Der Innenring, für den der Belastungsfall „Umfangslast" vorliegt, sitzt mit einer festen Passung auf der Welle (Toleranz n6). Aus Montagegründen wird für den Sitz des Außenrings im Achsrohr eine Übergangspassung (Toleranz J6 oder K6) gewählt. Der Innenring ist nach außen durch eine Wellenschulter, nach innen durch einen Schrumpfring axial festgelegt. Ein Abdeckblech schützt die außenliegende Dichtlippe des Lagers gegen Schmutz und Wasserschwall. Das Austreten von

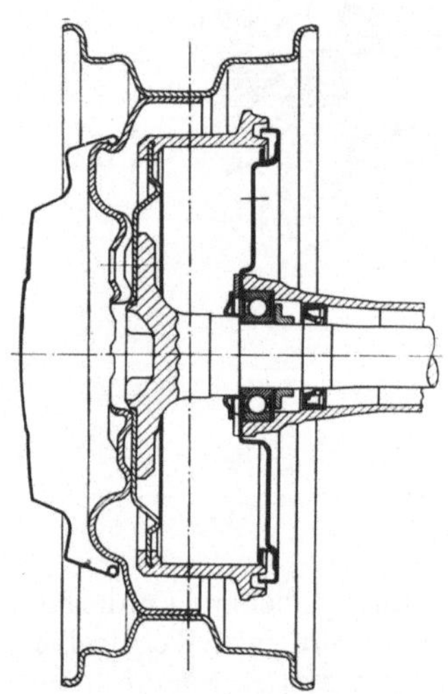

Abb. 192. Hinterradlagerung für Pkw

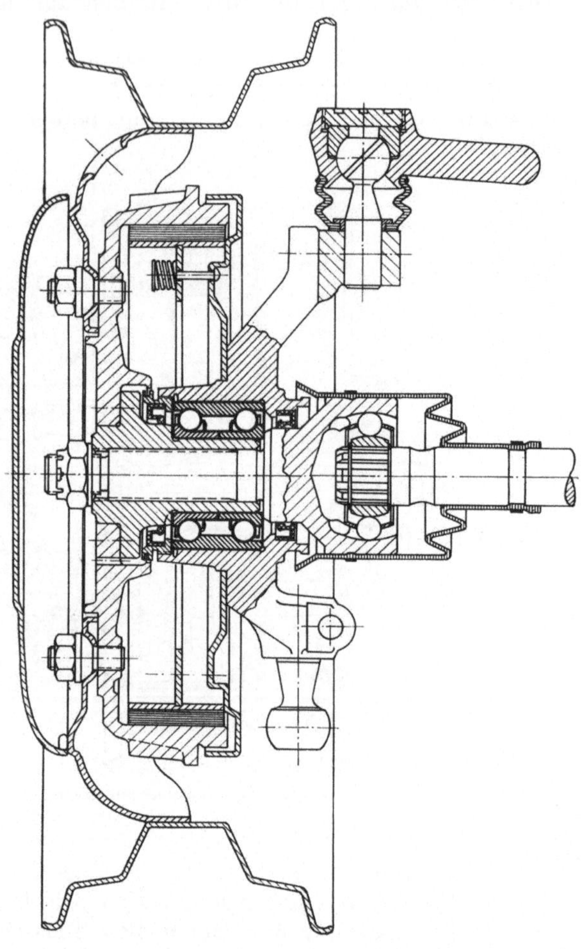

Abb. 193. Lagerung eines angetriebenen Vorderrades für Pkw

Hinterachsöl wird durch eine Wellendichtung zwischen Achswelle und Achsrohr verhindert.

Bei der Vorderradlagerung eines Personenkraftwagens mit Vorderradantrieb nach Abb. 193 wird ein zweireihiges Schrägkugellager in einer verbreiterten Spezialausführung verwendet, die einen ausreichend großen Abstand der Druckmittelpunkte zur Aufnahme von Kippmomenten ergibt. Der geteilte Innenring sitzt auf der Nabe, die mit dem Achswellenstumpf durch eine Kerbverzahnung verbunden ist. Die Lagerung hat den Vorteil, daß sie bei der Montage nicht angestellt zu werden braucht. Das Lager wird mit Fett geschmiert und mit Wellendichtungen abgedichtet. Ähnlich können einzeln aufgehängte angetriebene Hinterräder gelagert werden.

Die Hinterradlagerung eines Lastkraftwagens mit Antriebsvorgelege und Zwillingsbereifung zeigt Abb. 194. Die Radnabe ist mit zwei Kegelrollenlagern in O-Anordnung gelagert. Es liegt Umfangslast für die Außenringe vor, die deshalb eine feste Passung (Toleranz der Nabenbohrungen N 6, P 6, P 7) haben. Die Innenringe sitzen mit einer losen Passung auf dem Achsrohr (Toleranz g 6). Die Schmierung erfolgt mit Fett, die Abdichtung mit Wellendichtungen. Die Vorgelegezahnräder sind mit Kegelrollenlagern in X-Anordnung gelagert. Das Lagerspiel wird mittels eingepaßter Scheiben zwischen Lageraußenring und Sprengring eingestellt. Diese Lager werden mit Öl geschmiert.

Antriebswelle und Hauptwelle des Viergang-Schaltgetriebes, Abb. 195, haben je ein Rillenkugellager als Festlager. Da die Lager den Axialschub der Schrägzahnräder aufnehmen müssen, wird erhöhte Radialluft angewendet. Zur Lagerung der Hauptwelle in der Antriebswelle dient ein Zylinderrollenlager mit geringer Querschnittshöhe, z. B. aus der Reihe NU 49, oder ein Rollenkranz (ohne Rollbahnringe). Die Losräder sind je nach Größe des Getriebes mit Zylinderrollenlagern, Nadellagern oder bei Pkw-Getrieben mit Nadelkränzen, die unmittelbar auf der Welle und in der Bohrung des Zahnrads laufen, gelagert. Die Vorgelegewelle ist mit einem Rillenkugellager mit Sprengringbefestigung als Festlager und einem Zylinderrollenlager der Bauform NJ gelagert.

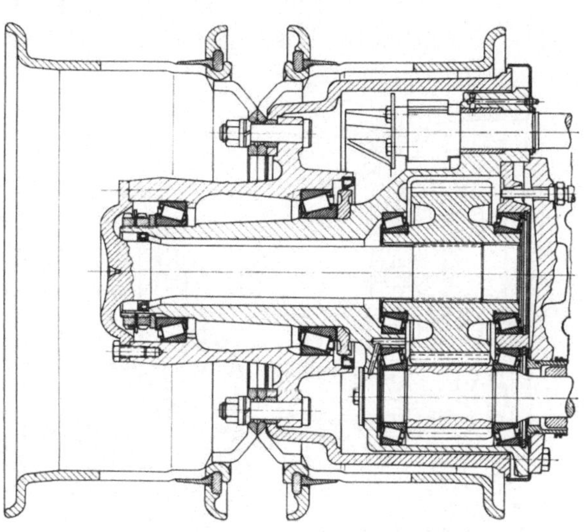

Abb. 194. Zwillingshinterrad für Lkw mit Antriebsvorgelege

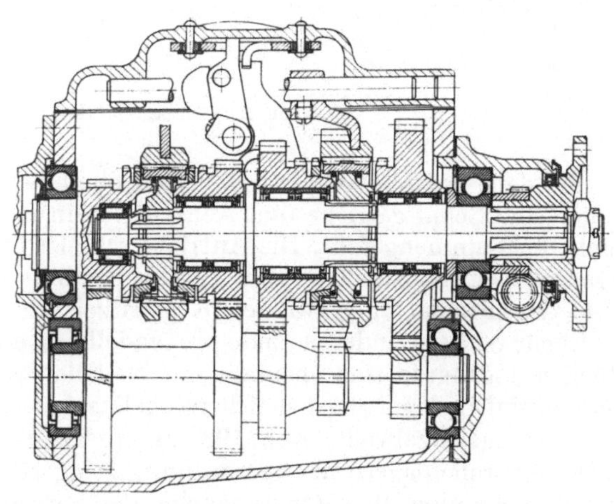

Abb. 195. Viergang-Schaltgetriebe

Bei dem Fünfgang-Schaltgetriebe für Lastkraftwagen, Abb. 196, wird die Festlagerung der Antriebs- und Hauptwelle durch je eine Lagergruppe gebildet, die aus einem Zylinderrollenlager der Bauform NU und einem Vierpunktlager besteht. Damit das Vierpunktlager nur Axialkräfte aufnimmt, ist der Außenring mit radialem Spiel im Gehäuse eingebaut. Zur Verhinderung von Verschleiß infolge kleiner Einstellbewegungen ist zwischen der Außenringstirnseite und dem Gehäuse eine gehärtete Scheibe $S$ beigelegt. Die Hauptwelle ist in der schaftförmig ausgebildeten

Antriebswelle mit einem Zylinderrollenlager ohne Außenring gelagert. Die Vorgelegewelle ist mit zwei Kegelrollenlagern in X-Anordnung gelagert, die mittels Paßscheiben $A$ angestellt werden. Die Lager werden durch Spritzöl geschmiert, die Wellenausgänge mit Wellendichtungen abgedichtet. Die Antriebswelle ist motorseitig mit einem kleinen Rillenkugellager im Schwungrad zentriert. Als Kupplungsausrücklager dient ein Rillenkugellager, das durch eine Blechkappe mit der Anlaufscheibe verbunden ist. Das Lager wird mit Fett geschmiert.

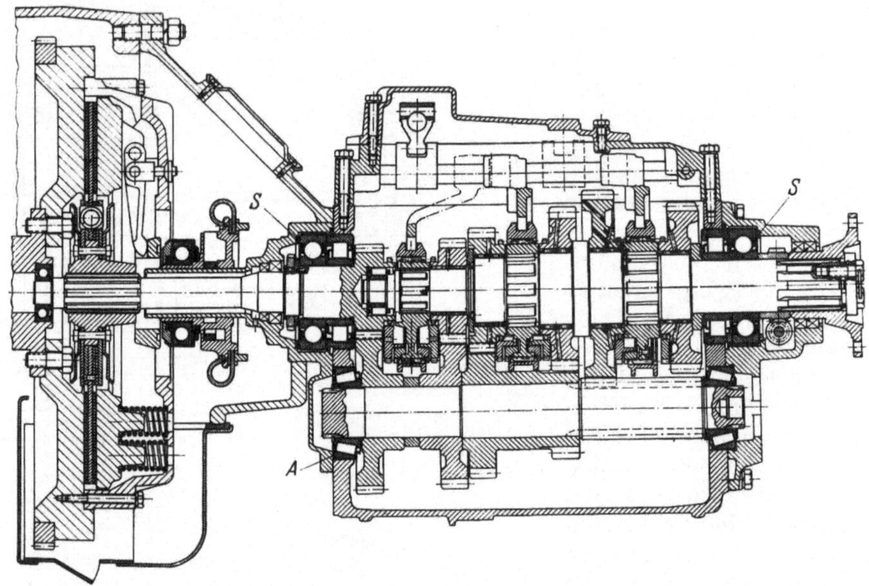

Abb. 196. Fünfgang-Schaltgetriebe für Lkw

Bei dem in Abb. 197 gezeigten Getriebe eines Personenkraftwagens mit Heckmotor sind Schaltgetriebe und Achsantrieb in einem Leichtmetallgehäuse zu einer Einheit zusammengefaßt. Die Antriebswelle ist in einem Rillenkugellager als Festlager und einem Nadellager als Loslager geführt. Die Trieblingswelle hat auf der Seite des fliegend angeordneten Kegelritzels ein zweireihiges Kegelrollenlager als Festlager und am anderen Ende ein Nadellager als Loslager. Die Losräder und das Rückwärtsgangrad sind ebenfalls mit Nadellagern bzw. Nadelkäfigen gelagert. Als Differentialtraglager werden Rillenkugellager verwendet.

Die Kegelritzelwelle, Abb. 198, mit fliegend angeordnetem Kegelritzel ist mit zwei Kegelrollenlagern in O-Anordnung gelagert. Die Anstellung der Lager erfolgt mit Vorspannung über den Innenring des antriebseitigen Lagers mittels der Paßscheiben $A$. Die Lageraußenringe sitzen in einer Flanschbüchse, so daß der Zusammenbau sowie die Anstellung der Lager außerhalb des Gehäuses vorgenommen werden kann. Der Zahneingriff wird mittels der Paßscheiben $B$ eingestellt.

Die Kegelritzelwelle für einen Lkw-Hinterachsantrieb, Abb. 199, ist auf beiden Seiten der Verzahnung gelagert. Die radiale und axiale Führung auf der Antriebseite erfolgt mit zwei Kegelrollenlagern in O-Anordnung, die mittels Paßscheiben $A$ angestellt werden. Die Lageraußenringe sitzen in einer Flanschbüchse, so daß die Welle mit den Kegelrollenlagern und dem Innenring des Stützlagers (Bauform NJ), auf der Seite des kleinen Ritzeldurchmessers, außerhalb des Gehäuses fertig montiert

werden kann. Die Dichtlippe der Wellendichtung gleitet auf der Nabe des Antriebs-
flansches. Ein Schleuderblech $S$ schützt die Dichtlippe vor groben Verunreinigungen.

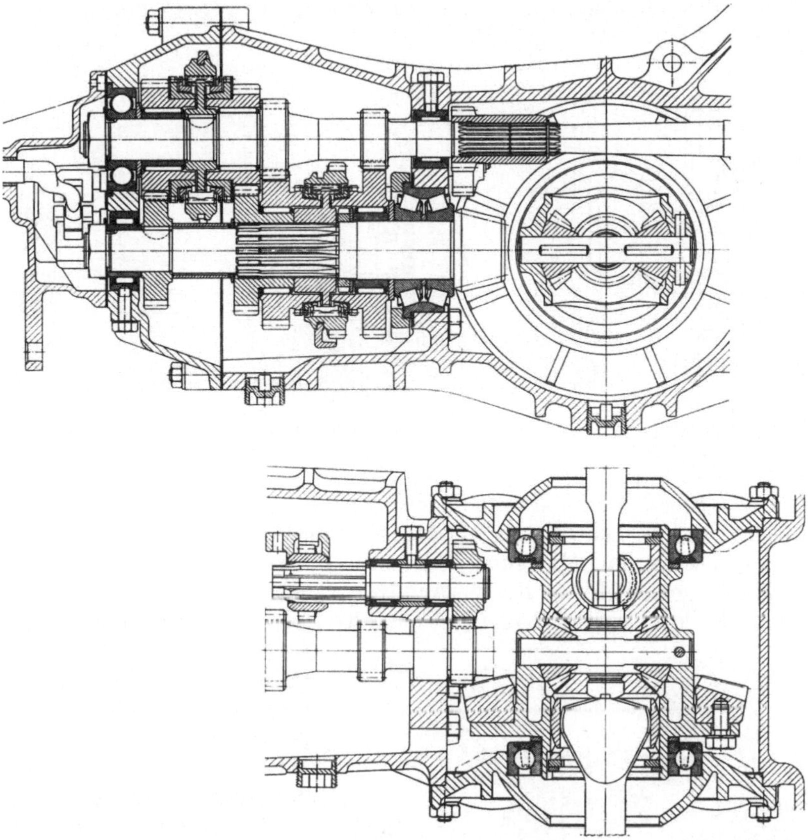

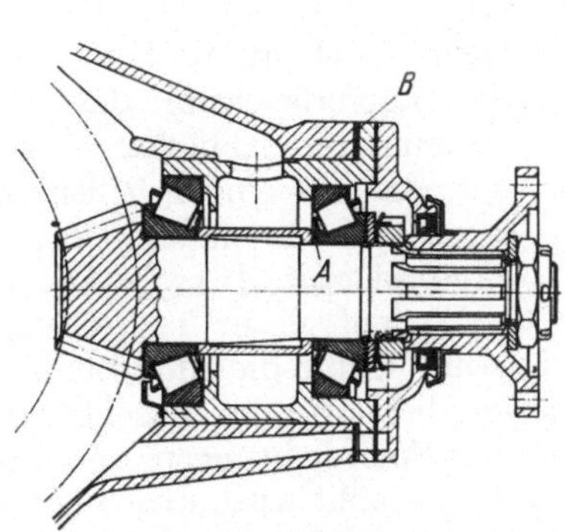

Abb. 197. Viergang-Getriebe mit Achsantrieb

Abb. 198. Fliegend gelagerte Kegelritzelwelle
für Hinterachsantrieb

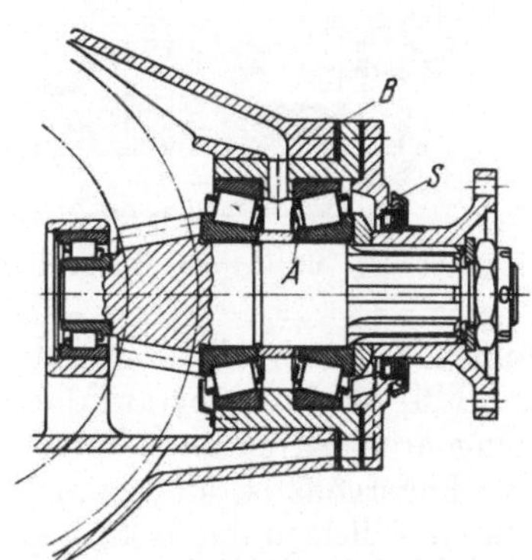

Abb. 199. Beidseitig abgestützte Kegelritzelwelle
für Lkw-Hinterachsantrieb

Die geteilte Gelenkwelle eines Pkw wird mit einem abgedichteten Rillenkugellager der Bauform 2RS abgestützt, Abb. 200. Der Außenring ist von einer zwei-

teiligen Blechhülse und einem elastischen Gummikörper umschlossen, der schwingungs- und geräuschdämpfend wirkt und gleichzeitig eine genügende Winkelbeweglichkeit des Lagers ergibt. Die eingebauten Dichtungen sind durch geeignete Formgebung des Blechgehäuses und Anordnung von Schleuderblechen gegen Straßenschmutz und Wasser geschützt.

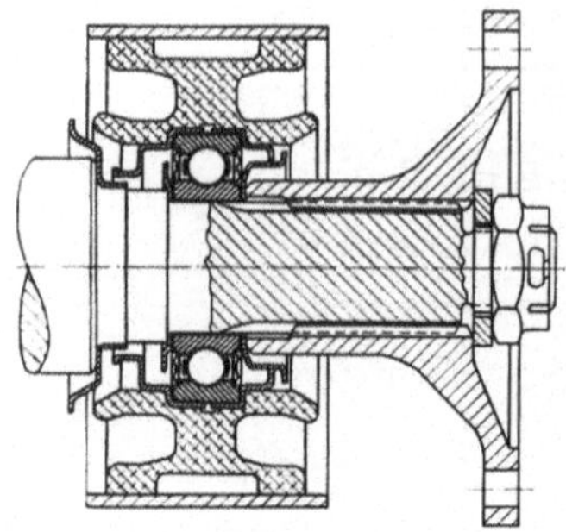

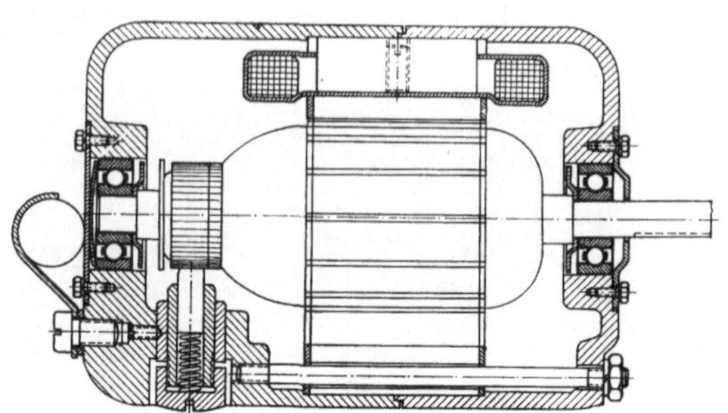

Abb. 200. Zwischenlager für Gelenkwelle

Abb. 201. Kleiner Gleichstrommotor

*Elektromaschinen.* Der Läufer des kleinen Elektromotors, Abb. 201, ist mit zwei Rillenkugellagern (Wellentoleranz j5, Gehäusetoleranz H6) gelagert. Diese Lagerung ist bei elektrischen Maschinen kleinerer Leistung mit Wellendurchmessern bis etwa 50 mm gebräuchlich. Ein besonders geräuscharmer Lauf wird dadurch erzielt, daß das kollektorseitige Lager mit einer Tellerfeder angestellt ist. Die Schmierung erfolgt mit Fett. Der Fettraum ist durch eine mit der Welle umlaufende Blechscheibe zum Gehäuseinnern hin abgedeckt. Am Wellendurchtritt ist eine Spaltdichtung angeordnet.

Bei Maschinen mittlerer Leistung mit Wellendurchmessern von 50 bis etwa 140 mm wird abtriebseitig ein Zylinderrollenlager eingebaut. In dieser Art ist die Läuferlagerung des Drehstrommotors, Abb. 202, ausgebildet, die aus einem Rillenkugellager (Wellentoleranz k5, Gehäusetoleranz J6) als Festlager

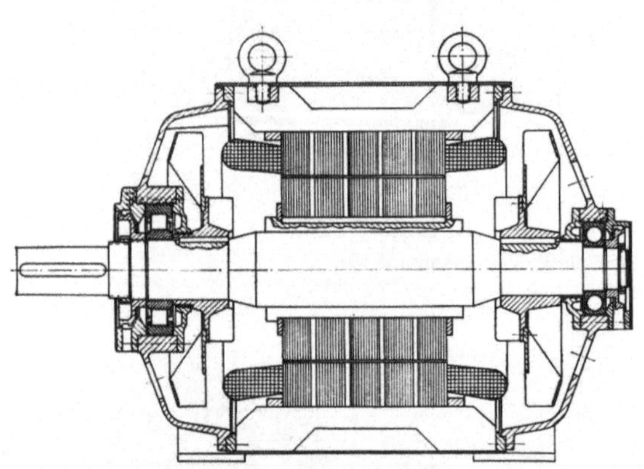

Abb. 202. Mittelgroßer Drehstrommotor

und einem Zylinderrollenlager der Bauform NU (Wellentoleranz m5, Gehäusetoleranz K6) als Loslager auf der Abtriebseite besteht. Durch die Anordnung von Fettmengenreglern ist eine einfache Nachschmierung bei laufender Maschine möglich. Die Lagergehäuse sind zum Motorinnern hin mit Spaltdichtungen, deren Wirkung durch Rillen in der Bohrung des Gehäusedeckels erhöht wird, abgedichtet.

Die Welle des Schleifmotors nach Abb. 203 mit untenliegender Schleifscheibe wird wegen des erforderlichen genauen Rundlaufs wie bei den Arbeitsspindeln von Werkzeugmaschinen mit einem zweireihigen Zylinderrollenlager der Bauform NN30K in besonders genauer Ausführung (SP) sowie zwei gegeneinander angestellten Axial-Rillenkugellagern der Reihe 511 in Genauigkeitsausführung P5 gelagert. Als oberes Radiallager dient ein Zylinderrollenlager der Bauform NU, ebenfalls in Ausführung P5.

Der Fahrmotor nach Abb. 204 ist auf der Treibachse in sog. Tatzlagern aufgehängt. Als Tatzlager werden normalerweise Pendelrollenlager der Reihen 230 oder 231 in Stützlager-Anordnung eingebaut, deren Größe vom Achsdurchmesser bestimmt wird. Die Lager werden mit Fett geschmiert und sind durch Labyrinthe abgedichtet. Der Läufer des Motors ist auf der Antriebseite mit einem Zylinderrollenlager der Bauform NU (Loslager) und auf der im Bild nicht ge-

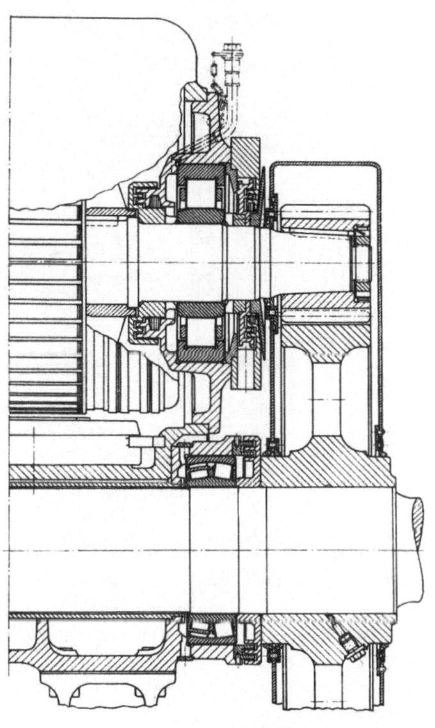

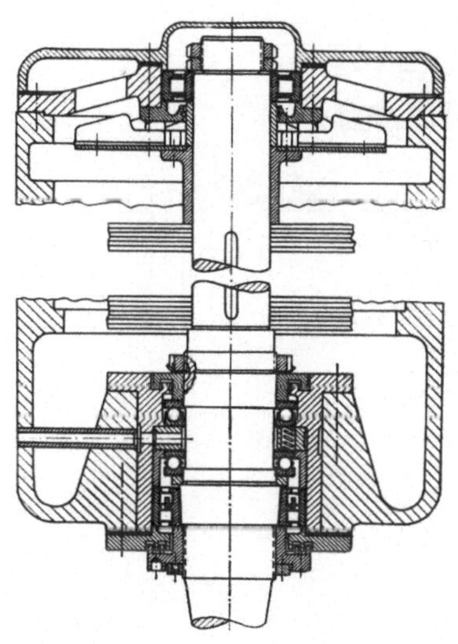

Abb. 203. Lagerung eines Vertikalschleifmotors     Abb. 204. Antriebseite eines Fahrmotors mit Tatzlagerung

zeigten Gegenseite mit einem Zylinderrollenlager der Bauform NUP (Festlager) gelagert. Wegen der hohen, die Größe und Richtung wechselnden Belastungen erhalten diese Lager Massivkäfige und sowohl auf der Welle (Toleranz n6) als auch in den Lagerschilden (Toleranz K6) feste Passungen. Die Lager werden mit Fett geschmiert (Fettmengenregler) und sind mit Labyrinthen abgedichtet. Das Großrad hat einen Drucköllanschluß zum Abziehen.

*Werkzeugmaschinen.* Die Arbeitsspindel der Drehmaschine nach Abb. 205 ist auf der Arbeitsseite mit einem zweireihigen Zylinderrollenlager mit kegeliger Bohrung (Reihe NN 30 K in Hochgenauigkeitsausführung für Werkzeugmaschinen) spielfrei und starr geführt. Beim Einbau wird der Lagerinnenring so auf den Kegel der Spindel aufgepreßt, daß das Lager spielfrei ist. Der Außenring hat eine feste Passung in der Gehäusebohrung (Toleranz K6/IT3). Die Lager haben durch eine große Rollenzahl eine hohe Steifigkeit. Als Gegenlager am hinteren Spindelende wird ein einreihiges Zylinderrollenlager der Bauform N mit erhöhter Laufgenauigkeit und verringerter Radialluft (C2) verwendet. Zur Axialführung der Spindel dienen zwei Axial-Rillenkugellager mit erhöhter Laufgenauigkeit. Die Getriebewellen im Spindelstock sind je nach Belastung mit Kugellagern oder Kegelrollenlagern gelagert. Sämtliche Lager werden mit Öl geschmiert. Auf der Arbeitsseite verhindert eine Spaltdichtung mit Ölfangrillen den Ölaustritt. Die übrigen Wellen

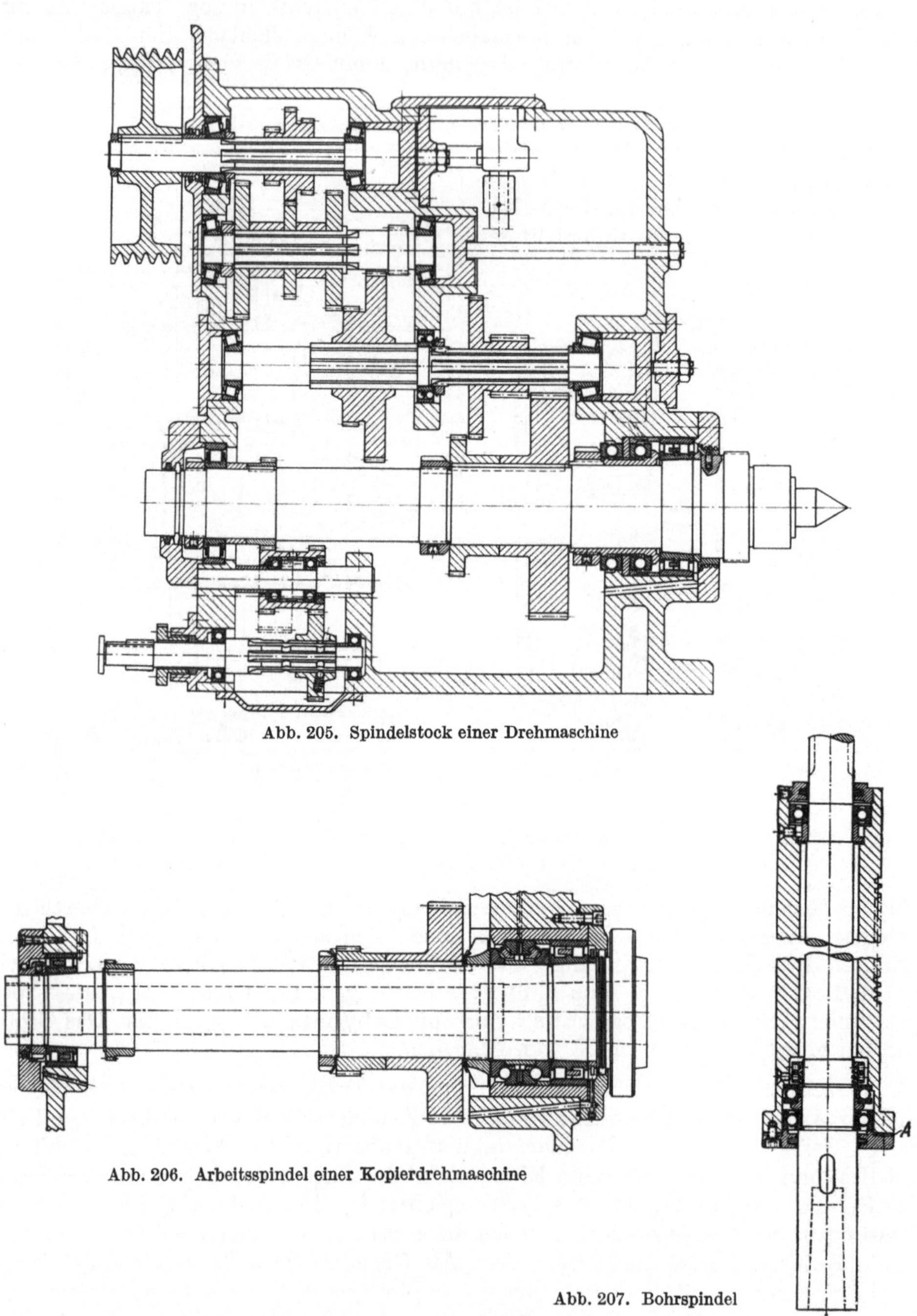

Abb. 205. Spindelstock einer Drehmaschine

Abb. 206. Arbeitsspindel einer Kopierdrehmaschine

Abb. 207. Bohrspindel

sind mit Filzringdichtungen oder Wellendichtungen abgedichtet. Zur Entlastung sind vor den Dichtungen Ölrücklaufbohrungen angeordnet.

Die radiale Führung der Arbeitsspindel einer Kopierdrehmaschine, Abb. 206, erfolgt durch zweireihige Zylinderrollenlager der Reihe NN 30 K in Hochgenauigkeitsausführung. Zur axialen Führung dient ein zweireihiges doppelt wirkendes Axial-Schrägkugellager. Die für die genaue Spindelführung notwendige Spielfreiheit der Lagerung wird mittels der kegeligen Innenringe der Radiallager eingestellt. Die Formtoleranz der kegeligen Sitze auf der Spindel ist nach IT 2 toleriert. Das Öl wird den Lagern aus einer Sammelrinne zugeleitet. Die Abdichtung erfolgt durch Spalte und in die Welle eingearbeitete Spritzkanten.

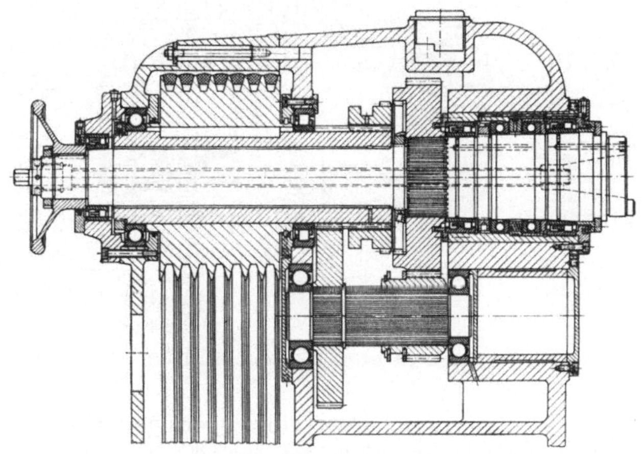

Abb. 208. Lagerung einer Frässpindel

Die in Abb. 207 dargestellte Bohrspindel ist radial mit zwei Rillenkugellagern (Wellentoleranz j5, Gehäusetoleranz J6) gelagert. Die Axialbelastung wird von einem Axial-Rillenkugellager aufgenommen, das gegen das untere Rillenkugellager mittels der Paßscheiben $A$ mit Vorspannung angestellt ist. Die Lager werden mit Fett geschmiert und mit Filzringen abgedichtet.

Die Frässpindel ($n = 22$ bis 1000 U/min) einer Horizontal-Fräsmaschine ist dreifach gelagert, Abb. 208. Die beiden zweireihigen Zylinderrollenlager der Reihe NNU 49 K und ein zweireihiges Zylinderrollenlager der Reihe NN 30 K haben erhöhte Laufgenauigkeit und verringerte Radialluft nach C 1. Durch den Einbau wird die Radialluft annähernd auf den Wert 0 gebracht. Die axiale Führung wird von zwei Axial-Rillenkugellagern mit erhöhter Laufgenauigkeit nach P 5 übernommen. Die Lageranordnung mit zwei Radiallagern auf der Arbeitsseite und den dazwischen angeordneten Axiallagern ergibt eine sehr hohe Spindelsteifigkeit und ermöglicht dadurch eine hohe Schnittleistung beim Fräsen. Durch Drucköleanschlüsse wird das Anstellen der Lager sowie deren Ausbau erleichtert.

Die getrennte Lagerung der Keilriemenscheibe („entlasteter Antrieb"), bestehend aus einem Rillenkugellager als Führungslager und einem Zylinderrollenlager der Bauform NU als Loslager, verhindert Spindelschwingungen und ergibt eine hohe Oberflächengüte. Die Vorgelegewelle ist mit zwei Rillenkugellagern in Stützlager-Anordnung gelagert.

Die Schleifspindel nach Abb. 209 ist auf der Schleifscheibenseite mit einem zweireihigen Zylinderrollenlager der Bauform NN 30 K gelagert. Der Innenring wird mit der Mutter so weit auf den kegeligen Sitz gepreßt, bis das Lager spielfrei ist. Auf der Antriebseite ist die Spindel in zwei Rillenkugellagern geführt, die mit

Federn spielfrei angestellt werden. Die Dichtung auf der Schleifscheibenseite muß das Eindringen von Kühlflüssigkeit und Schleifstaub sicher verhindern. Wegen der hohen Drehzahlen moderner Schleifmaschinen werden anstelle von schleifenden Dichtungen mehrgängige Labyrinthe verwendet. Besonders vorteilhaft ist Ölnebel-

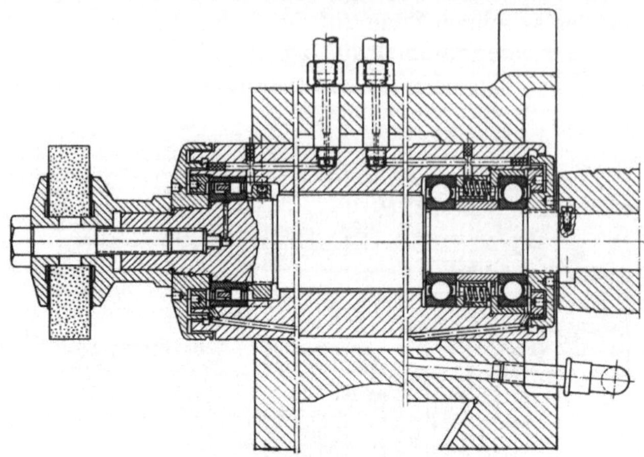

Abb. 209. Lagerung einer Rundschleifspindel

schmierung, bei der der Lagerraum unter einem geringen Überdruck steht. Der Ölnebel wird nach dem Abstellen der Maschine noch eine Zeitlang zugeführt, so daß die Lager auch während des Erkaltens geschützt sind.

Die Schleifspindel nach Abb. 210 läuft mit $n = 43\,000$ U/min und ist mit zwei Rillenkugellagern (mit erhöhter Laufgenauigkeit) gelagert. Die mit Übergangspassung im Gehäuse eingebauten Außenringe stützen sich nach innen gegen ein starkes Tellerfederpaket ab, wodurch die Lager bei der Montage zunächst axial vorgespannt werden. Durch Anziehen der Mutter $M$ wird so lange entlastet, bis die Lagerung gerade spielfrei ist.

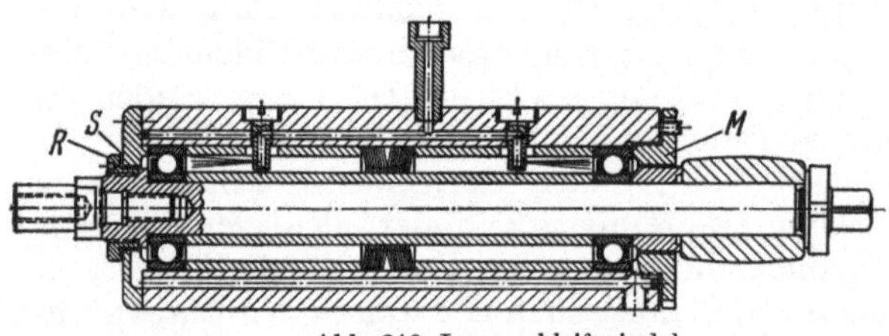

Abb. 210. Innenschleifspindel

Das Schmieröl wird mit Druck und hoher Strahlgeschwindigkeit eingespritzt. Zur Abdichtung gegen Kühlflüssigkeit und Schleifstaub dient eine Spaltdichtung, die durch einen Winkelring $R$ gebildet wird. Der radiale Spalt verläuft um 6° konisch, wobei sich der engste Spalt $S$, der auf maximal 0,5 mm eingestellt wird, außen befindet.

*Walzwerke.* Für die Arbeitswalzenlagerung, Abb. 211, eines Quarto-Walzgerüstes werden vierreihige Kegelrollenlager verwendet, die gleichzeitig die Radial- und Axialbelastung aufnehmen. Durch den Wegfall eines besonderen Axiallagers können die Walzenzapfen kürzer und die Gehäuse auf beiden Seiten gleich ausgeführt werden. Mit Rücksicht auf den vorliegenden Belastungsfall, Umfangslast am Innenring, sollte für den Innenring eigentlich eine feste Passung vorgesehen werden. Wegen des zum Nacharbeiten der Walzen notwendigen häufigen Ausbaus werden die Innenringe jedoch mit loser Passung auf den Zapfen gesetzt. Damit

der Zapfen trotzdem nicht zu rasch verschleißt, muß die Sitzfläche eine genügende
Härte haben und nach Möglichkeit geschmiert werden. Es sind Lager entwickelt

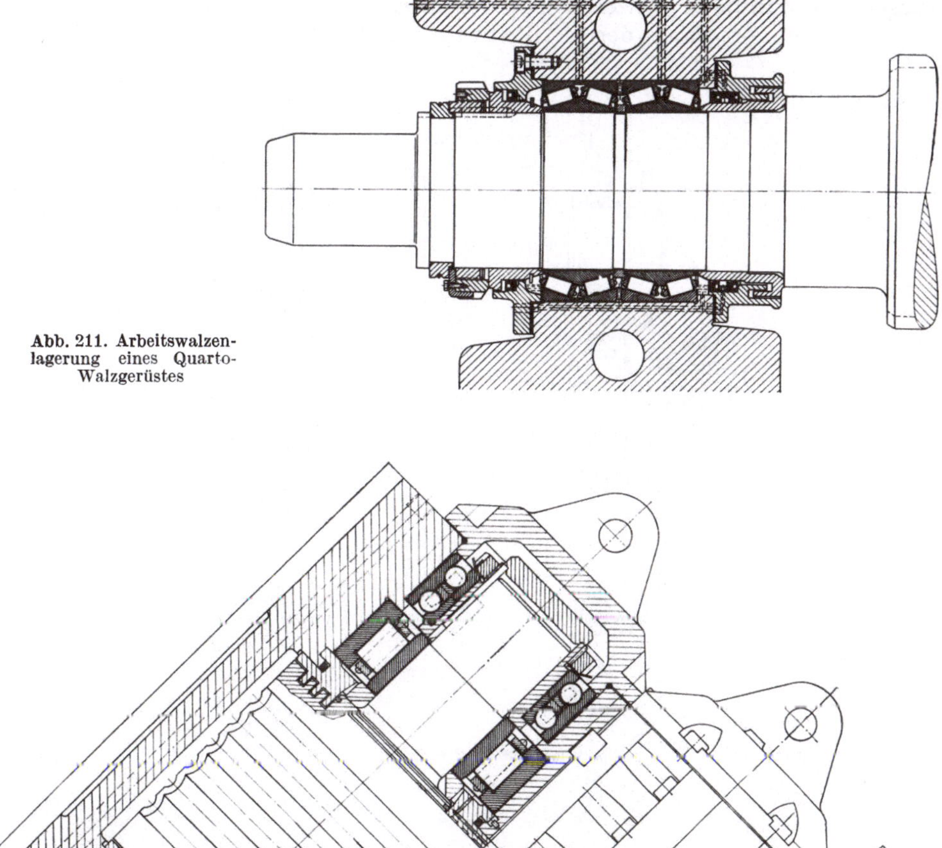

Abb. 211. Arbeitswalzen-
lagerung eines Quarto-
Walzgerüstes

Abb. 212. Walzenlagerung eines Draht-Fertigblocks

worden, die zu diesem Zweck Spiralnuten in der Bohrung haben. Die Lager werden je nach den Betriebsbedingungen, insbesondere der Umfangsgeschwindigkeit, mit Fett, Umlauföl oder Ölnebel geschmiert. Die axiale Befestigung der Lager ist so ausgebildet, daß beim Walzenwechsel die Mutter nur um einige Umdrehungen gedreht werden muß, damit der geteilte Stützring herausgenommen werden kann.

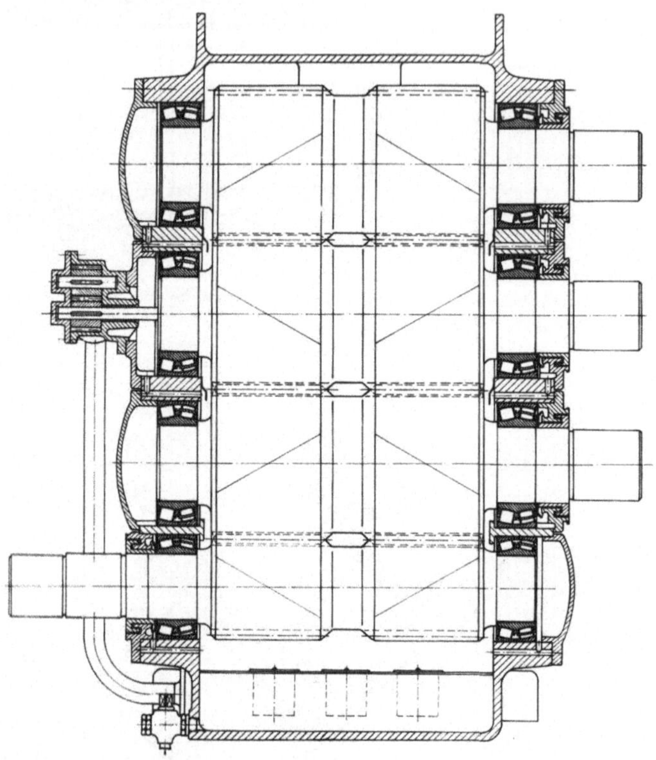

Abb. 213. Verteilergetriebe für Trio- und Wechselduo-Walzwerk

Die schrägliegenden Walzen, Abb. 212, eines Draht-Fertigblocks sind auf der Festlagerseite mit einem Zylinderrollenlager als Radiallager und einem zweireihigen Schrägkugellager als Axiallager, dessen Außenring in der Gehäusebohrung Spiel hat, gelagert. Als Loslager wird ein Zylinderrollenlager der Bauart NU verwendet. Wegen der hohen Drehzahl haben die Lager Messingmassivkäfige. Aus demselben Grund sowie wegen der festen Innenringpassung haben die Zylinderrollenlager außerdem erhöhte Radialluft nach C4. Die Schmierung erfolgt mit Ölnebel. Wegen der Schräglage der Welle muß die Ölnebelzuführung bereits vor dem Anlaufen in Gang gesetzt werden. Zur Abdichtung werden wegen der hohen Umfangsgeschwindigkeit Kolbenringe verwendet, denen auf der Walzenseite eine Labyrinthdichtung vorgeschaltet ist, damit das Walzenkühlmittel (Spritzwasser) von der Kolbenringdichtung ferngehalten wird.

Abb. 213 zeigt das Verteilergetriebe eines Trio- und Wechselduo-Walzwerks. Die Antriebswelle (ganz unten) liegt unter Flur. Sämtliche vier Wellen sind mit Pendelrollenlagern gelagert. Da die Zahnräder Pfeilverzahnung haben, ist nur eine Welle, im Bild die zweite von unten, axial geführt. Eine Ölpumpe fördert das Öl zu den Zahneingriffen. Die Lager werden mit Spritzöl geschmiert. Das durch die Lager auf die Außenseite gelangte Öl wird durch Rücklaufkanäle ins Gehäuseinnere zurückgeführt. Die Abdichtung an den Wellendurchgängen erfolgt durch Labyrinthe.

*Pumpen, Gebläse, Verdichter.* Die Triebwelle einer Axial-Kolbenpumpe, Abb. 214, die zusammen mit einem gleichgebauten Motor ein hydrostatisches Getriebe bildet, ist radial in zwei Zylinderrollenlagern der Bauform NJ geführt. Die hohen Axialkräfte, die immer in derselben Richtung wirken, werden von einem Axial-Zylinderrollenlager aufgenommen. Die Lager werden mit dem Hydrauliköl geschmiert.

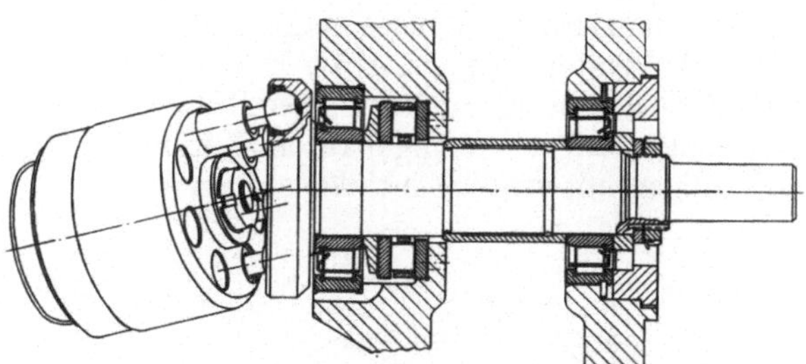

Abb. 214. Lagerung der Triebwelle einer Axial-Kolbenpumpe

Das Pumpenlaufrad der Kreiselpumpe nach Abb. 215 ist fliegend angeordnet. Die Welle ist mit zwei Rillenkugellagern in Stützlager-Anordnung (Wellentoleranz k5, Toleranz im Gußgehäuse H6) gelagert. Die Lager haben Ölbadschmierung, wobei der Ölstand

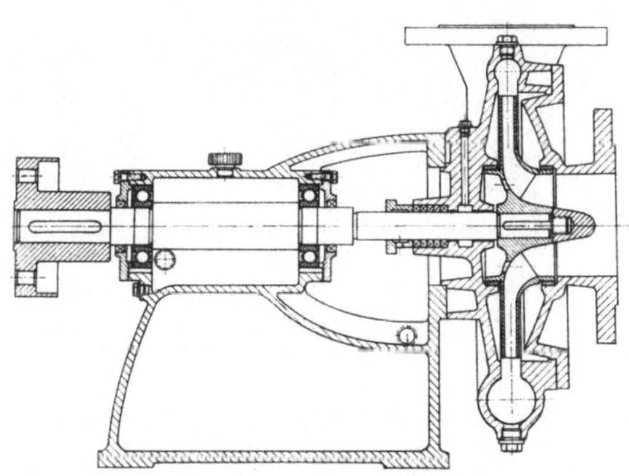

Abb. 215. Kreiselpumpe

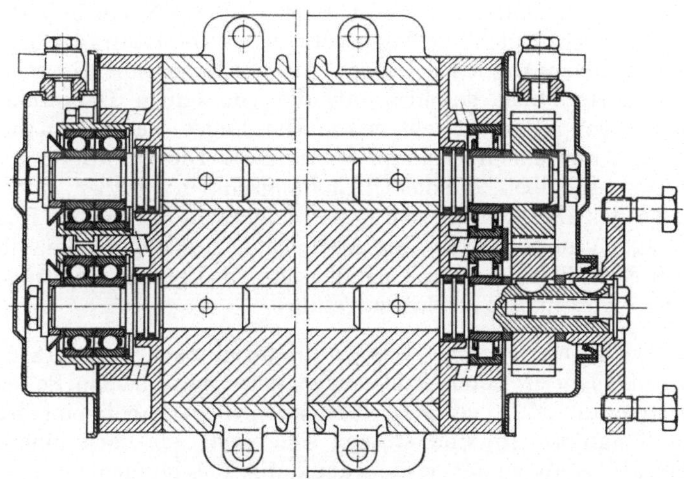

Abb. 216. Roots-Gebläse

etwa bis zur Mitte der untersten Kugeln reicht und durch ein Schauglas kontrolliert wird. Jeweils zwischen Lager und Wellendichtung befindet sich ein Verbindungskanal zum Gehäuseinnern, wodurch eine Ölzirkulation erreicht und ein Ölstau an der Dichtung vermieden wird. Der Lagerraum ist mit Wellendichtungen, der Pumpenraum mit einer Stopfbüchse abgedichtet.

Bei dem Roots-Gebläse nach Abb. 216 sind die beiden Läuferwellen mit je einem Rillenkugellagerpaar als Festlager und einem Zylinderrollenlager der Bauform NU als Loslager gelagert. Die Rillenkugellager werden vom Wälzlagerhersteller so gepaart, daß sie im eingebauten Zustand nur noch das zum Ausgleich von Wärmedehnungen notwendige Axialspiel haben.

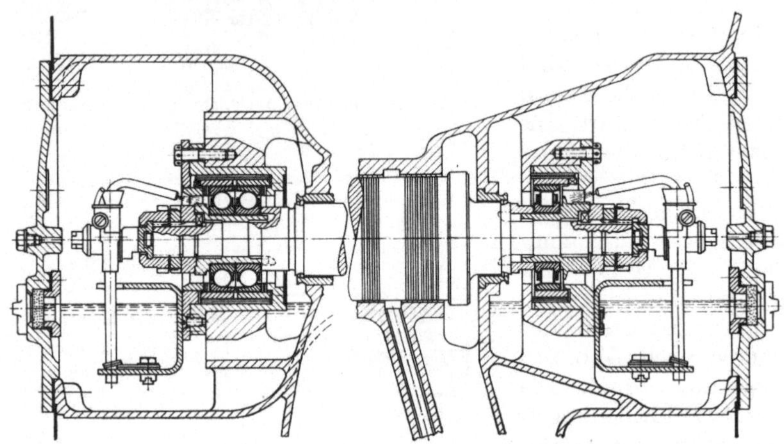

Abb. 217. Lagerung für Abgasturbolader

Abb. 217 zeigt die Lagerung eines hochtourigen Abgasturboladers zur Aufladung von Dieselmotoren. Auf der Laderseite bilden zwei gepaarte Schrägkugellager in einer Spezialausführung mit kleinem Berührungswinkel die Festlagerung. Als Loslager auf der Turbinenseite wird je nach Ladergröße ein Zylinderrollenlager der Bauform N oder ein Rillenkugellager verwendet. Die Laufräder liegen zwischen den von außen leicht zugänglichen Lagern. Auf die Lageraußenringe ist eine gegen Verdrehen gesicherte Hülse geschrumpft, die von einem Dämpfungspaket aus konzentrischen Blechhülsen umfaßt wird. Die Lager werden unabhängig vom Motorschmierkreis aus einem Ölsumpf geschmiert. Die Ölförderung erfolgt entweder durch Tauchscheiben, die das Öl in Fangschalen spritzen, oder durch eine Ölpumpe, wobei das Drucköl aus schräg zur Lagerachse geneigten Düsen von der Seite in das Lager gespritzt wird. Zur Abdichtung des Lagerraums dienen Spaltdichtungen mit Staurillen. Auf der Turbinenseite wird zur Abdichtung der Abgase in der Mitte des Labyrinths Sperrluft zugeführt.

*Hebezeuge und Förderanlagen.* Das Kranlaufrad nach Abb. 218 ist mit zwei Radial-Pendelrollenlagern, deren Außenringe axial nach beiden Seiten festgelegt sind (Gehäusetoleranz M7), gelagert. Die Innenringe haben eine lose Passung (Toleranz der Traghülse g6) und stützen sich axial nur nach innen gegen den Mittelbund der Hülse ab, so daß jeweils das durch das Moment weniger radial belastete Lager die am Spurkranz angreifende Axiallast aufnimmt. Die Schmierung erfolgt mit Fett mit Nachschmiermöglichkeit durch die Achse. Durch einen mit der äußeren Distanzbüchse verbundenen Einsatz wird das zugeführte Fett gleichmäßig verteilt und der Fettraum verkleinert.

Abb. 219 zeigt die Unterflasche eines Krans mit dem Kranhaken. Die Seilrollen sind mit je zwei Rillenkugellagern gelagert, die mit Fett geschmiert und mit einer Spaltdichtung mit Mittelrille abgedichtet sind. Der Lasthaken ist mit einem Axial-Rillenkugellager gelagert. Der Fettraum wird durch einen Blechzylinder abgeschlossen, der gegen die Traverse ein einfaches Labyrinth bildet.

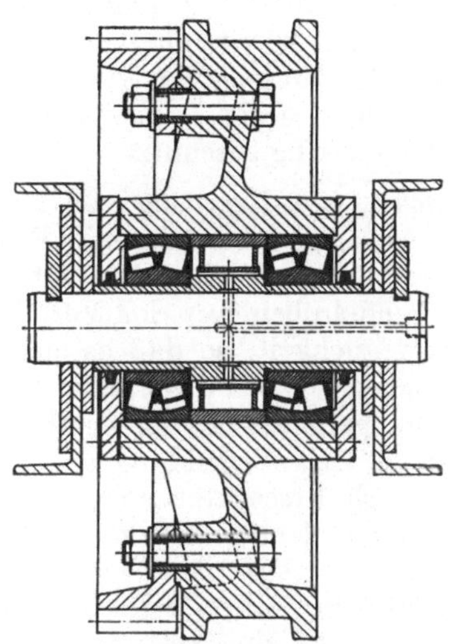

Abb. 218. Kranlaufrad

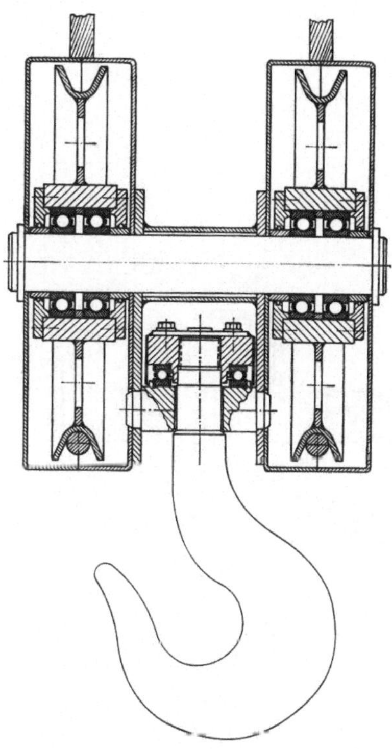

Abb. 219. Unterflasche mit Kranhaken

*Kraftmaschinen.* Die gebaute dreiteilige Kurbelwelle, Abb. 220, eines stationären Einzylinder-Dieselmotors hat Druckölanschlüsse, die zu der kegeligen Sitzfläche des Kurbelzapfens in der einen und der zylindrischen Sitzfläche in der anderen Wange führen. Die Welle kann mit Hilfe des Druckö15verfahrens gerichtet und auch leicht zerlegt werden. Die Gehäuselager, zwei Zylinderrollenlager der Bauform NJ, haben die Stützlager-Anordnung. Ein kleines Axialspiel zwischen den Innenringschultern und den Rollen verhindert eine axiale Verklemmung im betriebswarmen Zustand. Das große Pleuelauge ist mit einem dreireihigen Zylinderrollenlager gelagert, dessen Rollen durch einen einteiligen Leichtmetallfensterkäfig geführt

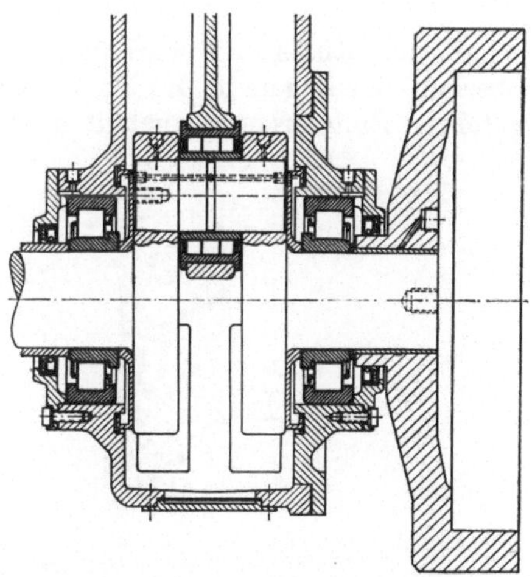

Abb. 220. Lagerung der Kurbelwelle eines Einzylinder-Dieselmotors

werden. Das Pleuelauge ist geteilt und wird axial über die Rollen zwischen gehärteten Bordringen, die auf beiden Seiten auf den Innenring aufgeschoben sind, geführt. Der Motor hat Ölumlaufschmierung. Den Gehäuselagern wird Drucköl jeweils von der Außenseite zugeführt. Ein Teil des durch die Lager nach innen abfließenden Öls wird in Fangringen, die an den Wangen angeschraubt sind, aufgefangen und durch Bohrungen im Pleuelzapfen dem Pleuellager in der Mitte zugeführt. Die Abdichtung des Kurbelgehäuses erfolgt mit Wellendichtungen.

Die Welle der kleinen waagerechten Wasserturbine nach Abb. 221 hat als Festlager ein Pendelrollenlager auf Abziehhülse, das auch die axiale Belastung aufnimmt. Das Lager wird mit Fett geschmiert. Die Filzringdichtung auf der Seite des Turbinenlaufrads ist gegen Leckwasser durch einen Schleuderring geschützt.

*Schiffbau.* Zur Lagerung von Ruderschäften, Abb. 222, verwendet man Pendelrollenlager. Neben hoher Tragfähigkeit hat das Pendelrollenlager den Vorteil der Winkelbeweglichkeit, so daß es sich den Verwindungen des Schiffskörpers und den Durchbiegungen des Ruderschaftes anpassen kann. Zur Vermeidung von Riffelbildung durch Erschütterungen im Stillstand wird das Lager, dessen Außenring geteilt ist, vorgespannt. Zwischen den beiden Außenringhälften befindet sich ein Paßring, der auf eine bestimmte Breite geschliffen ist, bei der das Lager nach dem Einbau in das Gehäuse die gewünschte Vorspannung hat. Das Gewicht von Ruder-

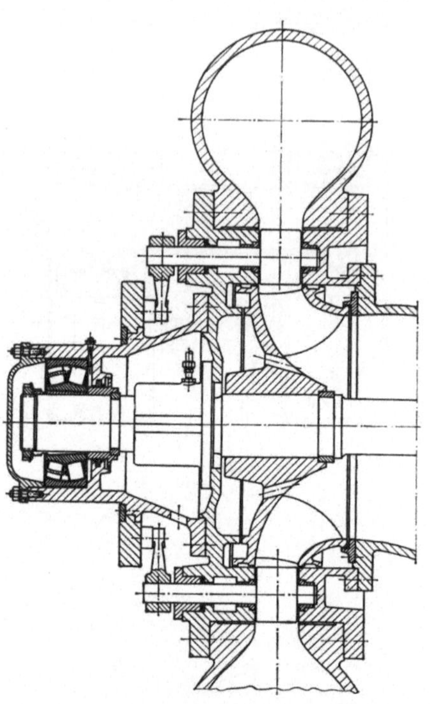

Abb. 221. Festlagerseite einer kleinen waagerechten Wasserturbine

schaft und Ruderblatt wird über einen geteilten Ring, der in einer Ausdrehung oberhalb des Lagers im Ruderschaft eingelegt und mit einem übergeschobenen ungeteilten Ring zusammengehalten ist, auf das Lager übertragen. Das Lagergehäuse

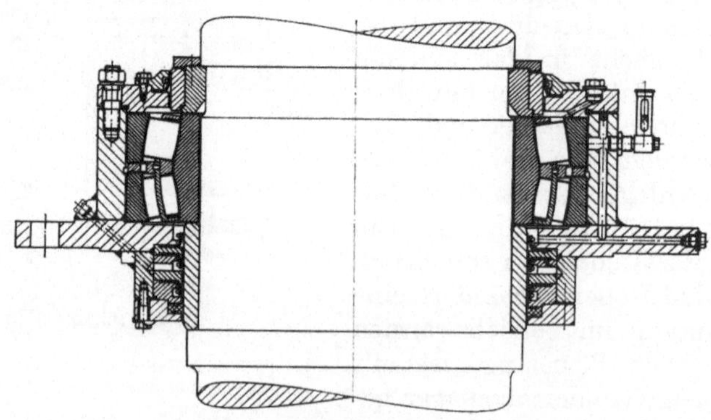

Abb. 222. Ruderschaftslager

ist mit Öl gefüllt. Zur Abdichtung wird eine Profilschnur aus seewasserbeständigem synthetischem Gummi als Grobdichtung auf der dem Wasser zugewandten Seite und eine Feinabdichtung mit drei Manschettendichtringen verwendet. In den Zwischenraum zwischen den beiden Hutmanschetten, deren Dichtlippen nach außen weisen, wird ein wasserabweisendes Fett gepreßt. Der Dichtring, dessen Lippe nach innen gerichtet ist, dichtet den Lagerraum gegen Ölaustritt ab.

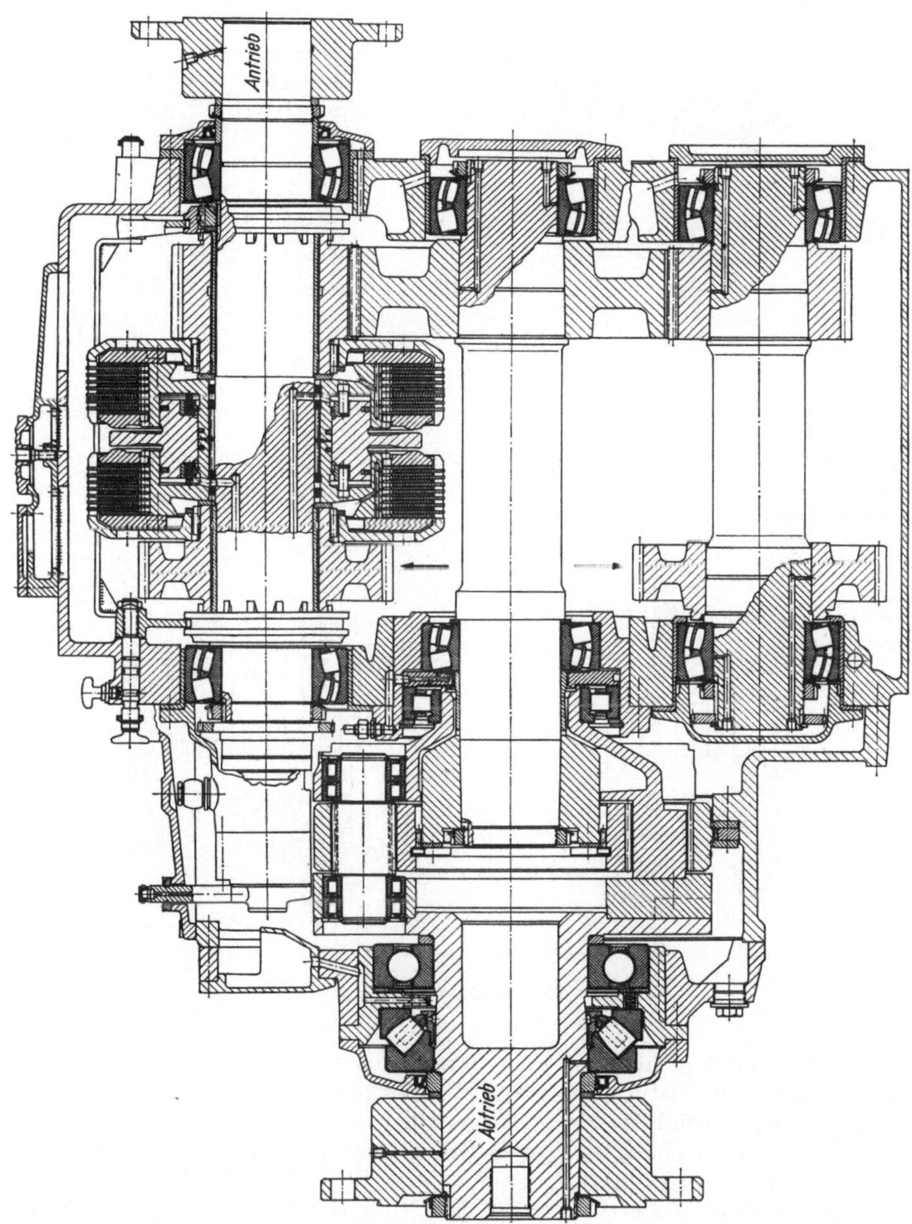


Abb. 223 zeigt ein Schiffswendegetriebe. Die Antriebswelle (im Bild oben) ist mit zwei Pendelrollenlagern in Stützlager-Anordnung gelagert. Die Umkehrwelle (nach unten geklappt gezeichnet) sowie die Antriebswelle des Planetengetriebes sind ebenfalls mit Pendelrollenlagern, von denen das eine als Festlager, das andere als Loslager angeordnet ist, gelagert. Die Außensonne des Planetengetriebes steht fest. Die Planetenräder befinden sich zwischen je zwei Zylinderrollenlagerpaaren. Die beiden inneren Lager haben die Bauform NJ und Stützlager-Anordnung. Die

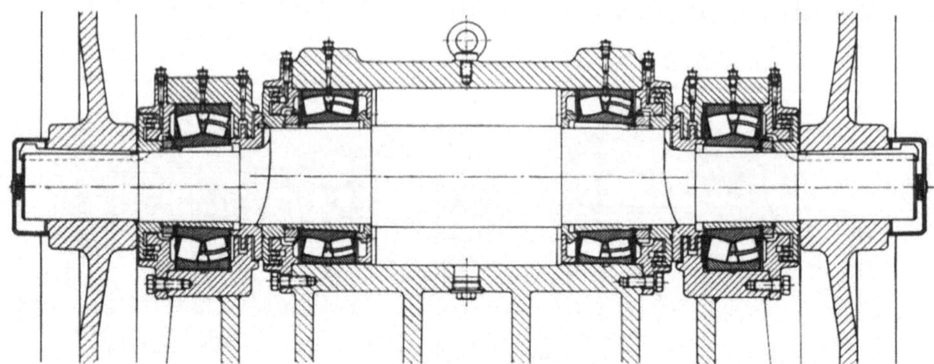

Abb. 224. Exzenterwelle eines Backenbrechers

Lager sind, damit sie die Belastung gleichmäßig aufnehmen, so gepaart, daß sie annähernd gleiche Lagerluft sowie gleiche Bohrungs- und Manteldurchmesser-Istmaße haben.

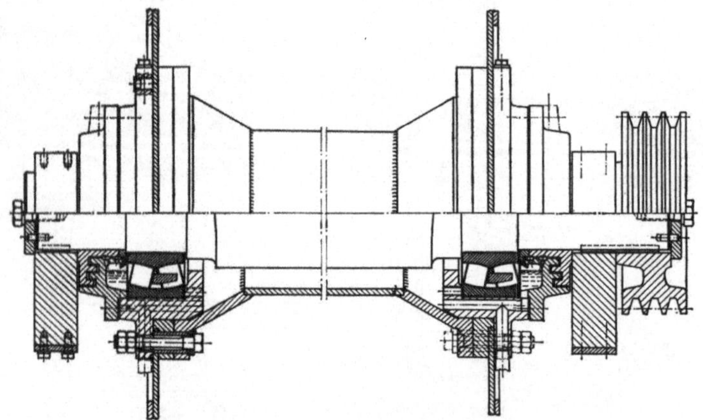

Abb. 225. Schwingsieb (Freischwinger)

Der Abtrieb erfolgt über den Planetensteg, der sich auf der einen Seite in einem Zylinderrollenlager abstützt, während die Festlagerung der Abtriebswelle durch eine Lagergruppe gebildet wird, die aus einem Axial-Pendelrollenlager zur Aufnahme des Propellerschubs und einem Rillenkugellager als Radiallager und gleichzeitig zur axialen Gegenführung besteht. Die Gehäusescheibe des Axial-Pendelrollenlagers ist durch Federn angestellt, damit die Rollen bei Schubumkehr Kontakt mit den Laufbahnen behalten. Der Gehäusewerkstoff ist Leichtmetall. Sämtliche Lager sitzen in Stahlbüchsen mit Flansch. Das Getriebe hat Druckölschmierung durch eine im unteren Gehäuseteil angeordnete Ölpumpe. Die Lagerschmierung erfolgt teils durch Drucköl, teils durch Spritzöl, das in Fangtaschen in den Gehäusewänden gesammelt und den Lagern durch Bohrungen oder Kanäle zugeführt wird. Die An- und Abtriebsflansche sowie die Stirnräder auf der Umkehr- und der Abtriebswelle und die Pendelrollenlager sind zur Vereinfachung des Ausbaus mit Drucölverbänden befestigt.

*Aufbereitungsmaschinen.* Bei Backenbrechern wird die Schwinge bzw. die Zugstange auf der Exzenterwelle und diese im Brechergehäuse mit Pendelrollenlagern gelagert. Die Innenringe erhalten einen festen Sitz, entweder über Abziehhülsen oder wie in Abb. 224 mittels Spannhülsen. Bei großen Brechern werden die Innenringe auch unmittelbar auf konischen oder zylindrischen Sitzen befestigt. Die

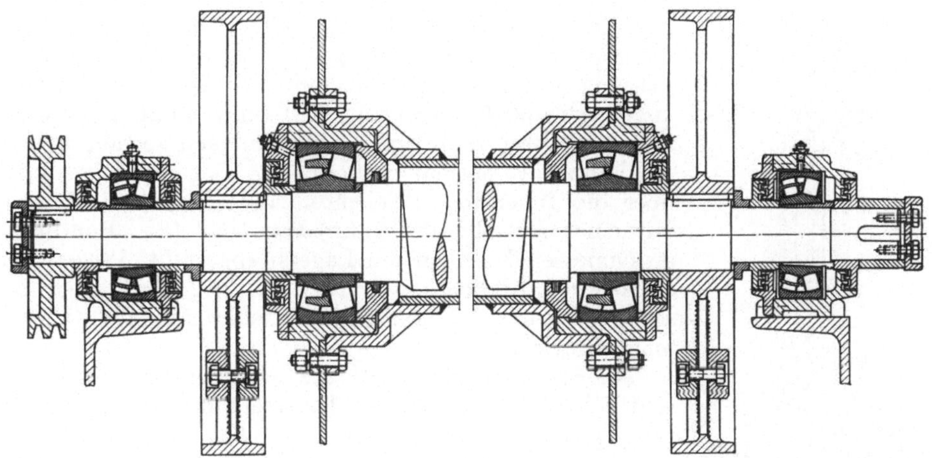

Abb. 226. Schwingsieb (Kreisschwinger)

Montage wird bei großen Lagern durch Anwendung des Drucölverfahrens erleichtert. Die Lager werden mit Fett geschmiert und durch nachschmierbare Labyrinthe abgedichtet. Die innen neben den Exzenterlagern angeordnete Fettstauscheibe ist an den Distanzring angeschraubt. Sie kann zur Kontrolle und Reinigung der Lager nach innen verschoben werden, worauf der Außenring ausgeschwenkt werden kann. Beim Einbau verhindert die Scheibe das Ausschwenken des Außenrings während des Einführens der auf die Welle montierten Lager in das ungeteilte Gehäuse.

Die Unwuchtwelle des Schwingsiebs (Freischwinger), Abb. 225, ist mit zwei Pendelrollenlagern gelagert, deren Außenringe wegen der Umfangslast eine feste Passung haben (Gehäusetoleranz N7). Beim Loslager erfolgt die Verschiebung zwischen Innenring und Welle (Wellentoleranz g6). Die Lager haben Ölstandschmierung. Das Wellenrohr wird als zusätzlicher Ölbehälter verwendet, womit ohne zu hohen Ölstand eine ausreichende Ölreserve geschaffen wird. Der Ölaustritt wird durch einen Schleuderkragen und Abspritzrillen verhindert. Gegen Verunreinigungen von außen schützt ein mehrgängiges Labyrinth. Um das Gehäuse mit dem Lager aus dem Siebrahmen und das Lager aus dem Gehäuse leicht ausbauen zu können, sind Gewindelöcher für Abdrückschrauben am äußeren und inneren Gehäuseflansch vorgesehen.

Bei dem Kreisschwingsieb, Abb. 226, ist die Exzenterwelle mit zwei in ungeteilten Stehlagergehäusen eingebauten Pendelrollenlagern mit Abziehhülsen gelagert. Als Exzenterlager werden Pendelrollenlager mit zylindrischer Bohrung verwendet, deren Anordnung und Passungen dem vorherigen Beispiel, Abb. 225, entsprechen. Die Lager werden mit Fett geschmiert und sind durch Labyrinthe abgedichtet.

*Textil-, Papiermaschinen.* Umspinnspindeln werden u. a. zum Umspinnen von Gummiseelen mit Textilfäden verwendet. Dazu wird bei der Spindel nach Abb. 227 die Gummiseele durch den hohlen und stillstehenden Schaft geführt und oberhalb der Spindelspitze mit dem auf dem umlaufenden Spindelmantel auf einer Spule aufgebrachten Spinngut umwickelt. Der Antrieb erfolgt mittels eines Tangentialriemens mit Drehzahlen bis 20000 U/min. Es liegt Umfangslast für den Außenring vor, der deshalb eine feste Passung erhält. Der Spindelmantel wird mit zwei Rillenkugellagern 6000 (oben) und 6001 (unten) mit Kunststoffkäfig, erhöhter Maß- und Laufgenauigkeit sowie größerer Radialluft als normal gelagert. Die Lager werden axial über die Innenringe (Wellentoleranz h 5) mittels Federn mit einer Anstellkraft (in kp) von $0,5\,d$ ($d$ = Bohrungsdurchmesser des kleineren Lagers) angestellt. Wegen der einfacheren Abdichtung werden die Lager mit Fett geschmiert (Nachschmiermöglichkeit und vereinfachter Fettmengenregler).

Die Siebsaugwalze, Abb. 228, einer großen Papiermaschine ist mit zwei Pendelrollenlagern mit kegeliger Bohrung gelagert. Das größere Lager hat einen Bohrungs-

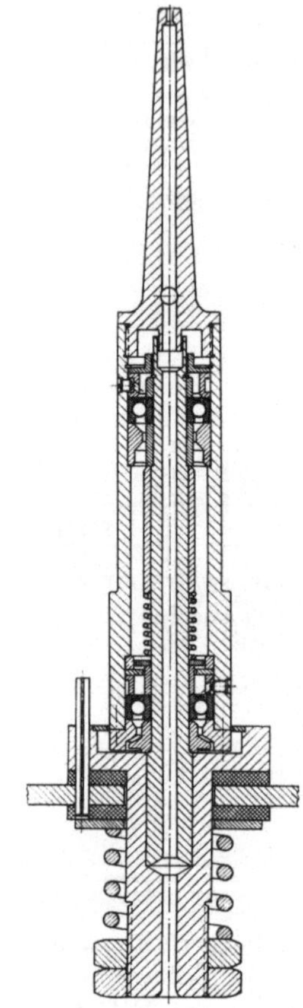

Abb. 227. Umspinnspindel mit stillstehendem Schaft

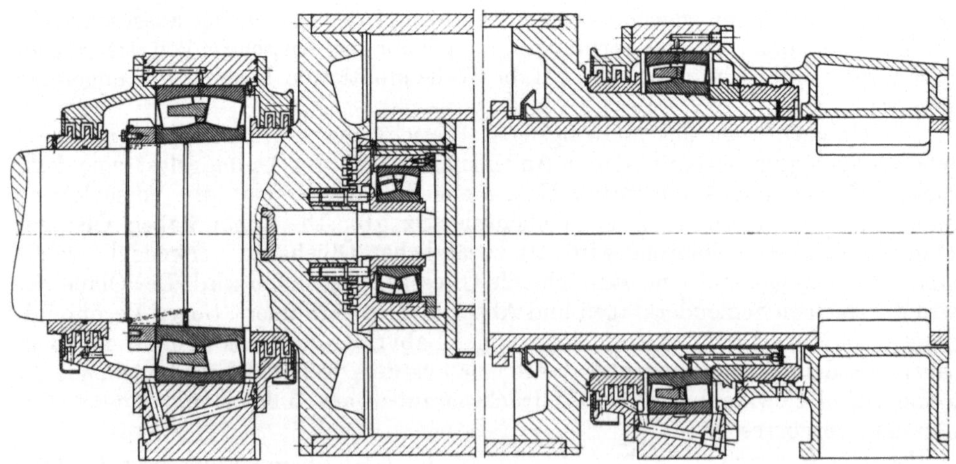

Abb. 228. Siebsaugwalze einer großen Papiermaschine

durchmesser von 850 mm. Zu den kegeligen Lagersitzen führen Druckölkanäle, so daß die Lager beim Walzenwechsel leicht ausgebaut werden können. Die Abstützung des Saugkastens auf dem Innenzapfen erfolgt mit einem weiteren Pendelrollenlager. Die Lager sind an ein eigenes Ölumlaufsystem für die Naßpartie angeschlossen. Das Öl wird bei den Außenlagern durch Bohrungen im Lageraußenring zugeführt. Der Ölabfluß liegt an der tiefsten Stelle der Lagergehäuse, damit möglicherweise durch die Dichtungen eingedrungenes Wasser abfließen kann. Die Ölzuführung wird durch eine elektrische Warneinrichtung auf jedem Lagergehäuse überwacht. Die Gehäusedichtungen müssen neben dem Ölaustritt das Eindringen von Wasser beim Spülen der Walze verhindern. Es werden mehrstufige Labyrinthe, kombiniert mit Spritzringen, verwendet.

## 16.1 Verzeichnis der Einbaubeispiele



13*

# Schrifttum


*Fachbücher*

PALMGREN, A.: Grundlagen der Wälzlagertechnik, 3. Aufl., Stuttgart: Franckh 1962.
ESCHMANN, HASBARGEN u. WEIGAND: Die Wälzlagerpraxis, München: Oldenbourg 1953.
CONTI, G.: Die Wälzlager, Bd. I u. II, München: Hanser 1963.
UNGER, H.: Wälzlager-Handbuch, Bd. I u. II, Berlin: VEB Verlag Technik 1957.
ESCHMANN, P.: Das Leistungsvermögen der Wälzlager, Berlin/Göttingen/Heidelberg: Springer 1964.
DIERGARTEN, H.: Wälzlagerstähle, Werkstoffhandbuch Stahl und Eisen, 4. Aufl., Q-81.
DIERGARTEN, H.: Gefüge-Richtreihen im Dienst der Werkstoffprüfung, 4. Aufl., Düsseldorf: VDI-Verlag 1960.

*Zeitschriften*

Zeitschriften speziell für Wälzlager und deren Anwendung:
„Die Kugellager-Zeitschrift", hrsg. von SKF Kugellagerfabriken GmbH Schweinfurt.
„Wälzlagertechnik", hrsg. von FAG Kugelfischer Georg Schäfer & Co. Schweinfurt.
Einzelschriften der einschlägigen Wälzlagerhersteller zu verschiedenen Anwendungsgebieten.

Zeitschriften mit Aufsätzen und Mitteilungen über Wälzlagerfragen und -anwendung:

„Konstruktion"                „Forschung Ingenieur-Wesen"        „Feinwerktechnik"
„VDI-Zeitschrift"             „Glaser's Annalen"                 „TZ für praktische Metall-
„Schmiertechnik"             „Industrie-Anzeiger"                bearbeitung"
„Werkstatt und Betrieb"      „Maschinenmarkt"                   „Antriebstechnik"